SAMMLUNG GÖSCHEN BAND 128/128a

ROMANISCHE SPRACHWISSENSCHAFT

von

DR. HEINRICH LAUSBERG
o. Professor der romanischen Philologie an der Universität Münster

I

EINLEITUNG UND VOKALISMUS

WALTER DE GRUYTER & CO.
vormals G. J. Göschen'sche Verlagshandlung · J. Guttentag,
Verlagsbuchhandlung · Georg Reimer · Karl J. Trübner · Veit & Comp.
BERLIN 1956

Archiv-Nr. 11 01 28
Satz: Walter de Gruyter & Co., Berlin W 35
Druck: Paul Funk, Berlin W 35
Printed in Germany

Inhalt

Vorbemerkungen

1. Literatur

Eine ausführlichere Bibliographie kann hier aus Raumgründen nicht versucht werden. Orientierung geben: G. Rohlfs, *Romanische Philologie*, 3 Bde., Heidelberg 1950ff. (Winters Studienführer); C. Tagliavini, *Le Origini delle lingue neolatine*, 2. Aufl., Bologna 1952 (ebenfalls eine Art Studienführer); A. Kuhn, *Romanische Sprachwissenschaft*, Bern 1951 (Forschungsbericht über den Zeitraum 1939—1949). Laufende Bibliographie findet man in den *Supplementen* zur *Zeitschrift für romanische Philologie* (zuletzt *Supplement zu Bd.* 60—66: *Bibliographie* 1940—1950 von A. Kuhn, Tübingen 1952ff.). Kritische Besprechungen bringen in Deutschland die Zeitschriften *Archiv für das Studium der Neueren Sprachen*, Braunschweig (Herausgeber: H. Lausberg, Münster); *Romanische Forschungen*, Frankfurt/Main (Herausgeber: F. Schalk, Köln); *Romanistisches Jahrbuch*, Hamburg (herausgegeben vom Romanischen Seminar und vom Ibero-amerikan. Forschungsinstitut der Univ. Hamburg); *Zeitschrift für romanische Philologie*, Tübingen (Herausgeber: W. v. Wartburg, Basel); in der Schweiz: *Vox Romanica*, Zürich (Herausgeber: A. Steiger, Zürich). — Einige praktische Winke. Wer romanische Sprachwissenschaft studieren will, soll eine gediegene Schulkenntnis des Griechischen, Lateinischen und des Neufranzösischen (sowie des Deutschen und des Englischen) besitzen und sich zunächst ins Altfranzösische und Altprovenzalische einarbeiten (Hilfsmittel s. Rohlfs I, S. 72f. und S. 184f.). Dazu ist die Kenntnis der Phonetik (hier §§ 40ff.; Hilfsmittel s. Rohlfs I, S. 27) unerläßlich[1]). Gleichzeitig bzw. nacheinander sind sodann das Italienische (C. M. Sauer-W. Th. Elwert, *Ital. Sprachlehre*, Heidelberg 1949) und das Spanische (Th. Heinermann-F. Palau, *Spanisches Lehrbuch auf wissenschaftlicher Grundlage*, München 1952) zu erlernen, und zwar praktisch, d. h. zunächst ohne ausgesprochen sprachhistorische Zielsetzung. Später sollte sodann die praktische Erlernung des Portugiesischen (L. Ey-F. Krüger, *Portug. Sprachlehre*, Heidelberg 1949) und des Rumä-

[1]) Eine systematische histor. Lautlehre des Frz. mit phonetischer Kommentierung gibt H. Rheinfelder *Altfranzösische Grammatik*, 2. Aufl., München 1954ff.

nischen (C. Tagliavini, *Rumänische Konversationsgrammatik*, Heidelberg 1938) hinzutreten. Zur praktischen Einführung in das Katalanische und das Rätoromanische sind dienlich: J. Huber, *Katalanische Grammatik*, Heidelberg 1929; S. M. Nay, *Lehrbuch der rätoromanischen Sprache* (Surselvisch), Chur (Schweiz) 1948; J. Vonmoos, *Lehrbuch der ladinischen Sprache* (Ober- und Unterengadinisch), Thusis (Schweiz) 1942.

Erst wenn man sich eine gründliche Kenntnis der französischen Sprachgeschichte (besonders des Altfranzösischen und auch des Altprovenzalischen) angeeignet und sich praktisch in das Italienische und das Spanische eingearbeitet hat, wende man sich dem Studium der historischen Grammatik der übrigen romanischen Sprachen zu. Eine Übersicht gibt die Darstellung der einzelnen Sprachen bei G. Gröber, *Grundriß der romanischen Philologie*, I. Bd. (2. Aufl.), Straßburg 1904—06. Weitere Hilfsmittel s. Rohlfs *l. c.* Bd. I—III.

Die vorliegende Darstellung der romanischen Sprachwissenschaft ist als erste orientierende Übersicht und Anregung gedacht[1]).

Ihr liegt als Rahmen zugrunde die verdienstliche Darstellung der romanischen Sprachwissenschaft von A. Zauner, *Roman. Sprachwissenschaft* (Sammlung Göschen, 2 Bde., 4. Aufl., 1921 und 1926), deren Nachfolge die vorliegenden Bändchen antreten. Die letzte großangelegte Darstellung der roman. Sprachwissenschaft ist: W. Meyer-Lübke, *Grammatik der romanischen Sprachen*, 4 Bde., Leipzig 1890—1902. Diese Grammatik, besonders aber deren erster Teil (Romanische Lautlehre) entspricht nicht mehr in allen Stücken dem heutigen Stande der Forschung. Zur Einführung in die Materie und die Methode der roman. Sprachwissenschaft seien der Studienführer von Rohlfs, das genannte Buch *Le Origini* ... von Tagliavini sowie Ed. Bourciez, *Eléments de linguistique romane*, 4. Aufl., Paris 1946 empfohlen.

2. Rechtschreibung, Aussprache, phonetische Transkription

Die Orthographie der romanischen Schriftsprachen — auch die vieler Dialekte in der Feder einheimischer Dichter und Liebhaber — hat eine lange Tradition und sucht vielfach Anlehnung am lateinischen Wortbild. So kommt es, daß die traditionelle Orthographie

[1]) Sie stellt den Inhalt Bonner Vorlesungen 1946 – 1950 dar. – Dr. H.W. Klein u. Dr. W. Hermann danke ich für getreue Mitarbeit bei der Drucküberwachung.

meist die tatsächliche Aussprache nicht eindeutig widerspiegelt. Buchstabe und Laut entsprechen einander nicht immer. So ist z. B. das französische *qu* einmal als [*k*] zu sprechen (*quatre*), dann wieder als [*ku̯*] (*quadrupède*), ein andermal als [*kü̯*] (*quiétisme*). Umgekehrt entsprechen dem gleichen Laut verschiedene Zeichen: frz. [*ã*] wird z. B. wiedergegeben durch *an* (*langue*), *am* (*champ*), *en* (*tenter*), *em* (*temps*), *aon* (*taon*) usw. Hinzu kommt, daß manchmal einem Zeichen überhaupt kein Laut entspricht, z. B. dem *p* in *champ* oder dem *h* in *homme*. — Wohl hat es in der Geschichte der einzelnen romanischen Sprachen — wie auch z. B. des Deutschen — nicht an Orthographiereformen gefehlt, doch haben solche Reformen nur in seltenen Fällen zu wirklich übersichtlichen Orthographiesystemen geführt, wie z. B. deren eines das Spanische seit dem 19. Jh. besitzt. Aber selbst hier besteht keine vollkommene Übereinstimmung zwischen Aussprache und Schrift.

Zur eindeutigen Wiedergabe der tatsächlichen Aussprache ist die Sprachwissenschaft auf die Schaffung einer eigenen phonetischen Transkription angewiesen. Es gibt auch hier viele Systeme, deren bekanntestes wohl das der *Association Phonétique Internationale* ist: es findet in den meisten Schulgrammatiken Verwendung. In vorliegender Darstellung wird aus praktischen Gründen ein anderes System angewandt, dessen Zeichen in der folgenden Tabelle aufgeführt sind[1]).

a) Alphabetische Tabelle der angewandten Transkriptionszeichen[2])

a: *a* 44
ą: fr. *patte* 44
ạ: fr. *pâte* 44
ã: fr. *dans* 45
b: fr. *bon* 52
β: sp. *saber* 59
ç: dt. *ich* 64
ć: it. *cento* 77 (ungefähr wie *tsch* in dt. *Peitsche*)
c̆: obw. *tgau* 55 (ungefähr wie *tj* in dt. *tja*)
d: fr. *dé* 53
ḍ: 53
δ: sp. *nada* 61
e: 44
ę: fr. *fer* 44
ẹ: fr. *dé* 44
ę̃: fr. *main* 45

[1]) Im Text wird die phonetische Transkription in [*eckige Klammern*] gesetzt und *kursiv* gedruckt.

[2]) Die Zahlen verweisen auf die Paragraphen, in denen sich die Erklärung der Zeichen findet.

ə: fr. *le* 44
f: fr. *fer* 60
g: fr. *gant* 55
ǵ: it. *già* 77
ǧ: obw. *giginar*, volksfrz. *diable* 55
γ: sp. *luego* 66
h: dt. *Haus* 68
i: 44
ɪ: norddeutsch *Mitte* 44
ị: fr. *vie* 44
i̯: fr. *bien* 71 (=y)
ĩ: 44
k: fr. *corps* 55
l: fr. *long* 81
ł: it. *figlia* 83
L: pg. *alto* 84
m: fr. *ma* 52
n: fr. *nous* 53
ñ: fr. *cognée* 56
η: dt. *lang* 56
o: 44
ǫ: fr. *botte* 44
ọ: fr. *beau* 44
õ: fr. *bon* 45
p: fr. *pont* 52
r: 85—86

s: fr. *sa* 61
ş: 62
š: fr. *champ* 65
t: fr. *ta* 53
u: 44
u̧: norddeutsch *Mutter* 44
ụ: fr. *coup* 44
u̯: fr. *toi* 72 (= w)
ü̯: fr. *nuit* 73 (= ẅ)
v: fr. *vin* 60
w: fr. *toi*, engl. *wall* 59, 72
ẅ: = ü̯
y: fr. *yeux*, dt. *Jammer* 64 (= i̯)
z: fr. *causer* 61
ž: fr. *jambe* 62
ϑ: engl. *thing* 61
φ: 59
χ: dt. *ach* 66
′ (Strich hinter einem Konsonanten, z. B. p′ = Palatalisierung, § 67).
~ (griech. Zirkumflex über einem Vokal, z. B. ã = Nasalvokal, § 45)
Haken unter einem Vokal (z. B. ę) = offener Vokal; Punkt unter einem Vokal (z. B. ẹ) = geschlossener Vokal; s. § 34

* bedeutet, daß der betreffende Laut oder die betreffende Form in den Denkmälern oder in der gesprochenen Sprache nicht zu belegen, sondern nur durch Sprachvergleichung zu erschließen ist.

Im Text sind die lat. Wörter, wenn sie als Etyma fungieren, in Antiqua gedruckt, ebenso isoliert gegebene lat. Laute. Romanische Formen sind dagegen *kursiv* gedruckt.

b) Regeln für die Aussprache der roman. Sprachen auf Grund der traditionellen Rechtschreibung[1])

Vorbemerkungen. — Die Rechtschreibung des Altfrz. entspricht ungefähr der zeitgenössischen Aussprache. Die im Nfrz. stummen Endkonsonanten sind also noch lautend, *oi* ist als [*ói*], nicht in nfr. Weise als [*u̯á*] zu sprechen, *au* ist [*áu*]; *ai* ist [*ái*], teilweise bereits [*éi*] oder sogar (wie nfr.) [*ę*]. — Auch die Rechtschreibung des Aprov. lehnt sich ziemlich an die Aussprache an.

α) Vokale

a: Zu rum. *â* s. § 44; rum. *ă* ist ungefähr [*ə*]; unbetontes *a* im Portug. und Katal. ist verdumpft: es ähnelt unbetontem dt. *e* in *Wanne*, ist aber offener und *a*-ähnlicher. Auch Obw. ist unbetontes *a* etwas verdumpft.

e: Unbetontes *e* wird im Portug. als schwaches [*ə*] gesprochen, vielfach ist es ganz stumm. Im Katal. fällt es mit dem verdumpften unbetonten *a* (s. o.) zusammen.

i: -*ĭ* im Rumän. ist sehr kurz (stimmlos und unsilbisch), nach Zischlauten (fast) stumm. Zu rum. *î* s. § 44.

o: Unbetontes *o* im Portug. und Katal. = [*u*]. Im Portug. ist es vielfach stimmlos oder ganz stumm.

u: im Altfr., Alt- und Neuprov. = [*ü*], sonst [*u*]. Im Rumän. ist -*ŭ* sehr kurz (unsilbisch, vielfach auch ganz stumm).

Verbindung mehrerer Vokalzeichen:

ea, *oa* im Rum. sind auf dem *á* betonte Diphthonge, *e* und *o* sind flüchtig zu sprechen.

ie, *uo* in der ital. Schriftsprache sind auf dem zweiten Bestandteil betont, ebenso span. *ie*, *ue* und altprov. *ie*, *ue*, *uo*. Im Altfrz. ist zwischen den (auf dem ersten Bestandteil betonten) 'fallenden' Diphthongen *éi*, *ái*, *ói*, *éu*, *áu* und den (auf dem zweiten Bestandteil betonten) 'steigenden' Diphthongen *ié*, *ué* (*pié* 'Fuß', *puét* 'kann') zu unterscheiden[2]). Die Aussprache des *u* in den afr. Diphthongen *éu*, *ué*, ist (ob [*u*] oder [*ü*]) strittig; sie war wohl nach Zeit und Gegend verschieden.

ou im Pg. [*o*], im Neufr. und Neuprov. [*u*].

---

[1]) Die Kenntnis der Aussprache des Neufranz. wird vorausgesetzt. Die für die übrigen Sprachen hier gegebenen Regeln dienen nur einer summarischen Orientierung. Die vollständigen Regeln sind beim Studium der betreffenden Einzelsprachen zu erlernen.

[2]) In gewissen Mundarten sind auch diese auf dem ersten Bestandteil betont und fallend.

β) Konsonanten

b im Span., Port., Katal. im Anlaut eines Sprechtakts und nach *m*: [*b*], sonst [*β*]. Im Katal. [*b*] auch in gewissen andern Konsonantengruppen.

c lautet vor *e* und *i*: im Rum. und Ital. wie [*ć*]; im Altfrz., Altpr., Altspan. wie [*ts*]; im Rätoroman. je nach der Mundart verschieden, im Obw. [*ts*]; Nfr., Npr. und Portug. wie [*s*], im Neuspan. wie [*ϑ*]. — In anderen Stellungen (also vor *a*, *o*, *u*, vor Kons. usw.) lautet *c* überall [*k*]; *ç* überall wie *c* vor *e*, *i*.

ch im Rum., Ital., Obw. wie [*k*]; im Engad. und anderen rätorom. Mundarten [*k̆*]; im Altfrz., Prov., Span. wie [*ć*], im Neufr., Portug. wie [*š*].

d Span., Port., Kat. im Anlaut eines Sprechtakts sowie nach *n* und *l* wie [*d*], sonst wie [*δ*]. Katal. [*d*] auch in gewissen anderen Konsonantengruppen.

g vor *e* und *i* im Rätorom. je nach der Mundart verschieden, im Obw., wie [*ğ*]; im Rum., Ital., Altfr., Prov. wie [*ǵ*]; im Altspan. [*ǵ*] oder [*ž*]; im Katal. anlautend [*ǵ*] oder [*ž*], inlautend [*ž*]. Neuspan. [*χ*]; im Neufr., Port. [*ž*].

g im Auslaut im Altpr. [*ć*] (andere Graphie: *ch*).

gh vor *e*, *i* im Obw., Ital., Rum. [*g*].

gu vor *e*, *i*: im Ital. [*gu̯*], im Fr., Pr. [*g*], im Span., Port., Katal. [*g*] oder [*γ*] (wie *g* vor *a*, *o*, *u*; s. u.).

g in anderen Stellungen (vor *a*, *o*, *u*, *r* usw.) überall [*g*], im Span., Port., Katal. aber [*γ*], wenn es nicht im Anlaut des Sprechtaktes und nicht nach *n* steht.

h im Rum. (außer nach *c* oder *g*, s. o.) [*χ*], vor *e* und *i* [*ç*]; im Altfr. (in Wörtern germ. Ursprungs, z. B. *helme* 'Helm') [*h*], sonst überall stumm.

j im Obw., Ital. [*y*]; im Rum. [*ž*]; sonst überall wie *g* vor *e*, *i*.

ll im Span., *ly* im Katal., *lh* im Prov. und Port., *ill* (im Auslaut *il*) im Altfrz., *gl* im Ital. und Obw. drücken den Laut [*ł*] aus (im Ital. als langes [*łł*] zu sprechen, s. § 133 d).

ñ im Span., *ny* im Katal., *nh* im Prov. und Portug., *gn* im Fr. (im Altfr. auch *-ign-*), Obw. und Ital. bezeichnen den Laut [*ñ*].

qu ital., obw. immer [*ku̯*] (in anderen rätorom. Mundarten auch [*k*]); im Katal., Pg. vor *a*, *o* wie [*ku̯*], sonst [*k*]; im übrigen [*k*].

s zwischen Vokalen stimmlos [*s*] im Rum., Ital. (Toskanischen[1]), Neuspan.; sonst (auch altspan.) stimmhaft [*z*].

s vor stimmlosen Kons. im Port. u. Obw. (und durchweg im Rätorom.) [*š*], sonst [*s*]; vor stimmhaften Kons. im Port. u. Obw. (und durchweg im Rätorom.) [*ž*], sonst [*z*]. Im Port. wird *s* auch im Auslaut [*š*] gesprochen, z. B. *muros* [*muruš*].

s im Wortanlaut und nach Kons. überall [*s*]. Unterscheide dt. *Verse* [*ferzə*] von ital. *versi* [*vęrsi*]. Nur im Obw. wird *s* im Anlaut oder nach Kons. in gewissen Wörtern [*z*] gesprochen (und wird dann oft mit diakritischem Punkt *ṣ* geschrieben: *ṣala* 'Saal', *verṣet* 'Verslein').

ș im Rum. [*š*].

sc vor *e*, *i* lautet im Ital. [*š*], inlautend gelängt [*šš*].

sch vor *e*, *i* lautet im Ital. [*sk*]. Im Obw. wird *sch* [*š*] oder [*ž*] ausgesprochen. Die Aussprache [*ž*] wird oft durch einen diakritischen Punkt *ṣch* angedeutet.

ț im Rum. [*ts*].

tg im Obw. [*č*].

tg (vor *e*, *i*) und *tj* im Katal. wie langes [*ǧǧ*].

tsch im Obw., *tx* im Katal. = [*č*].

v im Span. Katal. wie *b* (s. o.), in den übrigen Sprachen [*v*].

x port., altspan. [*š*]; im späteren Spanisch [*χ*] (die heutige span. Orthographie schreibt dafür *j*); im Katal. in Buchwörtern [*ks*] (*explosió*) und [*gz*] (*exemple*), in Erbwörtern [*š*] (z. B. *xinxa* 'Wanze').

y im Fr. Span. Kat. [*y*], im Span. anlautend auch [*ǧ*] gesprochen.

z im Ital. [*ts*], manchmal [*dz*]; im Altfr., Altpr. [*ts*]; im Rum., Neufr., Neupr. [*z*]; im Altspan. [*dz*] oder [*δ*], im Neuspan. [*ϑ*]; im Portug. zwischen Vokalen [*z*], im Auslaut [*š*].

---

[1]) Das Tosk. und daher auch die ital. Schriftsprache haben in zahlreichen (Lehn-)Wörtern [*z*], z. B. *rosa*. Vgl. Bd. II, § 381.

Einleitung (§§ 1–39).

1. Stellung und Bedeutung der Romanischen Sprachwissenschaft (§§ 1–5),

a) Romanische Sprachwissenschaft und romanische Philologie (§§ 1–4)

1. Die romanische Sprachwissenschaft ist eine Teildisziplin der romanischen Philologie. Diese ist ihrerseits ein Teil der Geschichtswissenschaft und hat zum Gegenstand die Geschichte der Sprachen und Literaturen der Romanen. Als Philologie hat sie wie die übrigen Philologien einmal literarische Objekte, zu deren historischer Interpretation sie linguistische und philologische Methoden anwendet. Im Gegensatz zur klassischen Philologie hat sie nicht nur schriftliche, sondern in der lebendigen romanischen Rede auch mündliche Objekte, deren Auswertung für historische Fragestellungen besonders der romanischen Mundartenforschung obliegt.

Sieht man in der europäischen Gesamtkultur die eigentümliche Fortsetzung und Umformung der durch das römische Imperium vermittelten antiken Kultur, so ist die romanische Philologie in der glücklichen Lage, diese geistige Tradition im materiellen Fortbestand der in fächerartiger Mannigfaltigkeit weiterentwickelten lateinischen Sprache auf dem Boden des ehemaligen Imperium Romanum handgreiflich dokumentiert zu sehen.

2. Das Ausgangsproblem der romanischen Sprachwissenschaft ist das der Entstehung der romanischen Sprachen als eines Phänomens des in seinen äußeren Banden sich auflösenden und in seiner kulturellen Vitalität erschlaffenden Imperium Romanum einerseits und der sich in der Folgezeit unter selbständiger Wiederaufnahme und Belebung antiker Kulturtradition neubildenden „nationalen“ Sprachgemeinschaften andererseits. Entstehung wie Geschichte der romanischen Sprachen bis in die Neuzeit stellen historische Prozesse dar, deren (ethnische, wirtschaftsgeographische, soziologische, politische, kirchliche, dynastische, geistesgeschichtliche usw.) Gründe und Hintergründe sich der Linguistik nur erschließen,

wenn sie sich auf die Ergebnisse aller Zweige der Historie stützt. Die Resultate der Sprachwissenschaft kommen dann ja auch wieder der allgemeinen Geschichte zugute; die Linguistik erscheint so als *nobilis ancilla*, als höchst fruchtbare Hilfswissenschaft der Historie.

Die in Fortführung des spätantiken und frühmittelalterlichen Ausgliederungsprozesses sich bildenden engeren oder weiteren romanischen Sprachgemeinschaften haben sich im Laufe des Mittelalters und der Neuzeit eigene Schriftsprachen geschaffen, deren Entstehung und Geschichte mit der Entwicklung der betreffenden Literaturen eng verknüpft ist. So mündet die romanische Sprachwissenschaft notwendigerweise in die romanische Literaturwissenschaft, als deren ausgesprochene Hilfswissenschaft man sie in dieser Hinsicht betrachten kann.

Da die romanischen Schriftsprachen als Kulturmächte unter dem maßgeblichen Einfluß des ihnen aufgepfropften Gelehrtenlateins oder anderer älterer Schriftsprachen (z. B. des Kirchenslawischen und des Franz. für das Rumänische, des Prov. und des Franz. für das Ital. usw.) eigene Höhenwege literarischer Entwicklung und übermundartlichen Ausgleichs gegangen sind, müssen als die Hauptquelle der palaeontologisch orientierten Linguistik — in höherem Maße als selbst die ältesten schriftlichen Sprachdenkmäler — die lebendigen romanischen Mundarten gelten: denn diese gehen in seit der Antike ununterbrochener mündlicher Tradition auf das gesprochene Latein der betreffenden Landschaften zurück, wobei allerdings gewisse durch Mittelalter und Neuzeit fortdauernde und zunehmende Beeinflussungen und Umgliederungen der mundartlichen Räume — besonders unter dem Einfluß der von den städtischen Zentren ausstrahlenden roman. Schriftsprachen, aber auch z. B. durch Bevölkerungsverschiebungen — in Rechnung zu stellen sind ('innerromanische Sub- und Superstrate', s. § 28). Die Erforschung der späteren mundartlichen Umgliederungen sowohl wie die der ursprünglichen Ausgliederung der roman. Sprachräume ist eine erfolgversprechende Aufgabe der Sprachgeographie als einer besonders fein ausgebildeten Methode der Mundartenforschung[1]).

3. Die romanische Literaturwissenschaft hat zum Gegenstand die Geschichte der romanischen Literaturen. Die älteste, während des ganzen Mittelalters recht lebendige romanische Schrift-

[1]) Vgl. A. Kuhn, *60 Jahre Sprachgeographie in der Romania.* Romanistisches Jahrbuch, Bd. I (Hamburg 1947/48), S. 25ff.

sprache ist das Mittellatein. Sowohl die mittellat. Literatur wie die Literaturen der einzelnen romanischen Schriftsprachen sind zu verstehen in dem europäischen Prozeß der Fortführung, der Umformung, der Verlebendigung oder des Absterbens des antiken literarischen Erbes, neben dem den eigenen Traditionen der später neu in den Bereich abendländischer Kultur eingetretenen Völker (Germanen, auch Kelten) noch eine gewisse Bedeutung zukommt. So ist die romanische Literaturwissenschaft mit den ihr eng verbundenen Disziplinen der mittellat. und der klass. Philologie ein Teil der Wissenschaft von der europäischen Tradition und damit wieder der Geschichtswissenschaft.

4. Das Studium der romanischen Philologie — Sprachwissenschaft wie Literaturwissenschaft — führt zu einem tieferen Verständnis des antiken Erbes und seiner gesamteuropäischen Tradition und damit zur Weckung oder Belebung eines eigenen europäischen Kulturbewußtseins: eine erzieherische und im vornehmsten Sinne kulturpolitische Frucht der Wissenschaft, die ihre Entstehung dem gemeinsamen Tasten und Finden französischer und deutscher Romantik verdankt (François Raynouard 1761—1836, Friedrich Diez 1794—1876).

b) Romanische und allgemeine Sprachwissenschaft (§ 5)

5. Die romanische Sprachwissenschaft ist andererseits auch hingeordnet auf die allgemeine Sprachwissenschaft, die ihrerseits in die Sprachphilosophie und damit in die Anthropologie und Philosophie mündet. Die allgemeine Sprachwissenschaft betrachtet die Sprache als allgemein menschliches Phänomen. Ihre Probleme umfassen einen physiologisch-physikalischen, einen psychologischen, einen soziologischen, einen historischen und einen eigentlich philosophischen Bereich. Es ergeben sich also z. B. folgende Fragen: Wie werden Laute gebildet? Welches ist das Verhältnis von Wort und Vorstellung? Wie stehen Sprache und Gesellschaft, Sprache und Kultur zueinander? Woher kommt der Sprachwandel? Wie sind die Regelmäßigkeiten im Sprachwandel (z. B. 'Lautgesetze') zu verstehen? Da die romanische Sprachwissenschaft einerseits geographisch eine Fülle lebendiger Einzelsprachen und Mundarten, andererseits historisch zwei Jahrtausende der Sprachentwicklung mit Ausgangspunkt und Endpunkt überblickt, ist sie ein

für die Entwicklung und Erprobung linguistischer Forschungsmethoden wie zur Gewinnung allgemeinsprachwissenschaftlicher Erkenntnisse besonders geeignetes Beobachtungsfeld.

In der vorliegenden Darstellung können Fragestellungen der allgemeinen Sprachwissenschaft wie auch methodische Probleme nur gelegentlich berücksichtigt werden[1]) (z. B. im Falle der Phonetik, §§ 40ff.). Der Schwerpunkt des vorliegenden Werkchens liegt bei den paläontologischen Problemen (s. § 2), doch wird auch dem Wunsch des Lesers nach allgemeiner Orientierung Rechnung getragen.

2. Die romanischen Sprachen und ihre Gliederung (§§ 6–27)

6. Man pflegt folgende romanische Sprachen zu unterscheiden: Französisch, Provenzalisch, Katalanisch, Spanisch, Portugiesisch, Italienisch, Sardisch, Rätoromanisch, Rumänisch, Dalmatisch. Im einzelnen:

a) Französisch (§§ 7–11)

7. Das heutige Schriftfranzösische ist die seit dem Beginn des 17. Jh. durch Sprachmeister (Vaugelas, *Académie française* u. a.) und Musterautoren (Malherbe, G. de Balzac, Pascal, Corneille, Racine, Molière, La Fontaine, Boileau u. a.) genormte und in den folgenden Generationen (18. Jh.: Voltaire, Rousseau; 19. Jh.: Victor Hugo, Balzac, Flaubert u. v. a.) weiterentwickelte Sprache der guten Pariser Gesellschaft. Es hat als Schriftsprache auch in den überseeischen Besitzungen Frankreichs sowie in Canada, Belgien, Luxemburg und der Schweiz Geltung. Man pflegt die franz. Sprache der Neuzeit chronologisch als das Neufranzösische zu bezeichnen zum Unterschied von ihren mittelalterlichen Vorstufen, die zu ihrer Zeit ebenfalls literarisch-schriftsprachliche Geltung erlangt hatten: dem Alt- (9. Jh.—1. Hälfte des 14. Jh.: Rolandslied, Chrétien de Troyes, 12. Jh.; Rosenroman von Guillaume de Lorris u. Jean de Meung, 13. Jh.) und dem Mittelfranzösischen (2. Hälfte des 14. Jh.—16. Jh.: Villon, 15. Jh.), wobei die Sprache des 16. Jh. (Marot, Rabelais,

---

[1]) Eine Einführung bietet W. v. Wartburg, *Einführung in Problematik und Methodik der Sprachwissenschaft*, Halle 1943. Vgl. auch die kurze Zusammenfassung bei Bourciez (s. o. S. 7) pp. 1–24. Über die weiteren Zusammenhänge orientiert in lebendiger, anregender Weise W. Porzig, *Das Wunder der Sprache*. Bern (Francke) 1950.

Ronsard, Montaigne), die derjenigen der folgenden Jahrhunderte bereits ziemlich nahesteht, am besten als 'Frühneufranzösisch' zu bezeichnen ist.

8. Die Grundlage der frz. Schriftsprache aller drei Epochen bildet vornehmlich die Mundart von Paris, das Franzische (Mundart der *Isle de France*), das seit dem 15. Jh. endgültig die Oberhand — im Süden Frankreichs auch über das Prov. (§ 12) — gewann.

Neben dem Franzischen gibt es folgende frz. Hauptmundarten: das Pikardische, das Normannische, die westl. (Anjou, Touraine, Maine, Bretagne), südwestl. (Poitou, Saintonge, Aunis) und südl. (Bourbonnais, Nivernais, Berry, Orléanais) Mundarten, das Champagnische, das Wallonische, das Lothringische, das Burgundische, die Mundart des nördl. Teiles der Franche-Comté. Hiervon haben besonders das Pik., Norm., Champ. und Wall. im Mittelalter literar. Bedeutung erlangt und dem seit dem 12. Jh. (12. Jh., Karlsreise, 13. Jh. Rustebuef) zur Schriftsprache aufstrebenden Franzischen z. T. noch bis ins 14. Jh. scharfe Konkurrenz gemacht. — Das seit 1066 nach England verpflanzte Normannische nennt man Anglonormannisch. Es hat manche Eigenheiten selbständig entwickelt (im 12.—14. Jh.), ist aber der auf England übergreifenden Konkurrenz der franzischen Schriftsprache einerseits und schließlich der Verschmelzung mit dem Englischen andererseits erlegen. — Im Mittelalter heißt das Frz. (aller Mundarten) *langue d'oïl* (im Gegensatz zur *langue d'oc*: § 12 Anm. 5), und zwar nach der afrz. Bejahungspartikel *oïl* (< *h o c i l l i), die durch nfr. *oui* fortgesetzt wird.

9. Die ursprüngliche Südgrenze des Frz. war die Loirelinie, die in ununterbrochener Tradition zunächst als Grenze zwischen den römischen Provinzen Aquitania und Gallia Lugudunensis, dann als kirchliche Diözesangrenze, Nordgrenze des Westgotenreiches (gegen Syagrius bzw. die Franken), Südgrenze fränkischer Siedlung, bis ins Mittelalter politisch-feudale und kulturelle Scheidelinie blieb, deren Auswirkungen noch heute spürbar sind. Unmittelbar südlich der Loire zieht sich ein altes Übergangsgebiet hin, das ursprünglich enger zum prov. Sprachraum gehört. Seine eigentliche Französierung beginnt erst mit dem 11./12. Jh. Der älteste prov. Trobador, Graf Wilhelm von Poitou (Herzog von Aquitanien) dichtet (um 1100) in einem Provenzalisch poitevinischer Färbung. Über das Frankoprov. vgl. § 12, über das Frankoit. § 18.

10. Die frz. Schriftsprache ist die reifste Frucht romanischer Sprachentwicklung. Ihre Reife verdankt sie zum guten Teil der eintausendjährigen (ältestes Denkmal: Straßburger Eide 842, sodann

Eulalia-Sequenz etwa 880), planvoll strengen und doch organischen Erziehung in der Schule des Lateinischen. Träger dieser Erziehung sind die großen frz. Dichter und Schriftsteller. Das Frz. stellt so ein traditionserfülltes, feingeschliffenes Mittel der intellektuellen Verständigung wie des künstlerischen Ausdrucks dar: *le véhicule d'une élite et d'une aristocratie* (Ch. Bally). Freilich haben die weitgehende literarische Fixierung und die starke Durchsetzung mit klassischlateinischem Lehngut auch einige Nachteile mit sich gebracht. So erscheint der nfr. Redefluß nicht ganz so ausdruckskräftig und unbefangen wie der des Afrz. oder anderer Sprachen, die überkommenes volkstümliches Gut besser bewahrt haben und weniger starr an einer 'klassischen' Norm festhalten. Meister der frz. Sprache wie Fénelon, Voltaire, Flaubert u. a. haben diese Schwächen des Frz. empfunden und beklagt.

Sprachprobe des Afrz.:

Ce nos ont nostre livre apris
Que Grece ot de chevalerie
Le premier los et de clergie.
Puis vint chevalerie a Rome
Et de la clergie la some,
Qui ore est an France venue.
Des doint qu'ele i soit retenue
Et que li leus li abelisse,
Tant que ja mes de France n'isse
L'enors qui s'i est arestee.
Des l'avoit as autres prestee,
Mes des Grezois ne des Romains
Ne dit an mes ne plus ne mains;
D'aus est la parole remese
Et estainte la vive brese

(Chrestien de Troyes, 12. Jh.)[1][2]

---

[1] Übersetzung: Das haben uns unsere Bücher gelehrt,/daß Griechenland den ersten Ruhm des Rittertums und der Bildung hatte./Dann kam das Rittertum und die Blüte der Bildung nach Rom, / die jetzt nach Frankreich gekommen ist. / Gott gebe, daß sie dort dabehalten werden möge / und daß der Ort ihr gefallen möge,/ so daß nie mehr aus Frankreich hinausgehe/die Ehre, die dort Halt gemacht hat./Gott hatte sie den anderen verliehen./Aber von den Griechen und von den Römern/spricht man nicht mehr (weder mehr noch weniger);/die Rede von ihnen hat aufgehört,/und erloschen ist die (ihre) lebendige Glut. – Die Stelle ist bezeichnend für das französische Kulturbewußtsein (*translatio studii*); vgl. E. R. Curtius *Europ. Literatur u. lat. Mittelalter*, Bern 1948, S. 388.

[2] Die (in Anm. 1) gegebene Übersetzung soll – wie auch die Übersetzung der übrigen Sprachproben – nur ein Hilfsmittel für das wörtliche Verständnis des Textes sein.

11. Im Osten eingekeilt zwischen dem frz. und dem prov. Sprachraum (s. § 12) liegt das frankoprovenzalische Sprachgebiet[1]). Es umfaßt den nördlichen Teil des Dauphiné (mit Grenoble), Savoyen (beidemal mit Einschluß des Ostabhangs der Westalpen), die Westschweiz (mit Ausnahme des frz. Gebiets um Porrentruy im Kanton Bern), die Nordwestecke Piemonts (mit Aosta), das Lyonnais sowie den südlichen Teil der Franche-Comté[2]). Das Frankoprovenzalische hat keine eigene Schriftsprache entwickelt, es gehört zum Geltungsbereich der frz. Schriftsprache. — Sprachprobe:

Lyáuba [*łyoba*], *lyáuba, por ariá!*
Vinide tóte
Pitite, gróše,
Blyántse, néyre,
Ródze, moϑéyle!
Lyáuba, lyáuba, por ariá![3])
(aus dem Greyerzer *Ranz des vaches* = Kuhreihen)

b) Provenzalisch (§§ 12–13)

12. 'Provenzalisch' (*přoensal*) ist ursprünglich einer der Namen der — nicht in allen Stücken einheitlichen — Schriftsprache der mittelalterlichen (12.—13. Jh.) Trobadors Südfrankreichs (Arnaut Daniel, Bernart de Ventadorn, Bertran de Born, Gaucelm Faidit, Guilhem de Peitieu, Giraut de Bornelh, Jaufré Rudel, Marcabru, Peire Cardenal, Peire Vidal, Raimbaut de Vaqueiras u. v. a.).

Ihr mundartliches Zentrum war vielleicht das Territorium des Grafen von Toulouse. Die Bennung *proensal* kann mit der Tatsache zusammenhängen, daß die Grafschaft Provence (auf die der Name der *provincia Narbonensis* eingeengt worden war) den an der Trobadorpoesie als Mäzene (Höfe von Monferrato, Malaspina, Este u. a.) interessierten und produktiv beteiligten (13. Jh.: Rambertino Buvalelli, Sordello da Goito, Lanfranco Cigala u. a.) Norditalienern des 12./13. Jh. am nächsten lag[4]).

Zum Bereich der prov. Mundarten gehören die Provence (mit dem Ostabhang der Westalpen), das Languedoc[5]) (mit Rouergue), die

---

[1]) Über eine westliche Übergangszone zwischen dem Frz. und dem Prov. im Mittelalter s. § 9.

[2]) Über die sprachlichen Charakteristika des Frankoprov. s. §§ 210, 287.

[3]) Übersetzung: Kuh, Kuh, zum Melken!/Kommt alle,/kleine, große,/weiße,/schwarze,/rote, gefleckte!/Kuh, Kuh, zum Melken!

[4]) Ein anderer Name der prov. Schriftsprache ist *limosí* „limousinisch". Er dürfte von Nordfrankreich aus geprägt worden sein. Zur Übertragung auf das Katalanische s. § 14.

[5]) Nach der prov. Bejahungspartikel *oc* (< *hoc*). *Langue d'oc* kann auch als Bezeichnung aller prov. Mundarten verwandt werden; vgl. § 9.

Auvergne, das Limousin (mit Périgord, Quercy). Zum Gaskognischen vgl. § 13. Die Nordgrenze des prov. Sprachgebiets gegenüber dem Frz. beginnt an der Gironde, macht sodann einen Bogen nördlich um das Massif Central und erreicht die Rhône zwischen Valence und Vienne. Hier geht sie in die Nordgrenze zum Frankoprov. (vgl. § 11) über und beläßt den südl. Teil des Dauphiné beim Prov.

Mit der Trobadorpoesie ist auch die altprov. Schriftsprache abgestorben (Wendepunkt: Albigenserkreuzzug 1213) und hat dem (seit dem 15. Jh. vollends) siegreichen Frz. die Geltung als Schriftsprache überlassen. Dabei ist das Frz. in den Städten auch immer mehr zur Verkehrssprache geworden; die prov. Mundarten sanken auf die Stufe ländlicher Patois ohne normierende Instanz herab. Die Versuche des romantischen Regionalismus des 19. Jh. (*Félibrige*, Hauptvertreter: Roumanille, Mistral), das Neuprov. zur literaturfähigen Schriftsprache zu machen, haben zwar zu beachtlichen literar. Leistungen in neuprov. Mundarten, nicht aber zu einer allseitig anerkannten einheitlichen neuprov. Schriftsprache geführt. Hervorragende Bedeutung hat hier allerding die Mundart des Dichters Frédéric Mistral, das Unterrhonische (Bouches-du-Rhône), erlangt. — Altprov. Sprachprobe:

1. *Ab l'alen tir vas me l'aire*
qu'eu sen venir de Proensa;
tot quant es de lai m'agensa,
si que, quan n'aug ben retraire,
eu m'o escout en rizen
e'n deman per un mot cen:
tan m'es bel quan n'aug ben dire.

2. *Qu'om no sap tan dous repaire*
cum de Rozer tro qu'a Vensa,
si cum clau mars e Durensa,
ni on tan fis jois s'esclaire;
per qu'entre la franca gen
ai laissat mon cor jauzen,
ab leis que fa'ls iratz rire.

3. *Qu'om no pot lo jorn mal traire*
qu'aia de leis sovinensa,
qu'en leis nais jois e comensa;
e qui qu'en sia lauzaire,
de ben qu'en diga no i men,
que'l melher es, ses conten,
e'l genser que'l mon se mire.

4. *E s'eu sai ren dir ni faire,*
ilh n'aia'l grat, que sciensa
m'a donat e conoissensa,
per qu'eu sia gais chantaire,
e tot quan fauc d'avinen
ai del seu bel cors plazen,
neis quan de bon cor consire.
(Peire Vidal, um 1200).[1])

Neuprovenzalische Sprachprobe:

1. *Sian tout d'ami, sian tout de fraire,*
Sian li cantaire dóu païs!
Tout enfantoun amo sa maire,
Tout auceloun amo soun nis:
Noste cèu blu, noste terraire
Soun pèr nous-autre un paradis.
Sian tout d'ami galoi e libre,
Que la Prouvènço nous fai gau;
Es nautre que sian li Felibre,
Li gai Felibre prouvençau!

---

[1]) Übersetzung: 1. Mit dem Atem ziehe ich zu mir hin die Luft,/die — wie ich spüre — aus der Provence kommt;/alles, was von dort ist, gefällt mir,/so daß, wenn ich gut von ihr (der Provence) erzählen höre,/ich es mir freudig lachend anhöre / und darüber für ein Wort hundert erbitte: / so sehr gefällt es mir, wenn ich gut von ihr sprechen höre. — 2. Denn man kennt keine so süße Wohnstätte / wie von der Rhone bis nach Vence (Alpes-Maritimes), / sowie (den Raum, den) das Meer und die Durance umschließt, / noch (eine Stätte), wo eine so lautere Freude erglänzt. / Drum habe ich unter dem edlen Volk / mein frohes Herz gelassen, / bei ihr (der Provence), die die Betrübten lachen macht. — 3. Denn man kann an dem Tag kein Leid erfahren, an dem man an sie (die Provence) Erinnerung hat. / Denn in ihr entsteht und beginnt die Freude, / und wer auch immer ihr Lobredner ist, / der lügt nicht in bezug auf alles, was er auch immer von ihr sagen mag. / Denn sie ist die Beste, unbestritten, und die Schönste, die man auf der Welt schauen mag. — 4. Und wenn ich etwas zu sagen oder zu tun verstehe, / so habe sie dafür den Dank; denn Wissenschaft / hat sie mir gegeben und Kenntnis, / damit ich ein froher Sänger sei; / und alles, was ich an Anmutigem tue, / habe ich von ihrer Schönheit, / selbst wenn ich allen Ernstes nachsinne. — Nachdichtung von Friedrich Diez (1829): 1. Aus der Luft saug' ich Erquicken, Die mein Land Provence sendet, Alles freut mich, was es spendet, Ja, ich höre mit Entzücken, Was man Gutes von ihm spricht, Frage und ermüde nicht: So kann mich sein Lob erfreuen. — 2. Solch ein Land hat's nie gegeben, Wie vom Rhonestrom nach Vence Und vom Meer bis zur Durance, Noch ein so vergnüglich Leben. Drum ließ ich in lauter Glück Froh mein Herz bei Ihr zurück, Die den Trübsinn kann zerstreuen. — 3. Nichts darf uns des Tags beschweren, Wo wir ihrer uns besonnen, Da sie Urquell aller Wonnen, Und wer redet ihr zu Ehren, Ihr, der besten ohne Streit Und der schönsten weit und breit, Was er sagt, er kann nicht lügen. — 4. Was ich dicht' und sonst vollbringe, Ihr verdank' ich's, da sie Kenntnis Mir verliehen und Verständnis: Darum bin ich froh und singe, Und was Schönes mir gelingt, Selbst was mir das Herz durchdringt, Dank' ich ihren holden Zügen.

2. *En prouvençau, ce que l'on pènso*
Vèn sus li bouco eisadamen:
O douço lengo de Prouvènço,
Vaqui perqué toujou t'amen!
Sus li frejau de la Durenço
N'en aven fa lou saramen!
Sian tout d'ami galoi e libre . . .

3. *Li bouscarleto, de soun paire*
Oublidon pas lou piéutamen:
Lou roussignòu l'oublido gaire,
Lou cant que soun paire i'apren,
E lou parla de nòsti maire,
Voulès que nautre l'oubliden?
Sian tout d'ami galoi e libre . . .
(Mistral, 1854)[1])

13. Eine gewisse Sonderstellung neben dem Prov. nimmt das Gaskognische (zwischen Garonne und Pyrenäen) ein, das bereits den Trobadors (z. B. Raimbaut de Vaqueiras, etwa 1200) als selbständige Sprache neben dem Prov. gilt. Es ist in vielen und eigentümlichen Zügen enger verwandt mit dem Aragonesischen und dem Katalanischen als mit dem Prov. (vgl. § 37). Es gehört heute — wie das Prov. — zum Geltungsbereich der frz. Schriftsprache. — Sprachprobe:

Nosta-Drama arà cinta blùa
Florechcat èste serament,
Arrai de sorelh, cla de lùa,
Pregat per nos-àuti u moment . . .
Sant-Vizens e Santa-Lilòia,
Quand paset sus era Montyòia
Arà heresca, eds sés d'estiu,
Se volet que r'arrasa visque,

---

1) Übersetzung: 1. Wir sind alle Freunde, alle Brüder, / wir sind die Sänger des Landes! / Jedes Kindlein liebt seine Mutter, / jedes Vöglein liebt sein Nest: / Unser blauer Himmel, unsere Heimat / sind für uns ein Paradies / Wir sind alle frohe und freie Freunde, / denn die Provence macht uns Freude. / Wir sind die Felibre, die fröhlichen provenzalischen Felibre. — 2. Was man auf Provenzalisch denkt, / kommt leicht auf die Münder (über die Lippen): / o süße Sprache der Provence, / drum wollen wir dich immer lieben! / Auf den Kieseln der Durance / haben wir es geschworen. / Wir sind alle frohe und freie Freunde . . . 3. Die Grasmücken vergessen nicht das Piepen ihres Vaters, / die Nachtigall vergißt ihn nicht, / den Gesang, den ihr Vater sie lehrt. / Und die Sprache unserer Mütter, / wollt ihr, daß wir die vergessen? / Wir sind alle frohe und freie Freunde . . .

Pregat Diu qu'enze benadisque,
Tant qui semiam ed blat de Diu!
(Philadelphe de Gerde, 1930)[1]).

c) Katalanisch (§ 14)

14. Das Katalanische ist die Sprache Kataloniens, die sich durch die Reconquista in einem schmalen Küstenstreifen von der Grafschaft Barcelona (801 Grenzmark Karls des Großen) aus über Valencia bis vor die Tore von Murcia und auf die Balearischen Inseln ausgedehnt hat. Es hat im Mittelalter nach dem Vorbild des Prov. eine Schriftsprache (Amtssprache des Königreichs Aragonien) entwickelt (Autoren: Ramon Llull 13./14. Jh., Bernat Metge etwa 1400, Auzias March und Jaume Roig 15. Jh.), die während der arag. Herrschaft über Neapel-Sizilien auch in Süditalien zur Kanzleisprache wurde. Als Rest dieser Expansion ist heute nur der katal. Dialekt der Stadt Alghero (Sardinien) übriggeblieben. Das Katal. muß seit dem 15. Jh. in Katalonien selbst um seine Geltung als Schriftsprache ringen und kann sich nur noch schwer gegenüber dem Kastil. (vgl. § 15) halten. Als Kanzleisprache wird es 1714 von den Bourbonen durch das Kastil. ersetzt. Der romantische Regionalismus des 19. Jh. (Autoren: Aribau, Rubió y Ors, Milá y Fontanals, Aguiló, Balaguer) hat mit einigem Erfolg eine literar. Neubelebung des Katal. angestrebt[2]). Die 1659 an Frankreich gefallene Landschaft Roussillon gehört zum geschlossenen katal. Sprachgebiet. — Über die Stellung des Katal. zu den benachbarten Sprachen vgl. §§ 13, 37. — Sprachprobe:

Pláume encara parlar la llengua d'aquells sabis
Que ompliren l'univers de llurs costums e lleis,
La llengua d'aquells forts que acataren los Reis
Defenguéren llurs drets, venjáren llurs agravis.
Muira, muira l'ingrat que al sonar en sos llabis
Per estranya regió l'accent natiu, no plora:
Que al pensar en sos llars, no's consum ni s'anyora
Ni cull del mur sagrat la lira dels seus avis.

---

[1]) Übersetzung: Unsere Liebe Frau (von Lourdes) mit dem blauen Gürtel, / Laßt Frucht bringen (blühen) dieses Eidesversprechen, / Sonnenstrahl, Mondenschein, / Betet einen Augenblick für uns . . . / Heiliger Vinzenz und heilige Liliola (6. Jahrh., Äbtissin in Arles), / Wenn ihr gen Montjoie (Ort) zieht / In der Kühle an den Sommerabenden, / – wenn ihr wollt, daß die (eure) Rasse lebe –, / so bittet Gott, daß er uns segne, / solange wir das Korn Gottes säen!

[2]) Die Sprache des Mittelalters wird Altkatal., die der Neuzeit Neukatal. genannt.

En llemosí[1]) *soná lo meu primer vagit*
Quant del mugró matern la dolça llet bebia;
En llemosí al Senyor pregava cada dia
E càntics llemosins somiava cada nit. (Aribau, 1833)[2]).

d) Spanisch (§ 15)

15. Die spanische Schriftsprache beruht auf der kastilischen Mundart (daher die Bezeichnung *el castellano*), und zwar ursprünglich auf dem Dialekt der nie in die Hände der Araber gefallenen, dem Baskenlande unmittelbar benachbarten kantabrischen Grenzmark.

Bereits in römischer Zeit mag es in der lat. Umgangs- und Verkehrssprache der iber. Halbinsel gewisse regionale Abweichungen gegeben haben, die etwa der Provinzeinteilung (*Tarraconensis*, *Baetica*, *Lusitania*) entsprochen haben können. Die Landschaften Galizien, Asturien, Kantabrien mit dem Baskenland wurden von den Römern erst spät erobert und hatten so vielleicht auch eine gewisse sprachliche Sonderstellung. Die Latinität der *Baetica* und der *Lusitania* wurde durch die unter der Herrschaft der Araber (seit dem 8. Jh.) und im Geltungsbereich der arab. Schriftsprache lebenden Romanen als 'mozarabische' Mundart fortgesetzt. Die Latinität der Tarraconensis scheint schon in der Kaiserzeit enge Beziehungen zur benachbarten Galloromania gehabt zu haben, wie die sprachlichen Berührungen zwischen Katalanisch und Provenzalisch (im Osten) und zwischen Aragonesisch und Gaskognisch (im Westen) zeigen. Die *Reconquista* des im 8. Jh. an die Araber verlorenen iberoroman. Hauptraumes geht von zwei Bollwerken aus: dem asturischen Bergland im Westen und der Grenzmark Karls des Großen im Osten (s. § 14). Vom asturischen Bergland aus stoßen parallel nach Süden vor der asturisch-leonesische Dialekt (bis in die Estremadura) in der Mitte und zu dessen beiden Seiten der galizische (s. § 16) und der kantabrisch-kastilische Dialekt (s. o.). Von der östlichen Grenzmark aus wird die Latinität der Tarraconensis in der aragonesischen und katalanischen Form nach Süden ge-

---

[1]) Eigentlich „limousinisch". Die Benennung ist von der prov. Schriftsprache übernommen worden (vgl. § 12).

[2]) Übersetzung: Es gefällt mir, noch die Sprache jener Weisen zu sprechen, die die Welt mit ihren Sitten und Gesetzen erfüllten, die Sprache jener Starken, die die Könige verehrten, ihre Rechte verteidigten, ihre Beleidigungen rächten. — Sterben, sterben soll der Undankbare, der, wenn auf seinen Lippen in fremder Gegend der heimische Akzent erklingt, nicht weint, der, wenn er an seine Heimat denkt, sich nicht vor Heimweh verzehrt noch von der heiligen Mauer die Lyra seiner Ahnen nimmt. — Auf Katalanisch erklang mein erstes Wimmern, als ich von der Mutterbrust die süße Milch trank; auf Katalanisch betete ich zum Herrn jeden Tag, und katalanische Hymnen träumte ich jede Nacht.

tragen (zum Katal. s. § 14). Den Hauptanteil an der *Reconquista* erbte der kastilische Dialekt, der über Alt- und Neukastilien, Estremadura, Murcia, Andalusien bis in das zuletzt eroberte Königreich Granada vorgetragen wurde und hier überall — das Arabische verdrängend — die verbliebene alte 'mozarabische' Romanität kastilianisierte. Im 13. Jh. (König Alfons der Weise) hat das Kastilische den Hauptkonkurrenten, das Asturisch-Leonesische, bereits kulturell und geographisch überflügelt. Die anderen Mundarten werden — mit Ausnahme des im Portug. selbständig gewordenen Galizischen (§ 16) und vorerst noch des Katal. (§ 14) — zu bloßen Sprechmundarten herabgedrückt: das Leonesische wie das sich mit diesem in vielen Punkten berührende Aragonesische sind zu bloßen Randdialekten des territorial angeschwollenen Kastilischen geworden. — Die den Arabern als letzte entrissenen südl. Gebiete (Andalusien, Granada) haben einen — besonders in der Aussprache — eigentümlichen Kolonialdialekt (Andalusisch) auf kastilischer Grundlage entwickelt. In den außereuropäischen Gebieten (Argentinien, Chile, Perú, Bolivien, Columbia, México usw.) hat das (ursprünglich aus ethnischen und verwaltungstechnischen Gründen stark von der andalusischen Mundart beeinflußte) Kastilisch-Spanische teilweise recht selbständige neue Wege eingeschlagen. — Das Spanische des Mittelalters nennt man Altspan. (*Cantar de Mio Cid* 12. Jh., Gonzalo de Berceo und Alfons der Weise 13. Jh., Juan Ruiz und Juan Manuel 14. Jh., Jorge Manrique und *Celestina* 15. Jh.), das des *Siglo de oro* (16.—17. Jh.: Garcilaso de la Vega, Santa Teresa de Jesús, San Juan de la Cruz, Luis de León, Cervantes, Góngora, Lope de Vega, Quevedo, Calderón, Gracián) und der Folgezeit Neuspanisch (dessen heutige Orthographie aus dem 19. Jh. stammt). — Die Ende des 15. Jh. aus Spanien vertriebenen und seitdem im Orient (bes. Saloniki) und in Marokko lebenden Juden sprechen ein altertümliches Spanisch, das in vielen Eigenheiten noch die Sprache des 15./16. Jh. repräsentiert.

— Spanische Sprachprobe:

No me mueve, mi Dios, para quererte,
el cielo que me tienes prometido,
ni me mueve el infierno tan temido
para dejar por eso de ofenderte.
¡Tu me mueves, Señor! Muéveme el verte
clavado en esa cruz y escarnecido,
Muéveme el ver tu cuerpo tan herido,
muévenme tus afrentas y tu muerte.
Muévesme al tu amor en tal manera,

que aunque no hubiera cielo, yo te amara,
y aunque no hubiera infierno, te temiera.
No me tienes que dar porque te quiera;
porque, aunque cuanto espero no esperara,
lo mismo que te quiero, te quisiera.
(Anonym; *Siglo de Oro*)[1]).

e) Portugiesisch (§ 16)

16. Das Portugiesische ist die Schriftsprache Portugals, seiner Besitzungen und Brasiliens. Es beruht ursprünglich auf dem Dialekt Galiziens (in der Nordwestecke der Halbinsel), das heute als immer bei der asturisch-leonesischen (und später kastilischen) Krone verbliebenes Territorium selbst zum Geltungsbereich der span. Schriftsprache gehört. — Die südl. galizische Grenzmark, die 1095 selbständig gewordene Grafschaft (seit 1139 Königreich) Portugal an der Douromündung, trägt bis zur Mitte des 13. Jh. bereits die Reconquista bis an die Südgrenze des heutigen Portugal und verbreitet über dieses Gebiet den galiz. Grenzdialekt, der für die Lyrik im Mittelalter auch im kastil. Bereich Verwendung fand.

Die Sprache des Mittelalters nennt man Altportug. (Nachahmung der prov. Trobadorpoesie 13./15. Jh.), die der Neuzeit Neuportug. (Gil Vicente 15./16. Jh., Luis de Camões 16. Jh.). — Die heutige portug. Schriftsprache hat die Sprechweise der Hauptstadt Lissabon (seit 15. Jh., vorher Coimbra) zur Grundlage.

Der portug. Sprachraum ist — da Kolonialboden — mundartlich nur schwach gegliedert. Die Gliederung entspricht ungefähr der politischen Provinzeinteilung, wobei die nördl. Dialekte (zwischen Douro und Minho) dem eigentlichen Galizischen naturgemäß am nächsten stehen. — Portugiesische Sprachprobe:

1. *As Armas e os Barões assinalados,*
Que da Occidental praia Lusitana,
Por mares nunca d'antes navegados,

---

[1]) Übersetzung: Es bewegt mich nicht, mein Gott, um dich zu lieben, / der Himmel, den du mir versprochen hast, / noch bewegt mich die so sehr gefürchtete Hölle, / um deshalb davon abzulassen, dich zu beleidigen. / Du bewegst mich, Herr! Es bewegt mich, dich / angenagelt an dieses Kreuz und verhöhnt zu sehen. / Es bewegt mich der Anblick deines verwundeten Körpers, / es bewegen mich die dir angetane Schmach und dein Tod. / Du bewegst mich, dich zu lieben, in solchem Maße, / daß, wenn es auch keinen Himmel gäbe, ich dich lieben würde, / und wenn es auch keine Hölle geben würde, ich dich fürchten würde. / Du brauchst mir nichts zu geben, damit ich dich liebe; / denn, auch wenn ich das, was ich erhoffe, nicht erhoffen würde, / so würde ich dich doch ebenso lieben, wie ich dich jetzt liebe.

Passárão ainda além da Taprobana;
E em perigos e guerras esforçados,
Mais do que promettia a força humana,
Entre gente remota edificárão
Novo Reino, que tanto sublimárão:

2. *E tambem as memórias gloriosas*
Daquelles Reis, que forão dilatando
A Fé, o Imperio; e as terras viciosas
De Africa e de Asia andárão devastando;
E aquelles que por obras valerosas
Se vão da lei da morte libertando;
Cantando espalharei por toda parte,
Se a tanto me ajudar o engenho e arte.

3. *Cessem do sabio Grego e do Troiano*
As navegações grandes que fizerão;
Calle-se de Alexandro e de Trajano
A fama das victórias que tiverão;
Que eu canto o peito illustre Lusitano,
A quem Neptuno e Marte obedecêrão:
Cesse tudo o que a Musa antigua canta,
Que outro valor mais alto se alevanta.

(Luis de Camões, Anfang des Epos „*Os Lusiadas*", 16. Jh.)[1]).

f) Italienisch (§§ 17–18)

17. Die Tradition der ital. Schriftsprache geht zurück auf die sizilianische 'Dichterschule' der Hohenstaufen im 13. Jh. (Nachahmung der prov. Trobadorpoesie), deren Sprache ein mit Provenzalismen durchsetztes Sizilianisch war. Seit der 2. Hälfte des 13. Jh.

---

[1]) Übersetzung: 1. Die Waffen und die berühmten Helden, / die vom westlichen lusitanischen Gestade / durch nie vorher befahrene Meere / bis jenseits der Tapobrana (Ceylon) vordrangen / und, in Gefahren und Kriegen tapferer / als es die menschliche Kraft erwarten ließ, / unter fernen Völkern ein neues Reich errichteten, / das sie so sehr verherrlichten; / 2. und auch das ruhmvolle Gedächtnis / jener Könige, die auszogen, den Glauben und das Reich zu mehren und die lasterhaften Länder / Afrikas und Asiens zu verwüsten, / und jene, die durch tapfere Taten / sich vom Gesetz des Todes befreien (d. h. deren Ruhm weiterlebt) / — diese Helden will ich im Lied nach allen Seiten bekannt machen, / wenn dazu mir helfen das Ingenium und die Kunst. — 3. Aufhören sollen die (d. h. soll der Ruhm der) großen Seefahrten der weisen Griechen und der Trojaner, / verstummen soll nunmehr der Ruhm der Siege Alexanders und Trajans: / denn ich besinge den ruhmvollen lusitanischen Helden, / dem Neptun und Mars gehorchten. / Aufhören soll alles, was die antike Muse besingt; / denn eine andere, höhere Tapferkeit wird nun gepriesen.

geht die literar. Führung an die Toskana, speziell die Stadt Florenz über, wodurch das Florentinische zur Grundlage der ital. Schriftsprache wird. Die florentiner Dichter Dante (13./14. Jh.), Petrarca und Boccaccio (14. Jh.) werden zu maßgebenden Musterautoren[1]). Im 19. Jh. wird — gegenüber der bloßen Tradition dieser literar. Mustersprache — der lebendige florentiner Sprachgebrauch (jedoch ohne krasse Florentinismen) als Norm für die Schriftsprache durch den Dichter Alessandro Manzoni mit Erfolg durchgesetzt. Seit dem Ausgang des 19. Jh. hat die Schriftsprache bei Wahrung des überkommenen florentinischen Grundcharakters eigene Wege eingeschlagen. — Sprachprobe:

„*Al Padre, al Figlio, allo Spirito Santo*“
cominciò „gloria!“ tutto il paradiso,
sì che m'inebriava il dolce canto.
Ciò ch'io vedeva mi sembiava un riso
dell'universo; per che mia ebbrezza
intrava per l'udire e per lo viso.
Oh gioia! oh ineffabile allegrezza!
oh vita integra d'amore e di pace!
oh sanza brama sicura ricchezza!

(Dante Alighieri, *Divina Commedia*, *Paradiso* 27, 1—9; 1. Viertel des 14. Jh.)[2]).

18. Die mundartliche Gliederung Italiens ist recht verwickelt:

1. Westromanischer Anteil (vgl. §§ 27, 35): Norditalien, und zwar:

   a) Galloitalienische Mundarten (vgl. § 30): Lombardei (mit dem schweizerischen Kanton Tessin und Teilen [Mesocco, Bergell und Puschlav] des Kantons Graubünden), Piemont, Ligurien, Emilia, Romagna.

   b) Venezianisch (mit Venedig, Padua, Verona, Trient).

---

[1]) Ausdrücklich so im 16. Jh. durch den *umanesimo volgare*, der die humanistische These der Notwendigkeit von Musterschriftstellern auf den Bereich der Vulgärsprache, also des Italienischen übertrug. — Große Dichter: Ariosto (15./16. Jh.), Tasso (16. Jh.), Carducci (19. Jh.) u. a.

[2]) Übersetzung: „Ehre dem Vater, dem Sohn, dem Heiligen Geiste“ begann das ganze Paradies, so daß mich der süße Sang berauschte. — Das, was ich sah, schien mir ein Lachen des Universums; denn mir drang ein Rausch durch Ohr und Auge. — O Freude! o unaussprechliche Freude! o in Liebe und Frieden ungebrochenes Leben! o ohne Verlangen sicherer Reichtum!

2. Ostromanischer Anteil (vgl. §§ 27, 35):
   a) Mittelitalienische Mundarten:
      α) Toskana mit Korsika (vgl. § 19).
      β) Marken (mit Ancona), Umbrien, Latium.
   b) Süditalienische Mundarten: Abruzzen, Kampanien, Apulien, Lukanien, Kalabrien, Sizilien.

Die sprachliche Grenze zwischen dem westromanischen und dem ostromanischen Anteil geht noch auf die Römerzeit zurück (s. § 35). In Norditalien zeigen die sog. galloital. Mundarten im Lexikon ein mehr oder minder starkes keltisches Substrat (§ 30), das dem Venezianischen (im Kernraum Venedig-Padua) fehlt. Das Venezianische selbst scheint stark vom Toskanischen beeinflußt. Es hat im Mittelalter und in der Neuzeit noch bis ins 18. Jh. fast die Rolle einer nordital. Schriftsprache gespielt (Republik Venedig) und so seine Grenzen nach Westen (Verona, Trient), aber auch nach Osten (Istrien, Adria) ausdehnen können. Internationale Bedeutung hat der venez. Komödiendichter Goldoni (18. Jh.) erlangt. — Die Verpflanzung der nordfrz. Epenpoesie nach Norditalien hat hier im Mittelalter (13./14. Jh.) vorübergehend zur Schaffung einer nur literarisch verwendeten epischen französisch-venezianischen Mischsprache, dem Franko-italienischen, geführt. — Was die westl. Grenze des Norditalienischen angeht, so gehört der Ostabhang der Westalpen noch zum prov. und frankoprov. Sprachgebiet (s. §§ 11, 12), was offenbar auf die Sicherung der Pässe durch die Franken (6. Jh.) zurückgeht.

Innerhalb des ostroman. Anteils hat sich der südital. Raum gegenüber Mittelitalien erst durch die normann. Eroberung und das Kgr. Neapel sowie durch den Querriegel (Rom-Ancona) des Kirchenstaates abgesetzt. Dabei haben die Mundarten der Marken, Umbriens und Latiums (mit Rom) ursprünglich süditalienisches Gepräge, das durch den nach Süden ausstrahlenden Einfluß des Toskanischen (besonders z. B. in der Stadt Rom) mehr oder weniger verwischt wurde. Das Toskanische selbst — und noch mehr die Schriftsprache — hat nordital. Einflüsse erfahren. — Innerhalb der südital. Mundarten hat das Sizilianische dadurch eine besondere historische Bedeutung erlangt, daß es die Grundlage der ältesten ital. Schriftsprache bildete (s. § 17). Noch heute erscheinen in der Sprache der ital. Lyrik einzelne Sizilianismen alter Tradition.

Mehrere ital. Mundarten haben eine vielgestaltige Dialektliteratur hervorgebracht, so das Sizilianische, das Neapolitanische, das Römische, das Venezianische (s. o.).

g) Sardisch (§ 19)

19. Eine Schriftsprache hat das Sardische nicht entwickelt, wenn es auch mittelalterliche Urkunden gibt, die in sard. Mundarten abgefaßt sind. Sardinien ist linguistisch in drei Zonen gegliedert: im Süden spricht man das Campidanesische, im mittleren Gürtel das altertümliche Logudoresische und die diesem nahestehenden, aber noch archaischeren Zentralmundarten[1]); der Norden wird von zwei Mundarten eingenommen, die dem Korsischen sehr nahestehen und daher als italienische Dialekte zu gelten haben: das Sassaresische (mit Sassari) im Westen und das Galluresische im Osten.

Die durch die pisanische Herrschaft besonders im Norden stark toskanisierten Mundarten Korsikas mögen ursprünglich dem Sardischen nahegestanden haben; heute sind sie eindeutig als italienische Dialekte zu betrachten.

Zur Stellung des Sard. unter den roman. Sprachen vgl. § 35.

Sardische Sprachprobe (Nuoresisch)[2]):

unu bandiu nugorẹṣu vi kkirkau δa ṣa z̧ustíssia k aía ʃʃatt una mǫrte e ʃʃi kkuβau n d una taŋk akkúrzi a llula; ʃi ddisperau e ssikommenti vi mmęδa divọttu e ʃʃit un ǫ́mmine męδa βọnu, s ęst invokau a ssantu vranzisku ki átterar βǫrtaṣ aía ssarβ aubandioṣ e impinnǫ́ a ssu ṣantu ki ṣi lu δ iat áe ssarβau, li δ ia ʃʃáker una krẹ́ṣia n onǫre ṣuo z̧ust issọr uβe vi kkuβá issu. sǫr de sa z̧ustíssia ṣun kolauṣ issorikẹ́ḍḍ uβe vi kkuβau ṣu bandiu e nnǫ ll ana βiδu e ṣu bandiu rikkonoskẹ́nt a mmanrẹṣu ṣ impinnassiǫne vatta, a ʃʃravikau ṣa krẹ́ṣia e kkaδ annu vinzaṣ a ssa mǫrte, i ssu mẹ́ṣ e máḭu ęst anḍau kin tọttu ṣa vamíllia a ʃʃake ssa noβẹ́n a ssantu vranzisku.

h) Rätoromanisch (§§ 20—21)

20. 'Rätoromanisch' ('Alpenromanisch') ist die Sammelbezeichnung für drei geographisch nicht mehr zusammenhängende romanische Mundartengruppen des mittleren und östlichen Alpen-

---

[1]) Die Zentralmundarten werden auch unter dem Namen Nuoresisch zusammengefaßt.

[2]) Ital. Übersetzung: *Un bandito nuorese era cercato dalla giustizia, che aveva fatto una morte (poiché aveva ucciso) ed era nascosto in una tanca vicino a Lula; era disperato e siccome era molto devoto ed era un uomo molto buono, si è rivolto a San Francesco che altre volte aveva salvato banditi e fece voto al Santo che se lo avrebbe salvato, gli farebbe una chiesa in onore suo giusto vicino dove era nascosto esso. Quelli della giustizia sono passati vicinissimo dove era nascosto il bandito e non l'hanno visto e il bandito riconoscente ha mantenuto l'impegno fatto, ha fabbricata la chiesa e ogni anno fino alla morte, nel mese di maggio è andato con tutta la famiglia a fare la novena a San Francesco.* (Text und Übers. nach G. Bottiglioni, *Leggende e Tradizioni di Sardegna.* Genf 1922, S. 78.)

gebiets, die sich in charakteristischen und ihnen weitgehend gemeinsamen Eigenheiten von den norditalienischen Mundarten unterscheiden:

1. Westliche Gruppe (zwischen Gotthard und Ortler):
   Bündnerromanisch (*Rumantsch Grischun*), und zwar:
   a) Oberländisch (Rheingebiet; Zentrum war im Ausgang des Altertums das heute alemannische Chur):
      α) Obwaldisch (Surselvisch) am Vorderrhein; Zentren: Disentis (*Mustér*), Ilanz (*Glion*).
      β) Zentralbündnerisch (*Grischun central*) am Hinterrhein und an der Albula.
   b) Engadinisch (Inngebiet): Ober- und Unterengadinisch, dazu das Münstertal (Flußgebiet des Etsch). — Zentrum: Samaden (*Samedan*, Obereng.).

Die bündnerromanischen Mundarten (besonders das Engadinische und das Obwaldische) haben seit dem 16. Jahrhundert ein reiches Schrifttum (meist religiösen und volkstümlich-vaterländischen Inhalts) entwickelt. Das Bündnerromanische ist seit 1938 (neben dem Deutschen, Frz., Ital.) die vierte Landessprache der Schweiz Sie ist allerdings nicht durch eine einheitliche Schriftsprache, sondern nur durch ihre im schriftlichen Gebrauch fixierten verschiedenen Mundarten vertreten.

2. Mittlere Gruppe (vom Ortler zum Dolomitengebiet): Zentralladinisch, und zwar die Mundarten:
   a) im Flußgebiet des Etsch:
      α) westlich des Etsch das Nonsberger- und Sulzbergertal (z. T. stark lombardisiert).
      β) östlich der Eisack-Etschlinie (Dolomitenladinisch) das Grödnertal, das (Avisio-)Fleims-Fassatal, das Gadertal (Abtei, Enneberg).
   b) im Flußgebiet des Piave: Buchenstein, Ampezzo-, Auronzo-, Comelicotal (z. T. stark venezianisiert).

3. Östliche Gruppe (Tagliamento-Isonzogebiet bis ans Meer): Friaulisch. Das Friaulische wurde im 19. Jh. noch in Triest gesprochen. Zentrum: Udine.

Die mittlere und die östliche Gruppe des Rätorom. gehören heute zum Geltungsbereich der ital. Schriftsprache. Die Umgangssprache steht unter dem Einfluß des Venezianischen. In der mittleren Gruppe (Südtirol) treten bajuvarische Einflüsse hinzu.

21. Die heutigen rätoroman. Mundarten sind Trümmer und Rückzugszone eines einst zusammenhängenden romanischen Siedlungsgebiets des Alpen- und nördl. Voralpenraumes (*Raetia-Vindelicia, Noricum*). Im Norden ist die roman. Sprache dem Drucke der Alemannen (5. Jh.) und Bajuvaren gewichen — nicht ohne Substratspuren (vgl. § 28) zu hinterlassen. Romanische Volksteile sind für das 7. Jh. noch am Bodensee, für das 8. Jh. noch um Salzburg bezeugt. — Im Süden des bündnerrom. und des zentralladin. Gebiets reichte die rätische Romanität im Frühmittelalter bis an den Rand der Ebene. Sie ist hier von den vorgelagerten lombardischen und venezianischen Mundarten der Städte verdrängt worden. Die heute auf dem Südabhang der Alpen gesprochenen alpin-lombard. und alpin.-venez. Mundarten tragen deutliche Spuren der verdrängten rätorom. Sprachform (die also hier ein 'innerromanisches Substrat' bildet; vgl. § 28). — Surselvische Sprachprobe:

1. *A Trun sut igl Ischi*
Nos babs ein serimnai,
Da cor ein els uni,
Cun forza tuts armai,
Lur clom ha ramurau,
Las tuors sfraccadas en,
Tirans han empruau
Co'ls Grischs fan truament!

2. *Affons nus denter greps,*
Nutri fegls en las vals,
Naschi entuorn ils pézs:
Lein esser nus vasals?
Tgi metta nus sut tetg
En nossa paupradad?
Tgi dat a nus nies dretg?
Mo valerusadad.

3. *Nies ferm e liber maun,*
Mo alla libertad!
Nies cor, nies liber saung
Alla fraternitad!

Gni sut gl'ischi, Grischuns,
Nos babs lein honorar,
Da forza cun canzuns
La Ligia Grisch'alzar!
(G. A. Huonder, 19. Jh.)[1])

i) Rumänisch (§§ 22–25)

22. Die (bis ins 19. Jh. fast ausschließlich mit cyrillischen, nunmehr mit lateinischen Lettern geschriebene)[2]) Schriftsprache Rumäniens wurde in der druckfreudigen Reformationszeit in Siebenbürgen geschaffen; sie erhielt bereits im Laufe des 16. Jh. die Mundart der großen Walachei zur Grundlage und fand im 19. Jh. — besonders unter dem Einfluß des Französischen (Neologismus) — ihre gültige Form.

23. Der geschlossene rumän. Sprachraum wird als dakorumänisches Sprachgebiet bezeichnet, das in folgende Mundartzonen zerfällt: Große Walachei (Muntenien) und Kleine Walachei (Oltenien), Moldau, Bessarabien, Bukowina, Siebenbürgen, Maramureş, Crişana, Banat. Dazu kommt ein kleines Gebiet auf dem rechten Donauufer in den Staaten Serbien und Bulgarien. — Außerhalb des dakorumänischen Sprachgebiets gibt es noch einige rumänische Splittergruppen auf dem Balkan: die Mazedorumänen (Aromunen), verstreut in Mazedonien, Albanien, Thessalien, Epirus; die stark slavisierten Istrorumänen in der Nähe der istrischen Küste; die mohammedanischen Megleniten in der Nähe von Saloniki.

24. Das Rumänische ist ein Nachkomme jener östlichen Latinität, die zunächst auf dem rechten Donauufer in den bereits bis zur 1. Hälfte des 1. Jh. n. Chr. erworbenen Provinzen Dalmatien (seit dem 3. Jh. v. Chr.), Pannonien (10 n. Chr.), Moesien mit Dardanien (29 v. Chr.), Thrakien (46 n. Chr.), dann aber auch auf dem linken

[1]) Übersetzung: 1. In Truns unter dem Ahorn / haben sich unsere Väter versammelt, / von Herzen haben sie sich vereint, / mit Kraft alle gewappnet; / ihr Ruf ist erdröhnt, / die Türme sind zusammengestürzt; / Tyrannen haben gespürt, / wie die Graubündner Gericht halten. – 2. Kinder wir zwischen Felsen, / Söhne wir, aufgezogen in den Tälern, / geboren rings um die Berggipfel, / sollen wir Knechte sein? / Wer setzt uns unter Dach / in unserer Armut? / Wer gibt uns unser Recht? / Nur Tapferkeit. – 3. Unsere feste und freie Hand / nur der Freiheit! / Unser Herz, unser freies Blut/ nur der Brüderlichkeit! / Kommt unter den Ahorn, Graubündner, / laßt uns unsere Väter ehren, / kräftig mit Liedern / den Grauen Bund feiern! – Gemeint ist der 1424 in Truns beschworene Graue Bund (*La Ligia Grischa*).

[2]) Die im großrussischen Reich lebenden Rumänen der Moldauischen Republik (um Kischinew = *Chişinău*) bedienen sich heute der russischen Lettern zur Wiedergabe des Rumänischen.

Donauufer in der vom Jahre 107 (Trajan) bis zum Jahre 275 (Aurelian) zum römischen Machtbereich gehörigen Provinz Dakien gesprochen wurde. In das dem heutigen Rumänien räumlich entsprechende Dakien wurden Kolonisten aus dem ganzen Reich gerufen. Als Rom 275 Dakien räumte und seine Beamten zurückzog, ist offensichtlich ein starker Rest romanischer Bevölkerung im Lande geblieben. Dabei scheinen die Karpaten ein Rückzugsgebiet des Romanentums in den Jahrhunderten der Völkerwirren gewesen zu sein, da das in Siebenbürgen gesprochene Rumänisch besonders altertümliche Züge trägt (wie der rumän. Forscher S. Puşcariu nachgewiesen hat). Andere Forscher suchen das Ursprungsgebiet des Rumänischen auf dem länger romanisierten (und auch nach 275 römisch gebliebenen) rechten Donauufer[1]), speziell in Dardanien, da das vorrömische Substrat (vgl. § 28) des Rumänischen enge Berührung mit dem Albanesischen zeigt und darüber hinaus die Mazedo- und Istrorumänen ja südl. der Donau wohnen und dort seit dem frühen Mittelalter bezeugt sind. Andererseits ist das Mazedorum. (sowie das Istrorum. u. Megl.) so eng mit dem Dakorumän. verwandt, daß eine Trennung seit dem Altertum (275) als ausgeschlossen angesehen werden muß. Man nimmt im allg. an, daß sich die Splittergruppen im 11./12. Jh. von den Dakorumänen ablösten.

25. Die Rumänen haben seit dem 6. Jh. eng mit — offenbar die gesellschaftliche Oberschicht bildenden — Slawen zusammengelebt (Adstrat, vgl. § 28), die später in der rumänischen Nation aufgegangen sind. Sie haben sich — nach dem als wahrscheinlich anzunehmenden Aussterben der lat. Hierarchie — auch dem slaw. Kirchenritus (9.—17. Jh., seitdem Ostritus nach und nach in rumän. Sprache) angeschlossen. Es ist verständlich, daß das Rumän. unter diesen Umständen stark mit slawischem Sprachgut durchsetzt wurde; sein romanischer Grundcharakter wurde hierdurch aber nicht im geringsten Maße in Frage gestellt. — Sprachprobe:

Stélele (Doină)

De la míne pân 'la tine
Númai stéle şi lumíne!
Dar ce sunt acéle stele?
Sunt chiar lácrimile mele
Ce din óchi-mi au sburát
Şi pe cer s'au aninát

[1]) Wie lebendig das lat. Kulturleben im 4./5. Jh. auf dem rechten Donauufer war, zeigt z. B. der Kirchenschriftsteller und Bischof Niceta von Remesiana (bei Nisch), dem wir wahrscheinlich das *Te Deum* verdanken.

Cum s'anină déspre zori
Rouă límpede pe flori! . . .
Vărsát-am multe din ele
Pentru soarta țării mele!
Multe pentru cei ce sunt
Pribegiți de pe pământ!
Multe lácrimi de jălire . . .
Iar de dulce fericíre
Ah! vărsát-am numai două
Și-s lucéferi amândouă!
(Vasile Alecsandri, 19. Jh.)[1]).

k) Dalmatisch (§ 26)

26. Das — mit dem Rumänischen nächstverwandte — Romanisch der Provinz Dalmatien (vgl. § 31) ist seit dem 10. Jh. mehrfach bezeugt (z. B. für die Stadt Ragusa) und wurde bis zum Jahre 1898 in einem letzten Rest auf der Insel Veglia gesprochen (Vegliotisch). Es lebt heute nur noch als Substrat (vgl. § 28) in den kroatischen Mundarten und Ortsnamen weiter. — Das Albanesische (eine selbständige indogerman. Sprache im Westen der Balkanhalbinsel) zeigt eine auf das Altertum zurückgehende starke Durchdringung mit lat. Sprachgut. Zu einer eigentlichen Romanisierung der Albanen ist es infolge der Reichsauflösung nicht mehr gekommen.

27. Auf Grund ihres Verwandtschaftsgrades pflegt man die romanischen Sprachen in folgende Gruppen einzuteilen (vgl. § 35):

I. Westromania:
   1. Galloromania: Prov., Frankoprov., Frz.
   2. Raetoromania
   3. Norditalien
   4. Iberoromania: Katal., Span., Port.

II. Ostromania: Italienisch (Mittel- u. Südital.), Dalmatisch, Rumänisch

III. Sardinien.

[1]) Übersetzung: Die Sterne (Doină=Art Volkslied). — Von mir bis zu dir lauter Sterne und Lichter! / Aber was sind jene Sterne? / Es sind wahrhaftig meine Tränen, / die aus meinen Augen weggeflogen sind / und sich an den Himmel festgehängt haben, / wie sich um die Morgendämmerung heller Tau an die Blumen anhängt. / Ich habe viele von ihnen vergossen / wegen des Schicksals meines Landes, / viele für diejenigen, die / heimatlos umherirren aus dem Vaterland: / viele Tränen des Leides . . .; aber Tränen süßen Glückes / ach! habe ich nur zwei vergossen, / und sie sind nun Morgensterne beide!

3. Entstehung der romanischen Sprachen (§§ 28—39)

28. Vorbemerkung. Ein nicht seltener Anlaß des Sprachwandels ist das Zusammenleben verschiedener Sprachen und ihre gegenseitige Beeinflussung. Eine Sprache, die mit einer anderen in engem Kontakt lebt (was im allgemeinen die Zweisprachigkeit mindestens eines Teiles beider Sprachgemeinschaften zur Folge hat), nennt man eine Adstratsprache (z. B. das Französische in Brüssel, das Albanesische in Griechenland, das Alemannische im bündnerroman. Sprachgebiet, das Griechische im römischen Süditalien).

Sind die in Kontakt stehenden Sprachen — wie das meist der Fall ist — in chronologischem Abstand an den Ort ihrer wechselseitigen Durchdringung gelangt, so nennt man die alteingesessene Sprache 'Substratsprache', die neuhinzugekommene 'Superstratsprache'. Man hat sich daran gewöhnt, von einer 'Substratsprache' nur dann zu sprechen, wenn die betr. Sprache in dem gegebenen Sprachraum unter dem Einfluß einer siegreichen 'Superstratsprache' untergegangen ist und nur noch spurenweise sich in der nunmehr siegreichen Superstratsprache nachweisen läßt (z. B. das keltische Substrat im Französischen): die Substratsprache ist sozusagen eine überdeckte geologische Schicht, zu deren Nachweis es besonderer wissenschaftlicher Methoden bedarf. Auch Superstratsprachen können umgekehrt von der siegreichen eingesessenen Sprache aufgesogen werden, so z. B. das fränkische Superstrat im Französischen, das arabische im Spanischen.

Es gibt auch 'innerromanische' Sub- und Superstrate, wenn nämlich eine ältere romanische Sprachschicht durch eine jüngere romanische Überlagerung verdrängt wird. So liegt z. B. unter den alpinlombardischen Mundarten ein rätoromanisches Substrat, das Lombardische ist dort also ein siegreiches Superstrat. Besonders der galloromanische Raum ist reich an innerromanischen Sub- und Superstraten, bei deren Erforschung sich die sprachgeographische (bzw. eigentlich sogar 'sprachgeologische') Methode als besonders erfolgreich erwiesen hat (vgl. § 2).

29. Die Entstehung und Gliederung der romanischen Sprachen beginnt im Grunde bereits mit der Romanisierung Italiens und des Imperiums. Verschieden sind jeweils in den verschiedenen Teilen des Reiches das vorrömische Substrat, die Zeit der Romanisierung, die Art der Romanisierung. In

der Kaiserzeit kommt es sodann zu einer weiteren sprachlichen Differenzierung der weiten Räume des Imperiums, im Ausgang des Altertums zerfällt schließlich die sprachliche Einheit der Vulgärsprache vollends.

a) Substrat (§ 30)

30. Eine Durchforschung der romanischen Sprachen fördert zahlreiche Substratelemente zutage, die im Laufe der Geschichte in die betreffenden roman. Sprachen eingeschmolzen wurden. Das ist besonders eindrucksvoll am Lexikon nachweisbar, doch ist auch mit mancherlei Substrateinwirkung auf Lautbestand, Morphologie und Syntax der romanischen Sprachen zu rechnen. In manchen Fällen sind diese Einflüsse eindeutig nachweisbar; meist sind sie aber schwer faßbar, um so schwerer, als von den meisten Substratsprachen nicht sehr viel mehr als ihr Name bekannt ist. Der Gesamthabitus der roman. Sprachen dürfte aber durch die jeweiligen Substrate stark mitbestimmt sein. Unter der Oberfläche der Romania liegen hauptsächlich folgende Substratsprachen: italische Dialekte (Oskisch-umbrisch-sabellisch) in Mittel- und Süditalien; Illyrisch in Apulien, Dalmatien, Venetien; Griechisch in Süditalien (*Magna Graecia*); Etruskisch in Toskana, Romagna, Norditalien, Rätien; Rätisch und vorindogerm. Alpensprachen im Alpengebiet; Ligurisch im Westteil Norditaliens und anschließend in Südostfrankreich; Iberisch in Südwestfrankreich und auf der iberischen Halbinsel; Keltisch in Gallien, in einem Teil der iberischen Halbinsel, in Norditalien (mit Ausschluß Venetiens), in der Schweiz, im nördl. Alpenvorland; nichtindogerman. Mittelmeersprachen in Sizilien, Kalabrien, Sardinien, Korsika; Thrakisch und Getisch in Dakien.

Die Zeit des Untergangs der vorrömischen Sprachen ist schwer zu bestimmen. Im 1. Jh. n. Chr. waren noch ziemlich alle vorrömischen Sprachen (wohl mit Ausnahme der Mittelmeersprachen in Italien) lebendig. Besonders lange scheint sich das Gallische gehalten zu haben (in der Schweiz mancherorts vielleicht bis zum 5. Jh.). Gegenüber der höheren griech. Kultur konnte sich das Lat. im Südosten des Reichs nicht, ja selbst in Süditalien nur teilweise durchsetzen (vgl. § 31).

Bis auf den heutigen Tag haben sich in letzten Rückzugsgebieten am Rande der Romania folgende vorrömische Sprachen erhalten: das Baskische im westl. Pyrenäengebiet, das Albanesische in Albanien, das Griechische in den Südspitzen Kalabriens (Bova bei Reggio) und Apuliens (bei Otranto). Die ehemals weitere Ausdehnung dieser Sprachräume läßt sich an den Substratspuren in den benachbarten roman. Mundarten (besonders im Lexikon, aber auch z. B. in der Syntax) nachweisen. So finden sich baskische Spuren in gask. und aragon. Nachbarmundarten, albanesische Spuren im Rumänischen (vgl. § 24), besonders starke griech. Spuren in den erst seit der Normannenzeit voll romanisierten Gebieten Südkalabriens (bis zur nördl. Grenzlinie Nicastro-Catanzaro), Südapuliens (südl. Tarent) und Nordostsiziliens (Messina).

b) Zeit der Romanisierung (§ 31)

31. Die Romanisierung eines Gebietes beginnt mit der Einverleibung in das Imperium Romanum:

3. Jh. v.Chr.: ital. Halbinsel, Sizilien, Sardinien, Korsika, dalmat. Küste, hispan. Ost- u. Südküste.

2. Jh. v.Chr.: Oberitalien (*Gallia Cisalpina*), Südgallien (*provincia Narbonensis*), der größte Teil der iber. Halbinsel (mit Ausnahme des Nordwestens), Karthago.

1. Jh. v.Chr.: Gallien, Alpen- u. nördl. Voralpengebiet (Raetia, Noricum), Nordwesten der iber. Halbinsel, Dalmatien, Mösien (Südufer der Donau) mit Dardanien.

1. Jh. n.Chr.: Pannonien, Britannien, Dekumatenland.

2. Jh. n.Chr.: Dakien (107 n.Chr.).

Obwohl sich die zeitlichen Unterschiede des Romanisierungsbeginns etwa über ein halbes Jahrtausend erstrecken, sind chronologisch deutbare Unterschiede in der den roman. Sprachen zugrunde liegenden Latinität verhältnismäßig wenig zahlreich. Die meisten derartigen Unterschiede werden durch den über das ganze Reich hinflutenden Austauschverkehr der Kaiserzeit eingeebnet worden sein.

Die erst im Mittelalter voll romanisierten Räume (vgl. § 30) Südkalabriens und Südapuliens (griech. Substrat) sowie Siziliens (griech. Substrat, arab. Superstrat) stechen in ihrer kolonial-ital. Sprache mittelital. Einschlags deutlich von den schon in der Römerzeit romanisierten Gebieten (z. B. Nordkalabrien, Kampanien) ab. Ob sich irgendwo auf Sizilien überhaupt Reste der antiken Romanisierung über die frühmittelalterliche Griechen- und Araberherrschaft bis zur Normannenzeit hindurch retten konnten, ist unbekannt.

c) Art der Romanisierung. Das Vulgärlatein (§§ 32–34)

32. Im gesamten Imperium spielen römische Verwaltung, militärische Garnisonen (damit verbunden: Verleihung des Bürgerrechts an 'emeritierte' Provinzialen), römische Kultur der städtischen Zentren, kommerzielle Durchdringung, bäuerliche oder grundherrliche Kolonisierung eine maßgebende Rolle. Hinzukommen u. a.: Landverteilung an Veteranen und Beseitigung einheimischer Oberschichten durch Bürgerkrieg und Proskriptionen in Italien, bereitwillige Aufnahme römischer Kultur durch die gallische Oberschicht, Schulwesen und städt. Kultur besonders in Hispanien und Gallien.

Eine bewußte Sprachzwangspolitik (die erst eine Errungenschaft neuzeitlicher Ideologien ist) haben die Römer nicht betrieben. Die Annahme des Lat. durch die Provinzialen war ein Prozeß, der in voller Freiwilligkeit vor sich ging und nur die sprachliche Auswirkung der politischen, kommerziellen und kulturellen Durchdringung des Reichs darstellt: auf die Dauer konnte sich niemand mehr dem durch das Reich pulsenden Lebensstrom Roms entziehen. Ebensowenig wie eine Sprachzwangspolitik gab es nämlich auf seiten der Provinzialen einen organisierten oder überhaupt bewußten Willen zur Erhaltung der einheimischen Sprache, der ebenfalls erst ein Produkt der Neuzeit ist.

33. Eine auf die Dauer bedeutendere Rolle als die Schriftsprache der römischen Oberschicht spielte bei der schließlich auch die tieferen Schichten erfassenden Romanisierung des Imperiums die Umgangssprache des gemeinen Mannes, das sog. Vulgärlatein (*sermo vulgaris*, *plebeius*, *quotidianus*, *rusticus*): die Sprache des Bauern, des Soldaten, des Händlers, des Sklaven. Auch die tägliche Umgangssprache der Gebildeten selbst stand nicht auf dem grammatisch-rhetorischen Niveau der Schriftsprache. So gibt es unterhalb der Schriftsprache eine ganze Skala mündlicher, mehr oder minder vulgärer Umgangssprachen, die nur selten (z. B. Plautus um 200 v. Chr.; Petron und Wandinschriften in Pompeji 1. Jh. n. Chr.;

Grammatikerzeugnisse der Kaiserzeit, besonders: *Appendix Probi* 3. Jh. n. Chr., Consentius 5. Jh.) in schriftlicher Fixierung bezeugt sind. Der Befund der roman. Sprachen stimmt mit den antiken Zeugnissen vulgärer Sprachform deutlich genug überein, um deren Kontinuität zum Romanischen sicherzustellen[1]).

34. Das Vulgärlatein war nun aber keine einheitliche Sprache: weder in sozialer noch in chronologischer noch in geographischer Hinsicht. Daß die Umgangssprache, wie im übrigen auch die Schriftsprache, seit der Zeit des Plautus bis zum Ausgang des Altertums Wandlungen unterworfen war, steht fest. Einen starken Wandel der Sprache während seiner Lebenszeit bezeugt gegen Ende des 1. Jh. n. Chr. z. B. ausdrücklich der scharf beobachtende Quintilian (*inst. or.* 1, 6, 44. 9, 3, 13–18). In geographischer Hinsicht bestand infolge des das ganze Imperium durchpulsenden Verkehrs und Austauschs eine ausgesprochene Tendenz zur Vereinheitlichung der Sprache (vgl. auch § 31) und zur Nivellierung der etwa durch das Substrat begründeten regionalen Unterschiede des Lateinischen. Doch war diesen Tendenzen nie ein voller Erfolg beschieden: die ererbten regionalen Unterschiede blieben, ja es kamen – durch die in Auflösung endende Entwicklung des kaiserzeitlichen Imperiums – neue hinzu[2]).

d) Die sprachliche Gliederung des Imperiums (§ 35)

35. Die älteste sprachliche Gliederung des Imperiums zeigt – wie es ganz natürlich ist – Italien als Ausstrahlungszentrum. Sie spiegelt sich heute noch im romanischen Vokalismus wider, und zwar gibt es einen Rest archaischer (d. h. wohl noch republikanischer) Latinität in Sardinien (mit Korsika) und in Lukanien-Kalabrien, der wohl auch Afrika zuzurechnen war; Sizilien bildet mit den südlichen Ausläufern der Halb-

---

[1]) Eine kurze Darstellung der (bezeugten oder erschlossenen) Eigenheiten des Vulgärlateins findet sich jeweils zu Beginn der einzelnen Abschnitte vorliegender Darstellung.

[2]) So bezeugt z. B. Hieronymus (in Gal. 2, 3) für das 4. Jh. außer einer schnellen Veränderung der Sprache eine (nicht näher angegebene) sprachlich-geographische Gliederung der Romania: *cum . . . ipsa Latinitas et regionibus quotidie mutetur et tempore.*

insel eine (infolge griechischen Adstrats) griechisch beeinflußte Latinität; Südostitalien (vielleicht ganz Ostitalien) bildete mit dem Balkan eine östliche Latinität; das mittlere Süditalien bildete mit Mittelitalien und der übrigen Romania des Festlands die Mehrheits-Latinität. Vgl. dazu im einzelnen §§ 154—162.

Seit dem 2. Jh. wird allmählich eine Wandlung in der inneren Struktur des Reiches deutlich: das kulturelle, wirtschaftliche, schließlich auch politisch-militärische Schwergewicht verlagert sich von Rom und Italien auf die Provinzen, unter denen Gallien eine führende Stellung einnimmt. War die Romanisierung des Imperiums – und seine älteste sprachliche Gliederung – von Italien ausgegangen, so erfolgt nunmehr eine sprachliche Neugliederung des Reichs unter gallischem Einfluß.

Die sprachliche Einflußsphäre Galliens nennt man Westromania[1]) (vgl. § 27).

Innerhalb der Westromania kann man zwei Teilräume unterscheiden, die sich schon in der Kaiserzeit voneinander abgesetzt zu haben scheinen.

Das Zentrum des ersten Teilraumes der Westromania war offensichtlich die *Gallia Narbonensis* (Südgallien). Hierher gehörte die *Aquitania* sowie die Iberoromania, wobei sich die *Aquitania propria* (= Gaskogne) sehr eng an die sprachlich recht konservative Iberoromania anschloß (vgl. § 13). Der erste Teilraum der Westromania umfaßt also die heutigen Sprachen: Prov. (mit Gaskogne), Katal., Span., Portug. — Das Zentrum des zweiten Teilraumes der Westromania scheint die *Gallia Lugudunensis* mit ihrer mächtigen Hauptstadt *Lugudunum* (*Lyon*) gewesen zu sein. Hierher gehörten Nordgallien einerseits, die Rätoromania und Norditalien (bis zum Apennin; s. u.) andererseits. Der zweite Teilraum der Westromania umfaßt also die heutigen Sprachen (bzw. Mundarten): Frankoprovenzalisch, Französisch, Rätoromanisch, Norditalienisch. — Die Grenze zwischen dem Narbonensischen und dem Lugudunensischen Teilraum der Westromania verlief längs der Loire (s. § 9) und weiter etwa längs der heutigen provenzalisch-frankoprovenzalischen Sprachgrenze (§§ 11, 12).

---

[1]) Eines der Hauptcharakteristika der Westromania ist die Sonorisierung der intervokalen stimmlosen Konsonanten (maturus span. *maduro*, prov. *madur*; s. Bd. II, § 360).

Der gallisch orientierten Westromania steht die in konservativer Weise italisch orientierte Ostromania gegenüber (vgl. § 27).

Die Grenze zwischen Ost- und Westromania läuft den Apennin entlang (etwa Linie Spezia-Pesaro) und trennte ehedem noch das westromanische Friaulisch von dem ostromanischen Dalmatisch. Die Ostromania umfaßt Mittel- und Süditalien sowie den Balkan, also die späteren Sprachen (bzw. Mundarten): Mittel- und Süditalienisch, Dalmatisch, Rumänisch.

Außerhalb der Alternative Westromania/Ostromania steht das altertümliche insulare Sardinien (ursprünglich mit Afrika und ganz Korsika, s. § 19).

e) Die Auflösung der sprachlichen Einheit (§§ 36—39)

36. Dieser beginnende Prozeß einer sprachlichen Umgliederung des romanisierten Imperiums (§ 35) wird durch den im 3. Jh. bereits einsetzenden ('Reichskrise'), im 4./5. Jh. ganz offenkundigen politisch-wirtschaftlich-territorialen Verfall des Imperiums selbst in neue Bahnen gelenkt. Das Ergebnis ist schließlich der Zerfall der vulgärsprachlichen Einheit. An diesem Gesamtvorgang trägt die Einwirkung der Germanen auf das Reich eine beträchtliche Schuld. Besonders beteiligt sind die Stämme der Alemannen, Goten, Langobarden, Burgunder, Franken. — Im einzelnen:

1. Die Alemannen haben durch den über das Dekumatenland (3. Jh.) führenden Vorstoß in die heutige Schweiz (5. Jh.) die Verbindung zwischen dem Galloromanischen (d. h. dem Frankoprovenzalischen, s. § 35) und dem Rätoromanischen (s. § 35) unterbrochen und damit der sprachlichen Struktur der Romania einen entscheidenden Riß beigebracht. Das Rätoromanische ist so isoliert und in der Folgezeit schließlich — da von Norden noch der Druck der Bajuwaren, im Süden der der nordital. Stadtdialekte hinzukam — völlig zersplittert worden. Eine rätoroman. Einheit existiert in Wirklichkeit nicht, sie kann nur noch erschlossen werden (s. § 21).

2. Die Westgoten haben dem Imperium Dakien entrissen (275) und so die in den folgenden Jahrhunderten von den Slawen vollendete Isolierung des Balkanromanischen eingeleitet. Sie haben sich schließlich (Anf. 5. Jh.) auf südgallischem Boden (bis zur Loire) und (Mitte

5. Jh.) auf der iberischen Halbinsel festgesetzt. Südgallien verlieren sie 507 an die Franken, Hispanien 711 an die Araber. Sie haben in beiden Gebieten eine Reihe gotischer Ortsnamen und Wörter hinterlassen, im übrigen auf die sprachliche Geschichte der Romania keinen feststellbaren Einfluß ausgeübt. So hat etwa auch die mehrhundertjährige Zugehörigkeit Septimaniens (mit Narbonne) zum Westgotenreich in der geographischen Abgrenzung des Katal. und Prov. keine feststellbaren Spuren hinterlassen. Vielmehr scheint die besondere Eigenart des Iberorom. gegenüber dem Gallorom. bereits in der Kaiserzeit sich ausgeprägt zu haben. — Die bereits zu Anfang des 5. Jh. in Nordwestspanien (Galizien) seßhaften Sueben haben ebendort einige sueb. Wörter hinterlassen. An der Entstehung des Portug. (§ 16) haben sie keinen Anteil. Auch die Haupteigentümlichkeiten des galiz. Dialekts dürften sich schon zur Kaiserzeit ausgeprägt haben, sie stehen mit der Anwesenheit der Sueben jedenfalls in keinem Zusammenhang.

3. Die Grenze zwischen Ost- und Westromania verlief etwa seit Ausgang des 2. Jh. n.Chr. längs des Apenninenriegels (vgl. § 35). Die von den Germanen getragene territoriale Entwicklung hat in der Folgezeit diese sich bereits abzeichnende Sprachgrenze sich nicht verfestigen lassen und damit der Entstehung einer ital. Nation vorgearbeitet, obwohl die bis dahin erreichten sprachlichen Unterschiede zwischen Nord- und Mittelitalien bestehen blieben. An dieser Entwicklung sind in kontinuierlicher Reihenfolge beteiligt: das Reich des Odoaker (Ende 5. Jh.), das der Ostgoten (bis Mitte 6. Jh.), die Langobarden (seit 2. Hälfte 6. Jh.), aber auch Ostrom bzw. der Kirchenstaat, schließlich die Franken. Die Langobarden haben durch ihre bäuerliche Siedlung in Nord-, Mittel- und Süditalien Spuren im Lexikon hinterlassen. — Immerhin ist Norditalien im 12./13. Jh. literarisch — abgesehen von einer geistlichen Dichtung in lombard.-venez. Mundart — ganz nach Gallien orientiert: die Lyrik spricht provenzalisch (s. § 12), das Epos frankoitalienisch (§ 18).

4. Der Siedlungsraum der Burgunder (Genfer See — mittlere Rhône) — der Kern des Burgunderreiches — stimmt in den Grenzen mit dem Bereich des Frankoprovenzalischen (vgl. § 12) überein. Die Burgunder scheinen also die Lugudunenser Romanität (vgl. Ziff. 5), die durch den Alemannenvorstoß (vgl. Ziff. 1) vom Rätoroman. getrennt wurde, von der Verbindung mit dem nordfrz. Raum abgeschnitten und so völlig isoliert zu haben. Das Frankoprov. ist gegenüber dem Rätorom. als fortschrittlich, gegenüber dem Frz. als konservativ zu bezeichnen: ein Spiegel seiner ehemaligen zentralen Stellung und seiner durch Alemannen und Burgunder ver-

ursachten Isolierung. Beide Stämme sind so an der geographischen Abgrenzung des Frankoprov. beteiligt. An der Herausbildung der frankoprov. Mundart selbst dürften die Burgunder kaum einen Anteil haben, jedoch haben sie in ihrem Siedlungsraum einige burgund. Wörter hinterlassen.

5. Die Franken haben Nordfrankreich bis zur Loire besiedelt und in diesem Raum bleibende Spuren in Lexikon, Orts- und Personennamen hinterlassen. Die als Südgrenze des Frz. vorfränkische Loirelinie (s. §§ 8, 35) haben die Franken sozusagen bestätigt, d. h. sich verfestigen lassen: so nahm die sprachliche Zweiteilung Galliens endgültigen Charakter an. Das Prov. setzte weiterhin die verhältnismäßig konservative Romanität der *Narbonensis* und *Aquitania* fort (§ 35), während das Frz. selbst eine Weiterentwicklung der ursprünglichen Lugudunenser Romanität darstellt, die in altertümlicher Form im Frankoprovenzalischen vorliegt (s. § 11).

Im ganzen gesehen ist der Einfluß der Germanen auf die sprachliche Substanz des Romanischen erstaunlich gering, wenn man ihn zur Stärke und Vielfalt des germanischen Menschenaufgebots und zum Ausmaß der durch die Germanen vollendeten politisch-militärischen Katastrophe des *Imperium Romanum* in Vergleich stellt.

So sehr man auch in der biologischen und kulturbiologischen Einholung der Germanen in den — dadurch auch räumlich vergrößerten — *Orbis Romanus* den entscheidenden Vorgang sehen muß, der aus der 'Antike' das 'Abendland' entstehen ließ, ebenso zweifelhaft ist es, ob man die das Imperium besetzenden Germanenstämme für die 'Ausgliederung der romanischen Sprachräume' derart verantwortlich machen darf, daß die sprachliche Substanz der entsprechenden Teilräume durch germanische Sprachgewohnheiten umgestaltet worden wäre (so z. B. nach der Meinung mancher Forscher in der Zerdehnung freier Vokale, s. § 163). Vielmehr scheint die regionale Variation des gesprochenen Lateins noch auf die Zeit des Imperiums zurückzugehen, die Festigung der Variationen und die gegenseitige Abgrenzung der entsprechenden Räume dagegen mit der germanischen Zerschlagung der politischen römischen Einheit zusammenzuhängen. Charakteristisch hierfür ist z. B. die Abgrenzung der prov.-frankopr. gegen die nordital. (ligurisch-piemontesischen) Mundarten am Fuße des östlichen Abhangs der Westalpen (§ 18).

37. Als den entscheidenden Zeitraum der Festigung der einmal erworbenen regionalen Sprachunterschiede muß man das 6.–8. Jh. ansehen, in denen die lat. Bildung und (besonders

im Gefolge des sich nun ausbildenden Lehnswesens und der dadurch verursachten Zerstückelung der Machtbereiche) der interromanische Verkehr einen Tiefpunkt erreicht und die regionale Sprechsprache praktisch jeder Korrektur oder Norm entbehrt. Die regionale Sprechsprache dringt so nach und nach auch in die damals schriftlateinisch abgefaßten Texte ein. Diese leiten so zu den ältesten zusammenhängenden Texten in romanischer Sprache über (Frz. 9. Jh.; Prov. 11. Jh.; Ital. 10. Jh.; Span. Port. Rätorom. 12. Jh.; Katal. 13. Jh.; zum Rumän. s. § 22). Der zuerst in Frankreich vollzogene Epocheneinschnitt zwischen dem Gebrauch einer mit Vulgarismen durchsetzten schriftlateinischen Sprache (Merowingerlatein, Hauptautoren: Gregor von Tours 6. Jh., Fredegar 7. Jh.) und dem der Volkssprache ist durch die Steigerung der Schulbildung in der karolingischen Renaissance, also die bewußte Pflege des musterhaften Schriftlateins im 8./9. Jh. (Karolingerlatein; Hauptautoren: Alkuin, Einhard, Hrabanus Maurus, Lupus von Ferrières, Sedulius Scotus, Walahfrid Strabo u. a.) bedingt: die romanische Sprechsprache wurde so auf sich selbst zurückgeworfen. Zwischen der romanischen Sprechsprache (also der Nachfolgerin des Vulgärlateins) und dem sich nun nicht mehr der Sprechsprache anpassenden Schriftlatein tat sich eine solche Kluft auf, daß das Schriftlatein dem Ungebildeten als unverständliche Fremdsprache erscheinen mußte.

38. Ein Gradmesser für diesen Zustand ist der berühmte Beschluß des Konzils von Tours 813, der dem Klerus den Gebrauch der roman. Volkssprache (*rustica Romana lingua*) bei der Predigt vorschreibt. Die Kirche wird also zweisprachig: sie ist Trägerin des Schriftlateins und der romanischen Volkssprache zugleich[1]), was sich im übrigen in der älteren roman. Literatur deutlich zeigt. Die Kleriker, die ihre roman. Predigt mit der Feder fixieren, geben der Volkssprache ihre erste literarische Form. Sobald die roman. Volkssprachen nun selbst literarisch verwandt werden, bleibt es nicht aus, daß sie ihrerseits unter den formenden Einfluß des zeitgenössischen Schrift-

[1]) *La Iglesia es la madre de las lenguas romances* (A. Griera, Span. Forsch. d. Görres-Ges. 1, 1928, 142). Das gilt auch von der Literatur.

lateins — des Mittellateins (s. § 3) — und seiner grammatisch-rhetorischen Normen geraten. Diesem Einfluß verdanken die roman. Schriftsprachen des Mittelalters und der Neuzeit ihre Entwicklung als Instrumente des Geistes, als kulturelle Wertträger — ebenso wie die roman. Literaturen an die Formen der mittellat. Literatur und der Liturgie anknüpfen. Sprachlich wirkt sich der Einfluß hauptsächlich in den gelehrten Latinismen des roman. Wortschatzes und des roman. Satzbaus aus (s. dazu Bd. III).

39. Aufschlußreich ist das Schicksal des Balkanromanischen: hier starb die lat. Hierarchie offensichtlich aus (vgl. § 25), die Folge war ein kultureller Bruch. Im Westen dagegen blieb die kulturelle Kontinuität erhalten: in schriftlateinisch-romanischer Polyphonie, in die sogar die germanische Zunge einstimmte. Sie blieb erhalten dank des Weiterbestandes der lateinischen Hierarchie, jenes recht dauerhaften Knochengerüstes des west- und mitteleuropäischen *Orbis Romanus*.

Erster Teil: Lautlehre (§§ 40–582)

Erster Abschnitt: Abriß der allgemeinen Lautlehre (§§ 40–148)

40. Der Sprachlaut wird mit den Sprechwerkzeugen (Mund-, Rachenhöhle usw.) erzeugt (Artikulation) und im Ohr des Hörers aufgenommen (Akustik). Je nachdem, ob man in der Phonetik den erzeugten oder den gehörten Laut in erster Linie betrachtet, spricht man von artikulatorischer oder von akustischer Phonetik. Beide Blickrichtungen bilden natürlich eine höhere Einheit. Die akustische Phonetik hat in letzter Zeit gewaltige Fortschritte gemacht: es ist gelungen, das akustische Lautbild zu analysieren und einwandfrei in sichtbare Zeichen zu übertragen, vgl. R. A. Potter-G. A. Kopp-H. C. Green, *Visible Speech*, New York 1947. Die Ergebnisse sind von der Sprachwissenschaft noch nicht verarbeitet. In vorliegender Darstellung wird deshalb in traditioneller und etwas vereinfachend-schematisierender Weise das Hauptgewicht auf die artikulatorische Phonetik gelegt[1]).

---

[1]) Weitere Orientierung bietet E. Dieth *Vademekum der Phonetik*, Bern (Francke) 1950. Sonstige Hilfsmittel s. G. Rohlfs *Roman. Philologie* (s. o. S. 6).

41. Man teilt die Sprachlaute ein in Vokale (=Laute, bei denen der Luftstrom im Mund- oder Kehlraum auf kein Hindernis stößt) und Konsonanten (=Laute, bei denen der Luftstrom im Mund- oder Kehlraum auf ein Hindernis stößt).

I. Die Vokale (§§ 42–46)

42. Die einzelnen Vokale einer Sprache können sich untereinander in zweifacher Weise unterscheiden: in der Qualität (=Klang, Klangfarbe) und in der Quantität (=Dauer).

Die Qualität der Vokale hängt von vier artikulatorischen Faktoren ab: Öffnungsgrad, Zungenstellung, Lippenstellung (§ 43) sowie Gaumensegelstellung (§ 45).

Bei den Quantitäten unterscheidet man je nach den einzelnen Sprachen zwei oder drei Quantitätsgrade: lang (*e* in dt. *Meer*), kurz (*e* in dt. *Herz*) und manchmal noch mittellang oder mittelkurz (etwa [*a*] in sp. *mano*). Die Quantitäten sind nicht in allen Sprachen funktionell (d. h. phonologisch) von Bedeutung. Man muß also die 'phonologisch gültigen' von den 'phonologisch ungültigen' (d. h. den bloß kombinatorisch-phonetischen) Quantitäten unterscheiden, s. darüber § 124.

43. Es gibt drei Hauptöffnungsgrade (des gesamten Mundes): großer [*a*], mittlerer [*e*], kleiner [*i*] Öffnungsgrad. Es lassen sich weitere Differenzierungen anbringen (besonders häufig beim mittleren Öffnungsgrad). Die Varianten bezeichnet man dann mit '(relativ) offen' und '(relativ) geschlossen', also z. B. 'offenes *e*' in frz. *fer*, dt. *Ähre*; 'geschlossenes *e*' in frz. *chanter*, dt. *Ehre*. Offene Vokalvarianten werden in der hier angewandten Transkription durch einen untergesetzten Haken, geschlossene durch einen Punkt bezeichnet: [*ę*] = 'offenes *e*', [*ẹ*] = 'geschlossenes *e*'.

Bei der Zungenstellung kommt es darauf an, ob sich die Vorderzunge dem Vordergaumen nähert ('palatale' Vokale, von *palatum* 'harter [knochiger] Vordergaumen') oder die Hinterzunge dem Hintergaumen ('velare' Vokale, von *velum* '[weiches, fleischiges] Gaumensegel'). Palatale Vokale sind z. B. *i*, *e*; velare *u*, *o*. Schließlich ist noch Neutralität möglich (flachliegende Zunge): Mittelzungenvokale (z. B. *a*).

Bei der Lippenstellung kommt es darauf an, ob die Lippen gerundet oder gespreizt (oder auch neutral) sind[1]): gerundete

[1]) Die gerundeten Lippen werden vorgestülpt, die gespreizten zurückgezogen.

Vokale sind z. B. *u*, *ü*, *o*; gespreizte *i*, *e*. Neutrale Lippenstellung kommt vor allem beim größten Öffnungsgrad [*a*] vor.

44. Durch Kombination der genannten drei artikulatorischen Faktoren ergibt sich folgende Skala der Vokalqualitäten:

Öffnungsgrad:	palat.-gespreizt	palat.-gerundet	velar-gerundet
groß		*a*	
mittel	*ę*	*ǫ̈*	*ǫ*
	ẹ	*ọ̈*	*ọ*
klein	*i̜*	*ü̜*	*u̜*
	ị	*ụ̈*	*ụ*

Auch velar-gespreizte Vokale sind möglich, z. B. rumän. *î* (s. u.).

Die Vokale im einzelnen:

[*a*] wie in dt. *Dach*. Es ist eine palatale Variante ([*a̜*] wie in fr. *chat*) und eine velare Variante ([*ạ*] wie in fr. *âme*) möglich.

[*ę*, *ǫ̈*, *ǫ*] wie in fr. *fer*, *heure*, *mort*.

[*ẹ*, *ọ̈*, *ọ*] wie in fr. *dé*, *deux*, *dos*.

[*i̜*, *ü̜*, *u̜*] wie in norddeutsch *Mitte*, *Hütte*, *Kutte*.

[*ị*, *ụ̈*, *ụ*] wie in fr. *fille*, *une*, *mou*.

[*î*] wie in rumän. *între* (< inter), *lână* (< lana). Die rumän. Orthographie benutzt — zur Anlehnung an das lat. Schriftbild — die (phonetisch gleichwertigen) Zeichen *î* und *â*. Der Laut entspricht ungefähr dem russ. ы in сын 'Sohn'[1]). Es handelt sich um einen velar-gespreizten Vokal. Um die (ungefähre) Aussprache zu erlernen, spreche man zunächst [*u*] und versuche während der Aussprache (unter Beibehaltung der Zungenstellung) die Lippen zu spreizen (wie beim [*i*]).

Außerdem gibt es noch einen (je nachdem offeneren oder geschlosseneren) 'Indifferenzlaut' [*ə*]. Er gehört zu den mittleren Öffnungsgraden und kann palatal oder auch velar gefärbt sein. Im Fr. ist er ein stark gerundeter Palatalvokal und einem [*ǫ̈*] oder [*ọ̈*] nicht unähnlich, z. B. *rebelle* [*rəbęl*, fast *rọ̈bęl*], *montrez-le* [*-lə*, fast *-lọ̈*]. Im Dt. und in vielen roman. Mundarten ist er nicht gerundet, also eher ein schlaffes [*e*]: dt. *Mitte* usw.

[1]) Der russ. Laut ist aber im Gegensatz zum rumänischen [*î*] in den meisten Stellungen diphthongisch.

45. Alle Vokale können nun mit geschlossenem oder mit offenem Gaumensegel gesprochen werden. Ist das Gaumensegel geschlossen (d. h. an die hintere Pharynxwand angepreßt), so geht der ganze Luftstrom durch den Mund: orale Vokale (fr. *mort*, *mais*). Ist das Gaumensegel dagegen geöffnet (d. h. hängt es schlaff herunter), so entweicht die Luft sowohl durch den Mund als auch durch die Nase: nasale Vokale (fr. *mont*, *main*). Grundsätzlich können alle Vokale nasal gesprochen werden, doch ist die Zahl der nasalen Qualitäten häufig geringer als die der oralen[1]). Außerdem kann der Grad der Nasalierung verschieden sein (je nach dem Grad der Öffnung des Gaumensegels), er ist z. B. im Fr. größer als im Portug. oder im schwäbischen Dialekt des Deutschen. Die Nasalierung eines Vokals wird in der Transkription durch übergesetzten Zirkumflex (~) ausgedrückt, also [*ã*] in fr. *langue*, [*ę̃*] in fr. *main* usw.

46. Im Laufe der Sprachgeschichte kommen innerhalb der einzelnen Qualitätsfaktoren Verschiebungen vor, und zwar in bezug auf:

a) Öffnungsgrad: Öffnung (z. B. [*ị*] > [*ẹ*] in lat. *pĭrum* > ital. *pẹro*) und Schließung (z. B. [*ọ*] > [*u*] in afr. *boche* > *bouche*).

b) Zungenstellung: Palatalisierung (z. B. [*u*] > [*ü*] in muru > fr. *mur*), Velarisierung (z. B. [*a*] > [*ǫ*] in flamma > obw. *flomma*) Streckung[2]) (z. B. [*ę*] > [*a*] in mfr. *pert* > *part*).

c) Lippenstellung: Rundung (z. B. [*e*] > [*ö*] in katal. Dialekten) und Entrundung (z. B. [*ü*] > [*i*] im Obw. *glina* < *glüna*).

d) Gaumensegelstellung: Nasalierung (s. § 133a) und Entnasalierung (z. B. afr. [*fãmə*] > nfr. [*fam*] *femme*).

II. Die Konsonanten (§§ 47–86)

47. Die Konsonanten können vielfältiger differenziert werden als die Vokale. Dabei kommen drei Faktoren in Frage: Artikulationswerkzeug (§ 48), Artikulationsart (§ 48), Artiku-

---

[1]) Offene Vokale lassen sich leichter nasalieren als geschlossene, weil hohe Zungenstellung die Senkung des Velums erschwert. Damit hängt es zusammen, daß z.B. im Französischen den extrem-geschlossenen oralen [*i*, *u*, *ü*] die offeneren Nasale [*ę̃*. *õ*, *∂̃*] entsprechen.

[2]) Dem Öffnungsgrad nach: Öffnung.

lationsort (vgl. z. B. § 53). Diese Faktoren bestimmen die Qualität eines Konsonanten. Hinzukommt noch die Quantität (§ 50).

48. Man unterscheidet fünf Artikulationswerkzeuge: Lippen, Zungenspitze, Zungenrücken, Zäpfchen, Stimmbänder. Dazu kommt noch die Lunge, die die Luft (Atemdruck, s. § 114) liefert.

Jedes der Artikulationswerkzeuge ist bei der Aussprache eines jeden Konsonanten aktiv oder passiv beteiligt durch eine eigene Artikulationsart (bei nur passiver Beteiligung durch Stellung in der Ruhelage), die an dem ihm jeweils zukommenden Artikulationsort wirkt. Meistens ist aber die Wirksamkeit eines Werkzeugs akustisch so hervorstechend, daß der Hauptcharakter des Lautes fast ausschließlich auf ihr beruht und der Laut auch meist nach ihr benannt wird. So ist also z. B. [*p*] ein 'Labial'.

Hinsichtlich der Artikulationsart (der Artikulationsweise des Hauptartikulationswerkzeuges) unterscheidet man Verschlußlaute[1]) (zu denen vielfach in einem weiteren Sinne die eine ganz eigene Stellung einnehmenden Nasale gerechnet werden), Reibelaute[2]) (unter denen die Zischlaute oder Sibilanten eine Sonderstellung einnehmen), kombinierte Verschluß-Reibelaute (Affrikaten)[3]) sowie kleinere Gruppen anderer Konsonanten (Laterale, Vibrationslaute).

Bei den Verschlußlauten stößt der Luftstrom auf das Hindernis eines Verschlusses, der gesprengt werden muß, z. B. auf die geschlossenen Lippen beim [*p*]. Ist das Gaumensegel (s. § 45) geschlossen, so ist der Verschlußlaut 'oral' (z. B. [*p*]); ist es geöffnet, so ist der Verschlußlaut 'nasal' (z. B. [*m*]). — Die Nasale unterscheiden sich also dadurch von den oralen (echten) Verschlußlauten, daß bei ihrer Artikulation der Durchgang zur Nase offen ist und infolgedessen auch keine eigentliche Sprengung des (Mund-)Verschlusses stattfindet. — Bei den Reibelauten (die in den hier interessierenden Sprachen mit geschlossenem Gaumensegel gesprochen werden) stößt der Luftstrom im Mund auf ein nicht ganz abge-

---

[1]) In älterer Terminologie auch *Mutae*, die in *Tenues* (§ 49), *Mediae* (§ 49) und *Aspiratae* (§ 69) aufgeteilt werden. — Fr. *occlusive* 'Verschlußlaut'.

[2]) In älterer Terminologie auch *Spirantes*, Spiranten (nicht zu verwechseln mit den Aspiraten, s. § 69). — Fr. *fricative* 'Reibelaut'; heute oft auch Engelaute genannt.

[3]) D. h. (*mutae*) *affricatae* 'angeriebene Verschlußlaute'.

dichtetes Hindernis, durch das er unter Erzeugung eines Reibegeräusches durchstreicht, z. B. [*f*]. — Bei den kombinierten Verschluß-Reibelauten (Affrikaten) folgt auf einen Verschlußlaut der diesem entsprechende[1]) Reibelaut, z. B. [*pf*] in dt. *Apfel*.

Die oralen Verschlußlaute sind Momentanlaute, d. h. nur bei der Sprengung voll hörbar. Sie können allerdings durch Hinauszögern der Sprengung in beschränktem Maße gelängt werden (s. § 50). Die nasalen Verschlußlaute [*m*, *n*, *ñ*, *ŋ*] (s. §§ 52, 53, 56)[2]) und die übrigen Konsonanten (Reibelaute, Laterale, Vibrationslaute; s. §§ 58ff., 80ff., 85f.) sind Dauerlaute, d. h. sie sind während der ganzen Zeit der Artikulation hörbar und können beliebig gelängt werden.

49. Eine wichtige Rolle bei der Aussprache der Konsonanten spielt die (die Hauptartikulation begleitende) Artikulation der Stimmbänder. Es kommt dabei auf den Grad der (zum Durchlassen der Atemluft grundsätzlich notwendigen) Öffnung der Stimmbänder an. Sind die Stimmbänder nur wenig geöffnet, so setzt die durchstreifende Luft die Stimmbänder in Schwingungen: der Laut wird stimmhaft (fr. *sonore* oder *voisé*). Stimmhaft sind normalerweise z. B. alle Vokale, außerdem Konsonanten wie [*b*, *d*, *g*, *v*] usw. Sind die Stimmbänder dagegen weit geöffnet, so streicht die Luft frei durch, ohne eine Wirkung auf sie auszuüben: der Laut ist stimmlos (fr. *sourd* oder *avoisé*). Stimmlos sind z. B. folgende Entsprechungen der obengenannten stimmhaften Laute: [*p*, *t*, *k*, *f*].

Stimmlose Laute werden im allg. mit einer energischeren Muskelspannung (des Munds) artikuliert als stimmhafte Laute. Man nennt die stimmlosen Laute[3]) deshalb auch *Fortes*[4]), die stimmhaften dagegen *Lenes*[5]).

---

[1]) Oder 'homorgane', d. h. mit dem gleichen Organ (Artikulationswerkzeug) ausgesprochene.

[2]) Bei diesen kann die Luft trotz des oralen Verschlusses dauernd durch die Nase entströmen.

[3]) Die Terminologie bezieht sich ursprünglich (d. h. für das Altgriechische) nur auf die Verschlußlaute, wird aber von heutigen Phonetikern auch auf die Reibelaute übertragen.

[4]) Auch *Tenues* („dünne", d. h. nicht aspirierte; s. § 69).

[5]) Auch *Mediae*. — Die Scheidung energisch artikulierter und schlaffer Konsonanten (*Fortes* und *Lenes*) ist in manchen Sprachen nicht notwendigerweise mit Abwesenheit bzw. Anwesenheit des Stimmtones verbunden.

50. Hinsichtlich der **Quantität** können die Konsonanten kurz oder lang sein. Meist werden lange Konsonanten in zwei Hüben und mit zwei Druckmaxima gesprochen. Man spricht dann von Geminaten (frz. *géminées*). Die Unterscheidung von einfachen Konsonanten und Geminaten ist innerhalb der roman. Sprachen vor allem für das Ital. typisch. Hier ist sie vom Lat. ererbt, die Zahl der Geminaten ist aber durch einzelsprachliche Lautentwicklung stark vermehrt. In der Schrift wird Längung und Gemination meist durch Doppelschreibung ausgedrückt: *ecco* 'sieh da' gegen *eco* 'Echo'.

Bei langen Verschlußlauten bzw. Geminaten (*ecco*) wird die Sprengung des Verschlusses hinausgezögert, bei langen Dauerlauten bzw. Geminaten wird die hörbare Artikulation selbst verlängert (*cassa*, *canna*). Über die Wahrung der Quantität bei der Assimilation s. § 133. – Zur phonologischen Gültigkeit der Quantität s. § 124.

Die Konsonanten im einzelnen:

1. Verschlußlaute (§§ 51–57)

51. Man unterscheidet nach den Hauptartikulationswerkzeugen: labiale Verschlußlaute (§ 52), Zungenspitzenverschlußlaute (§ 53), Zungenrückenverschlußlaute (§§ 54–56), einen Stimmbandverschlußlaut (§ 57).

Im einzelnen:

a) Labiale Verschlußlaute (§ 52)

52. Es sind dies [*p*] (stimmlos) und [*b*] (stimmhaft) in fr. *pont*, *bon*. Diese beiden Laute werden mit geschlossenem Gaumensegel (vgl. § 45) gesprochen (orale Labiale). Öffnet man beim stimmhaften Lippenverschlußlaut [*b*] gleichzeitig das Gaumensegel, so entsteht der 'nasale' Labial (oder labiale Nasal) [*m*].

b) Zungenspitzenverschlußlaute (§ 53)

53. Der normale Artikulationsort des Zungenspitzenverschlusses ist der hintere Rand der Schneidezähne (daher die Benennung 'postdentale' oder einfach 'dentale' Verschlußlaute). Es entstehen so die Laute [*t*] und [*d*] in fr. *temps*, *dans*.

Was den Artikulationsort angeht, so kann der Verschluß auch weiter hinten am Zahnfortsatz (Alveolen, daher: alveolare Artikulation) gebildet werden (engl. *tree*), ja die Zungenspitze kann nach hinten zurückgebogen werden und am Gaumen Verschluß bilden (kakuminale Artikulation von *cacumen* 'Gipfel (des Gaumens)'), z. B. *ḍ* in kalabr. *stiḍḍa* '*stella*' (Transkription: Punkt unter der Letter).

Die bis hierher aufgezählten Zungenspitzenverschlußlaute werden mit geschlossenem Gaumensegel gesprochen. Öffnet man beim postdentalen Zungenspitzenverschlußlaut [*d*] gleichzeitig das Gaumensegel, so entsteht der nasale Dental (oder dentale Nasal) [*n*] in fr. *nous*.

c) Zungenrückenverschlußlaute (§§ 54–56)

54. Man teilt den Zungenrücken in zwei Hälften ein: Vorderzunge (beginnend gleich hinter der Zungenspitze, bis zur Zungenmitte reichend) und Hinterzunge (von der Mitte nach hinten). Die Vorderzunge bildet Verschluß mit dem Vordergaumen (*palatum*, s. § 43; daher: 'palatale' Verschlußlaute), die Hinterzunge mit dem Hintergaumen (*velum*, s. § 43; daher: 'velare' Verschlußlaute).

55. Der Verschluß der Vorderzunge mit dem Vordergaumen ergibt die Laute [*c̋*] (stimmlos) und [*g̋*] (stimmhaft) in obw. *tgau* [*ćáu*] 'Kopf' und obw. *giginar* [*g̋ig̋iná*] 'fasten'.

Da bei der Sprengung des Verschlusses die Zunge sich nicht schnell genug von der Wölbung des Vordergaumens völlig lösen kann, ist nach der Verschlußsprengung meist noch ein palataler Reibelaut [*ç*, *y*] (s. § 64) zu hören. Die Verschlußlaute [*c̋*, *g̋*] sind daher praktisch meist 'kombinierte Verschlußreibelaute' (='Affrikaten'; s. § 76), also Vordergaumenverschluß + [*ç*] oder [*y*]. — Man kann den Laut [*c̋*] im Deutschen am besten reproduzieren, wenn man die Interjektion „tja" so spricht, daß der Verschluß *t* statt mit der Zungenspitze mit der Vorderzunge (wie das folgende *j*) gebildet wird. Die Laute kommen auch in der volksfrz. Aussprache der Wörter *tiens* [*c̋ẽ*], *diable* [*g̋ab*] vor.

Den Verschluß der Zungenmitte mit der Gaumenmitte ([*k*, *g*] etwa in fr. *cabane*, *gant*) kann man auch noch als „palatal" bezeichnen (dann muß man [*c̋*, *g̋*; s. o.] 'praepalatale'

Verschlußlaute nennen), er unterscheidet sich akustisch aber nur wenig vom eigentlichen velaren Verschluß der Hinterzunge mit dem Hintergaumen ([*k*, *g*] etwa in dt. *Kummer*, *Gosse*). In vorliegender Darstellung wird in beiden Fällen von ‚velarem' Verschluß gesprochen.

56. Die bisher (§ 55) genannten Laute werden mit geschlossenem Gaumensegel erzeugt. Öffnet man bei stimmhaftem palatalem Verschluß [*ğ*] das Gaumensegel, so entsteht der nasale Palatal (oder palatale Nasal) [*ñ*] in fr. *vigne*, it. *vigna*, sp. *año*. Öffnet man das Gaumensegel bei stimmhaftem velarem Verschluß [*g*], so entsteht der nasale Velar (oder velare Nasal) [*ŋ*] in dt. *lang*.

d) Stimmbandverschlußlaut (§ 57)

57. Die Stimmbänder (s. § 49) können ebenfalls einen Verschluß bilden, dessen Sprengung gut hörbar ist. Es ist der ‚Knacklaut', der (von den meisten Sprechern, in der Schweiz z. B. aber selten) im Dt. anlautenden Vokalen vorgeschlagen wird: *'Affe*. Der Laut kommt auch in sard. Mundarten — hier als wirkliches Phonem — (für lat. *c*[*k*]) vor: *su ó'u* ‚das Feuer' (<ipsu focu).

2. Reibelaute (§§ 58–73)[1]

a) Labiale Reibelaute (§§ 58–60)

58. Man unterscheidet bilabiale und labiodentale Reibelaute.

59. Bilabiale Reibelaute werden durch Reibung der Luft zwischen beiden Lippen gebildet. Sie können mit oder ohne Rundung (Vorstülpung) der Lippen gesprochen werden.

Der ungerundete bilabiale Reibelaut ist [*β*] (stimmhaft) in span. *saber* [*saβér*]. Auch die stimmlose Variante, die [*φ*] transkribiert wird, kommt vor, z. B. im Japanischen. Sie ist vielleicht als Zwischenstufe im Wandel von [*f*] > [*h*] im Span. anzusetzen: *filįu* > *[*φilįu*] > asp. *hijo* [*hižo*] (nsp. [*iχo*]).

[1]) Die Einteilung der Reibelaute entspricht der der Verschlußlaute (s. § 51).

Der gerundete bilabiale Reibelaut ist [*w*] (stimmhaft) in engl. *wall*, fr. *oui*[1]). Statt [*w*] wird auch häufig das Transkriptionszeichen [*u̯*] angewandt (s. § 71).

60. Labiodentale Reibelaute werden durch Reibung der Luft zwischen der Unterlippe und dem unteren Rand der oberen Schneidezähne gebildet. Dabei ist keine Lippenrundung möglich. Es entstehen die Laute [*v*] (stimmhaft) in fr. *vin* und [*f*] (stimmlos) in fr. *fin*.

b) Zungenspitzenreibelaute (§§ 61–62)

61. Der normale Ort der Reibung ist die hintere Fläche der Schneidezähne (daher 'postdentale' oder einfach 'dentale' Reibelaute). Dabei sind zwei Einstellungen der Zungenspitze möglich: Durchlassen eines dünnen Luftstrahls durch eine mehr oder weniger schmale Rille der Vorderzunge oder Durchlassen eines breiten Luftstroms bei flach liegender Zunge. Bei dünnem Luftstrahl entstehen die Sibilanten [*s*] (stimmlos) in fr. *seul* und [*z*] (stimmhaft) in fr. *zéro*. Bei breitem Luftstrom entstehen die Laute [*ϑ*] (stimmlos) in engl. *thing*, sp. *ceceo* und [*δ*] (stimmhaft) in engl. *the*, sp. *cada*[2]).

62. Wie bei den Verschlußlauten (s. § 53) kann auch der Artikulationsort der Reibelaute nach hinten verlegt werden. So entstehen das 'alveolare' [*s*] des Engl. und des Span. sowie das 'kakuminale' [*ṣ*] des Sardischen.

c) Zungenrückenreibelaute. Palatalisierte Konsonanten (§§ 63–67)

63. Reibelaute sind mit dem Rücken der Vorderzunge und dem der Hinterzunge möglich (s. § 54).

64. Bei der Reibung der Vorderzunge gegen den Vordergaumen entstehen die Laute [*ç*] (stimmlos) in dt. *ich* und [*y*][3]) (stimmhaft) in dt. *Jammer*.

---

1) Zur 'halbvokalischen' Eigenschaft des Lautes s. §§ 70ff., wo auch der Laut [*ẅ*] erklärt wird.

2) Die Laute [*ϑ*] und [*δ*] werden häufig (statt postdental) auch 'interdental' gesprochen in der Art, daß sich die Zungenspitze zwischen die Zähne etwas vorschiebt.

3) Als Halbvokal auch mit dem Zeichen [*i̯*] transkribiert, s. § 71.

65. Findet die Reibung der Vorderzunge nicht mit dem gegenüberliegenden Vordergaumen, sondern weiter vorn bei den Alveolen (Zahnfortsatz) statt, so entstehen die Zischlaute [*š*] (stimmlos] in fr. *chambre* und [*ž*] (stimmhaft) in fr. *jambe*. Zur Unterstützung des Zischens werden in manchen Sprachen die Lippen vorgestülpt[1]).

66. Bei Reibung der Hinterzunge mit dem Hintergaumen entstehen die Laute [*χ*] (stimmlos) in dt. *ach* und [*γ*] (stimmhaft) in sp. *llaga*, norddeutsch *Wagen*.

67. Es ist möglich, z. B. einen Verschlußlaut [*p*] mit den Lippen zu bilden und gleichzeitig die Vorderzunge gegen den Vordergaumen zu heben, wie dies bei der Aussprache des Reibelautes [*y*] geschieht. Durch Kombination der beiden Artikulationen entsteht ein 'palatalisiertes' (d. h. mit 'Vordergaumenbegleitung' gesprochenes) [*p'*] (Transkription der Palatalisierung: Strich als Exponent hinter der Letter). Ebenso kann man [*t', f', m', n', d', v'*] usw. bilden. Die Laute sind z. B. im heutigen Russisch verbreitet, etwa in [*p'yat'*] 'fünf'[2]). Sie spielen auch in den älteren Stufen des Romanischen, bes. des Frz., eine wichtige Rolle. Unter den heutigen roman. Sprachen sind sie am vielfältigsten in den östlichen Mundarten des Rumänischen vorhanden.

d) Stimmbandreibelaut. Aspiration (§§ 68–69)

68. Werden die Stimmbänder etwas weiter geöffnet, als zur Erreichung der Stimmbänderschwingung (§ 49) erforderlich ist, so streift die Luft unter Erzeugung eines Reibegeräuschs durch die (nicht schwingenden) Stimmbänder durch. Dabei wird das Reibegeräusch meist durch Vorbeistreifen der Luft an den Wölbungen des geöffneten Mundraumes verstärkt. Es ist der 'Hauchlaut' [*h*] in dt. *Haus*.

69. In manchen Sprachen sind bei der Lösung des Verschlusses stimmloser Verschlußlaute (§§ 51ff.) die Stimm-

---

[1]) Der Unterschied zwischen [*š*] und [*ç*] besteht außerdem noch in der Tatsache, daß der Zischlaut [*š*] unter Bildung einer (breiten) Rille in der Zungenmitte, [*ç*] dagegen ohne Rillenbildung erzeugt wird.

[2]) Häufig hört man hier [*y*] oder [*ç*] noch nachklingen, wenn der Verschluß des Hauptlautes schon gesprengt ist.

bänder noch nicht gleich in Stimmstellung, so daß die nachströmende Luft einen Hauchlaut erzeugt. Geschieht die Sprengung des Verschlusses schnell[1]), so kommt es nur zu einem nachstürzenden allgemeinen Reibegeräusch der durch die geöffneten Stimmbänder weiter durchströmenden Luft. Es entstehen die Aspiraten [*p-h*, *t-h*, *k-h*][2]), die z. B. für das Deutsche (im Gegensatz zum Fr. und fast überhaupt zu den roman. Sprachen) charakteristisch sind: *Paul*, *Tafel*, *Kur* (dagegen nicht aspiriert fr. *Paul*, *table*, *cure*).

e) Halbvokale (§§ 70–73)

70. Einige der z. T. schon genannten Reibelaute bezeichnet man als Halbvokale, weil sie jeweils bestimmten Vokalen nächstverwandt sind (sprachhistorisch sind sie auch manchmal aus diesen Vokalen entstanden). Auszugehen ist dabei von den kleinsten Vokalöffnungsgraden [*i*, *ü*, *u*] (s. § 44). Bei weiterer Verringerung des Öffnungsgrades kommt es zu einer Reibung, d. h. aus dem Vokal wird ein entsprechender Reibelaut. Im einzelnen:

71. Verringert man bei der Aussprache des palatalen Vokals [*i*] den Abstand zwischen Vorderzunge und Vordergaumen so sehr, daß es zwischen Vorderzunge und Vordergaumen zu einer Reibung der Luft kommt, so entsteht der Reibelaut [*y*] (s. § 64), der als Halbvokal auch mit dem Zeichen [*i̯*] transkribiert wird.

72. Verringert man bei der Aussprache des gerundeten velaren Vokals [*u*] den Zwischenraum zwischen den gerundeten Lippen (unter Beibehaltung der velaren Zungenstellung des [*u*]) so sehr, daß es zu einer Reibung der Luft zwischen den Lippen kommt, so entsteht der gerundete bilabiale Reibelaut mit velarer Zungenstellung [*w*] (auch [*u̯*] transkribiert, s. § 59).

73. Verringert man bei der Aussprache des gerundeten palatalen Vokals [*ü*] den Zwischenraum zwischen den gerundeten Lippen (unter Beibehaltung der palatalen Zungenstellung des [*ü*]) so sehr, daß es zu einer Reibung der Luft zwischen den Lippen kommt, so entsteht der gerundete bilabiale Reibelaut mit palataler Zungenstellung [*ẅ*] (auch [*ü̯*] transkribiert) in fr. *huit*, *nuit*. Die beiden

1) Über eine andere Möglichkeit vgl. § 79.
2) Dies ist auch die ursprüngliche Aussprache der altgriech. Aspiraten ϑ, φ, χ. Sie sind später zu Reibelauten (phonetisch [ϑ, *f*, χ oder ç] geworden.

Reibelaute [*w*] und [*ẅ*] unterscheiden sich also nur durch ihre — velare bzw. palatale — Zungenstellung und die dadurch bedingte Klangfarbe.

Phonologisch sind die Halbvokale bald als Konsonanten (z. B. [*y*] in frz. *ail* [*āy*]), bald als nicht silbentontragende Vokale, also Diphthongbestandteile (z. B. [*i̯*] in portug. *coisa*) aufzufassen.

Auch in ihrer phonetischen Realisierung zeigen sich je nach Sprache und Lautumgebung große Unterschiede. In manchen Sprachen werden sie (bes. als zweite Bestandteile von Diphthongen) so offen gesprochen, daß gar kein Reibegeräusch zustande kommt.

3. Kombinierte Verschlußreibelaute (Affrikaten; §§ 74–79)

74. Durch Kombination des bilabialen Verschlußlauts [*p*] (§ 52) mit dem labiodentalen Reibelaut [*f*] (§ 60) entsteht die stimmlose labiale Affrikata [*pf*] in dt. *Apfel.*

75. Durch Kombination des Zungenspitzenverschlußlauts [*t*] (§ 53) mit dem Zungenspitzenreibelaut [*s*] (§ 61) entsteht die stimmlose dentale Affrikata [*ts*] in dt. *Zimmer.* Durch Kombination der entsprechenden stimmhaften Laute entsteht die stimmhafte dentale Affrikata [*dz*] in it. *zero.*

76. Die praepalatalen Verschlußlaute [*c̆*, *ğ*] werden normalerweise als Affrikaten ausgesprochen, s. § 55.

77. Spricht man vor dem alveolaren Zischlaut *ś* (§ 65) den entsprechenden alveolaren Verschlußlaut[1]), so entsteht die alveolare Zungenrückenaffrikata [*ć*] (stimmlos) in it. *cento.* Die entsprechende stimmhafte Affrikata ist [*ǵ*] in it. *già.*

78. Zwischen [*c̆*] und [*ć*] (ebenso zwischen [*ğ*] und [*ǵ*]) ist der Unterschied also der, daß [*c̆*] weiter hinten am eigentlichen Vordergaumen und ohne Rillenbildung, [*ć*] weiter vorn an den Alveolen mit Rillenbildung in der Mitte der Zungenbreite unter Hervorbringung eines deutlichen Zischgeräuschs gebildet wird. So unterscheidet sich obw. *gia* [*ğa*] 'schon' von it. *già* [*ǵa*] 'schon'. — Span. [*ć*] in *mucho* macht fast noch den Eindruck eines [*c̆*], da es etwas

[1]) Und zwar mit dem vorderen Zungenrücken, entsprechend der Aussprache des Reibelautes *ś*. Für den Verschlußlaut gibt es kein eigenes Zeichen, da er nur in der Affrikata auftritt.

weiter hinten und mit schwächerer Rillenbildung gebildet wird als das deutlich zischende [ć] in it. *cento*. Im Deutschen kann man den Laut [ć] nachbilden, wenn man im Wort *Peitsche* den Verschluß [*t*] nicht mit der Zungenspitze, sondern mit dem vorderen Zungenrücken (an den Alveolen) bildet. — In der roman. Lautgeschichte läßt sich der Prozeß eines allmählichen Vorrückens von [*k*] über [*č̋*] zu [ć] (und z. T. schließlich zur Zungenspitzenaffrikata [*ts*]) verfolgen: *centum* > logud. *kentu*, urroman.* [*č̋entu*] > [*ćento*] (= it. *cento*) > afr. *cent* [*tsã(n)t*]; s. Bd. II, § 312.

79. Affrikaten entstehen durch zögernde Sprengung des Verschlusses, wie sie ja bei [*č̋*] durch die Wölbung des Vordergaumens fast regelmäßig eintritt (s. § 55). Die Ursache dafür, daß aus dem Verschlußlaut in centum (logud. *kentu*) in der Romania eine Affrikata (it. [ć], afr. [*ts*])[1]) geworden ist, liegt in der urromanischen Zwischenstufe [*č̋*] (s. Bd. II, § 312s.).

Aus Aspiraten (s. § 69) können durch zögernde Sprengung des Verschlusses ebenfalls Affrikaten entstehen: statt nur bei den Stimmbändern entsteht in diesem Falle auch eine Reibung an der Stelle des sich lösenden Verschlusses selbst. Aus [*p-h*, *t-h*, *k-h*] entstehen so die Affrikaten [$p\varphi$, $t\vartheta$, $k\chi$], die z. B. in der Vorgeschichte der hochdeutschen Lautverschiebung eine Rolle spielen.

4. Sonstige Konsonanten (§§ 80–86)

a) Laterale (§§ 80–84)

80. Bildet man bei der Aussprache eines Verschlußlauts den Verschluß nur in der Mitte, läßt aber an beiden Seiten der Verschlußstelle Luft durchstreichen (sei es unter Erzeugung eines Reibegeräusches oder — bei ganz freiem Durchstreichen der Luft — auch ohne Reibegeräusch), so entsteht ein Lateral (d. h. Seitenlaut). — Praktisch kommen hier nur in Frage die Zungenspitzen- und Zungenrückenlaterale.

81. Der Zungenspitzenlateral [*l*] wird durch postdentalen Verschluß (wie [*d*], s. § 53) mit der Zungenspitze und Offenlassung jeweils eines Zwischenraumes an den Seiten gebildet. Es ist das normale [*l*] in franz. *langue*.

---

[1]) Der Vorgang heißt auch 'Assibilierung', da zum Verschlußlaut ein Zischlaut ('Sibilant') hinzugekommen ist.

Die Zungenstellung bei der Aussprache des [l] ist individuell sehr verschieden; bei manchen Sprechern liegt die Zunge statt in der Mitte an einer Seite an, so daß der Luftstrom dann an der andern Seite ausströmt.

82. Die Zungenrückenlaterale teilt man ein in Vorderzungen- und Hinterzungenlaterale.

83. Der Vorderzungenlateral [ł] wird durch Bildung eines zentralen Verschlusses zwischen Vorderzunge und Vordergaumen (wie [ǧ], s. § 55) und Offenlassung eines Zwischenraumes an beiden Seiten gebildet. Es ist das palatale [ł] in it. *figlia*, sp. *Sevilla*[1]).

Durch Lockerung und schließlich Vernachlässigung des zentralen Verschlusses entsteht aus (dem wegen der geringeren Elastizität des Zungenrückens nicht ganz leicht aussprechbaren) [ł] ganz natürlich der palatale Reibelaut [y] wie in fr. *fille* [*fiy*] (< altfr. [*fiłə*]), volkstüml. und dial. span. [*seβiya*] '*Sevilla*'.

84. Ebenso kann man einen (wegen der sehr geringen Elastizität der Hinterzunge noch schwierigeren) Hinterzungenlateral [*L*] bilden (auch 'velares *l*' genannt). Der Laut unterscheidet sich akustisch nicht sehr vom 'velarisierten' [*L*], d. h. einem Zungenspitzen- [*l*], das mit gleichzeitiger Hebung der Hinterzunge an den Hintergaumen (wie bei [*u*]) gesprochen wird ('Kölner *l*').

Velares und besonders velarisiertes [*L*] spielt in der roman. Sprachgeschichte (auch z. B. im Russischen) eine große Rolle; es ist nicht sehr beständig, sondern löst sich gerne in den verwandten Hinterzungenvokal [*u*] auf, so etwa in lat. *alteru* [*aLteru*] > afr. *autre* [*áutrə*].

b) Vibrationslaute (§§ 85–86)

85. Durch Vibrieren der elastischen Zungenspitze gegen die hintere Fläche der Schneidezähne entsteht der postdentale Zungenspitzenvibrationslaut [*r*] in it. sp. *ramo*[2]). Eine Abart des Lautes entsteht durch nur einen Schlag der Zunge gegen die Alveolargegend; dieses Ein-Schlag- [*r*] wird in manchen

---

[1]) Im Ital. wird der Laut gelängt gesprochen, während er im Span., Portg. und anderen Sprachen kurz ist.

[2]) Die Vibrationsstelle der Zungenspitze kann auch weiter hinten (Alveolen, vorderer harter Gaumen) liegen. — **Zur Stellung des Rückens s. § 223.**

Sprachen von dem gerollten [*r*] (mit mehreren Schlägen) streng unterschieden (phonologisch gültige Quantität, s. § 124): span. *pero* 'aber', *perro* 'Hund'.

86. Häufig wird die Vibration der Zungenspitze durch eine Vibration des Zäpfchens ersetzt, so meistens im Dt. und in der (offiziellen) Aussprache des Fr. (*r grasseyé*).

Bei der Aussprache des Zäpfchen-*r* wird schließlich häufig auch die Vibration des Zäpfchens selbst vernachlässigt, so daß nur mehr ein Reibegeräusch übrigbleibt, das sich akustisch kaum von dem velaren Reibelaut [*γ*] (s. § 66) unterscheidet.

Laterale (§§ 80ff.) und Vibrationslaute (sowie die Nasale *m*, *n*) werden mit einer gemeinsamen lat. Bezeichnung auch *liquidae* ('flüssige, fließende' Laute) genannt. Mit diesem Namen sollte wohl ursprünglich ihr Charakter als Dauerlaute angedeutet werden.

III. Die Silbe (§§ 87–113)

87. Über die Natur der Silbe gibt es verschiedene Theorien. Im folgenden wird eine Anschauung vorgetragen, die sich bei der Deutung lauthistorischer Vorgänge bewährt hat.

A. Silbe und Schallfüllegrad (§§ 88–96)

1. Der Begriff des Schallfüllegrads (§§ 88–90)

88. Um die Natur der Silbe zu verstehen, muß man die akustische Phonetik (s. § 40) heranziehen. Hier spielt der Begriff des Schallfüllegrads eine Rolle.

89. Der Schallfüllegrad eines Lautes hängt zunächst ab vom Atemdruck, der zu seiner Artikulation aufgeboten wird (s. § 114). Es ist klar, daß ein mit maximalem Atemdruck ausgesprochenes [*a*] einen größeren Schallfüllegrad hat als ein mit schwachem Atemdruck hervorgebrachtes oder gar ein geflüstertes[1]) [*a*]. Die Verteilung größeren oder geringeren Atemdrucks spielt die Hauptrolle in der Wortbetonung, s. §§ 114ff.

90. Spricht man alle Laute mit (ungefähr) dem gleichen Atemdruck, so besitzen doch nicht alle den gleichen Schallfüllegrad. In diesem Fall tritt nämlich der Eigen-Schallfülle-

---

[1]) Zum Flüstern müssen die Stimmbänder eine besondere Stellung einnehmen, die die Erzeugung des Stimmtones ausschließt.

grad eines jeden Lautes (d. h. der jedem Laut durch seine spezifischen Eigenschaften zukommende Schallfüllegrad) in Erscheinung. Es ist klar, daß z. B. ein [*t*] einen geringeren Eigen-Schallfüllegrad besitzt als ein [*a*]. Für die Sprachen unseres Bereichs kann man etwa folgende Skala der Eigen-Schallfüllegrade (vom geringsten zum höchsten aufsteigend) aufstellen:

1. Grad: Orale Verschlußlaute
[*p, t, k, b, d, g*]

2. Grad: Stimmlose Reibelaute
[*f, s, ç, š*]

3. Grad: Stimmhafte Reibelaute
[*v, z, ž, y*]

4. Grad: Nasale Verschlußlaute
[*m, n, ñ, ŋ*]

5. Grad: Laterale und Vibrationslaute
[*l, ł, L, r*]

6. Grad: Halbvokale
[*i̯, u̯, ü̯*]

7. Grad: Vokale, und zwar[1]):

a) Vokale kleinen Öffnungsgrads [*i, u*]

b) Vokale mittleren Öffnungsgrads [*e, o*]

c) Vokale großen Öffnungsgrads [*a*].

2. Die Schallfüllegrade im Wort (§§ 91–92)

91. Die Abfolge der einzelnen Schallfüllegrade im Wort gleicht nun einer Berg- und Talfahrt: es gibt Schallfüllegipfel und Schallfülletäler, z. B.:

m a s t i c a r e
4-7c-2-1-7a-1-7c-5-7b

a r t e s
7c-5-1-7b-2

m a t r e m
4-7c-1-5-7b-4

---

[1]) Nasalvokale haben eine größere Schallfülle als die entsprechenden Oralvokale.

Dabei sind natürlich weder alle Gipfel gleich hoch noch alle Täler gleich tief: 'Gipfel' und 'Tal' sind relativ, d. h. von der Umgebung abhängig. Besonders deutlich wird das, wenn man etwa zwei deutsche Wörter wie

[m o n a t]
4-7b-4-7c-1

[a t n t a t]
7c-1-4-1-7c-1

vergleicht: das *[n]* in *[monat]* ist Schallfülletal, das in *[atntat]* ist Schallfüllegipfel. Man pflegt nun den Schallfüllegipfel zusammen mit den zu ihm gehörigen Talbereichen 'Silbe' zu nennen. Der Schallfüllegipfel selbst ist als 'Silbengipfel' Hauptträger der Silbe.

92. Der Silbengipfel ist meist ein Vokal (weil Vokale einen bei weitem größeren Schallfüllegrad besitzen als Konsonanten), aber er kann auch durch einen Konsonanten dargestellt werden, s. *[atntat]* und etwa die deutsche Interjektion

[p s t]
1 2 1

wo *s* Silbengipfel ist[1]). Manchmal ist zwischen Gipfel und Taltiefpunkt noch ein 'Gipfelabglitt' vorhanden; ebenso kann zwischen Tal und Gipfel ein 'Gipfelanglitt' liegen, z. B. Gipfelabglitt in *masticare* (*s*), *artes* (*r*); Gipfelanglitt in *matrem* (*r*).

3. Die Silbengrenze (§§ 93–94)

93. Die Silbe beginnt (in den hier interessierenden Sprachen) mit dem Taltiefpunkt und umfaßt (gegebenenfalls) den Gipfelanglitt, (notwendigerweise) den Silbengipfel sowie gegebenenfalls den Gipfelabglitt. Mit dem nächsten Taltiefpunkt beginnt die nächste Silbe[2]):

p a r / t i / r e
1-7c-5 / 1-7a / 5-7b

l a / t r o / n e s
5-7c / 1-5-7b / 4-7b-2

[1]) Der Silbengipfel wird hier wegen des geringen relativen Eigen-Schallfüllegrades zur Verdeutlichung meist mit recht großem Atemdruck und auch mit längerer Quantität (Schallfüllesumme, s. § 95) ausgesprochen.

[2]) Die Silbengrenze wird hier und auch im folgenden durch einen Querstrich / dargestellt.

Im absoluten Anlaut kann die Silbe auch gleich mit dem Gipfel beginnen, z. B. span. ital. *o-ro.*

Dabei gilt als ganz natürliche Regel, daß eine Silbe mit einer Konsonantengruppe beginnen kann, die (in der betr. Sprache) auch im Wortanlaut möglich ist, also:

p a / t r e m
1-7c / 1-5-7b-4

(vgl. *tres*), aber:

a p / t u s
7c-1 / 1-7a-2

(da kein echt lat. Wort mit *pt-* beginnt); ebenso:

p a r / t e m
1-7c-5 / 1-7b-4

Hinsichtlich der Lage der Silbengrenze unterscheidet man so zwei Arten des Silbenbaus: man nennt die mit dem Silbengipfelvokal abbrechenden Silben (*pa-te-re*) „offene" Silben; dagegen heißen die Silben mit Gipfelabglitt (*par-tim*) „geschlossene" Silben. Der Vokal einer offenen Silbe (der „freie Vokal") steht in „freier" Stellung, der Vokal in geschlossener Silbe (der „gedeckte Vokal") steht in „gedeckter" Stellung.

94. Durch den Begriff des Schallfülle- und Silbengipfels wird z. B. das Vorschlags -*i* des Vulgärlateins vor *s* + Kons. im Wortanlaut (vlt. iscripta afr. *escrite*, s. § 353) verständlich. Im Wortinlaut gehört nämlich etwa in

p i s / c a / r e
1-7a-2 / 1-7c- / 5-7b

das *s* zur vorhergehenden Silbe, da es einen größeren Schallfüllegrad hat als das folgende [*k*]. Im Wortanlaut von Wörtern wie

s c r i p / t a
2-1-5-7a-1 / 1-7c

kann sich nun die Gruppe [*sk*] nicht auf zwei Silben verteilen; die erste Silbe dieser Wörter beginnt daher mit (von [*s*] zu [*k*]) sinkender Sonorität. Das ist darum möglich, weil der Abstieg von [*s*] zu [*k*] nicht so erheblich ist, daß das [*s*] als vollgültiger Schallgipfel empfunden werden müßte. So sind denn ital. *scala* und dt. *Skala* zwei- und nicht dreisilbig. Es gibt aber sehr viele Sprachen, in denen

Silbenanlaute mit Nebengipfeln nicht möglich sind. Angehörige solcher Sprachen fassen leicht ein anlautendes [s] vor Konsonant als selbständige Silbe auf und neigen dazu, den vermeintlichen Silbengipfel durch Beifügung eines vokalischen Elements zu verstärken. Bei der Ausbreitung der lat. Sprache im Imperium wurden nun sicher viele Sprecher gewonnen, die durch den Einfluß ihrer ursprünglichen Muttersprache zu einer derartigen Behandlung der neu erlernten lat. Wörter veranlaßt wurden; die allgemeine volkstümliche Umgangs- und Verkehrssprache kam so zu Formen wie

i s / c r i p / t a
7a-2 / 1-5-7a-1 / 1-7c

(vgl. auch syrisch *esṭasin* < στάσιν, usw.).

4. Schallfülle, Quantität, Silbenbau (§§ 95–96)

95. Man muß nun aber den erzeugten Schall auch in der Zeit, also in Verbindung mit der 'Quantität' der Laute betrachten. Die Gesamtheit des Schalles, der bei der Aussprache eines Lautes oder einer Lautgruppe erzeugt wird, nennt man Schallfüllesumme. Ein angehaltenes [*ā*] hat nun natürlich eine größere Schallfüllesumme und fällt in der Rede mehr ins Gewicht als ein nur kurz erklingendes [*ă*], obwohl die in jedem Augenblick der Artikulation vorhandene Schallfülle bei beiden Lauten gleich ist. Ebenso ergeben mehrere hintereinander gesprochene Laute eine größere Schallfüllesumme als ein einziger Laut gleichen Eigen-Schallfüllegrades. Also: Schallfüllesumme = Schallfüllegrad + Quantität.

In der Sprachgeschichte lassen sich häufig hinsichtlich der Schallfüllesumme gewisse Ausgleichstendenzen feststellen. So hat man z. B. in den meisten Gebieten der Romania die lat. (phonologisch gültigen, s. § 124) Längen in der Qualität geschlossen, die Kürzen offen ausgesprochen: tẹ̄la (> it. *tẹla*), aber bę̆ne (> it. *bęne*), s. darüber § 156. Es liegt Ausgleich der Schallfüllesumme vor: lange Quantität + kleinerer Schallfüllegrad = kurze Quantität + größerer Schallfüllegrad.

96. Auch im Silbenbau (vgl. § 93) lassen sich quantitative Ausgleichstendenzen feststellen. So wurden in manchen Gebieten der Romania (z. B. in Nordgallien) – nachdem das Gefühl für die phonologisch gültige lat. Quantität (s. § 124) geschwunden war – die haupttonigen Vokale in freier Stellung

lang ausgesprochen (und im Laufe der weiteren Entwicklung diphthongisch zerdehnt, s. § 107), dagegen in gedeckter Stellung kurz (unabhängig von der ehemaligen lat. Quantität): **pẹ̄ra* (<lat. pĭra) > afr. *peire*, nfr. *poire*, aber *mĕttere* (< lat. mĭttere) > fr. *mettre*, s. dazu § 163. Es handelt sich um einen Ausgleich der Silbenquantität: Konsonant + langer Vokal (offene Silbe) = Konsonant + kurzer Vokal + Konsonant (geschlossene Silbe).

B. Der Diphthong (§§ 97–108)[1]

1. Fallende und steigende Diphthonge (§§ 97–99)

97. Ein Diphthong ist die Kombination zweier Vokale in einer Silbe[2], z. B. dt. ʻkaufenʼ:

[*k á o* / *f ə n*]
1-7c-7b / 2-6b-4

Von den Vokalen eines Diphthongs hat einer einen größeren, der andere einen geringeren Schallfüllegrad.

Der Vokal mit größerem Schallfüllegrad wird im allg. auch mit dem größeren Atemdruck gesprochen (weiteres s. § 99): er ist also gleichzeitig Silbengipfel.

98. Steht im Diphthong der Vokal mit geringerem Schallfüllegrad (und Atemdruck) hinter dem Gipfel, so ist der Diphthong „fallend": *áu*, *ái*, *óu*, *éi*. Dabei bildet also der auf den Gipfel folgende Diphthongbestandteil den Gipfelabglitt (s. § 92).

Steht im Diphthong der Vokal mit geringem Schallfüllegrad (und Atemdruck) vor dem Gipfel, so ist der Diphthong „steigend" (*iá*, *ié*, *uó*). Dabei vertritt der dem Gipfel vorangehende Diphthongbestandteil den Gipfelanglitt (s. § 92).

99. Dem Eigen-Schallfüllegrad nach steigende Diphthonge können durch stärkeren Atemdruck auf dem ersten Bestandteil fallend gesprochen werden. So werden die an und für sich steigenden

---

[1]) Zur näheren Orientierung vgl. P. Menzerath *Der Diphthong, Eine kritische und experimentelle Untersuchung*, Bonn 1941.

[2]) Im Gegensatz zur Verteilung zweier aufeinanderfolgender Vokale auf zwei Silben, dem Hiat (s. § 109).

Diphthonge *ie*, *uo* in süditalienischen Mundarten durch Betonung des ersten Bestandteils fallend ausgesprochen: *íe*, *úo*. Es läßt sich feststellen, daß manche Sprachen die Tendenz haben, die Atemdruckverteilung dem eigentlich steigenden Charakter solcher Diphthonge anzupassen, vgl. §§ 111f., 198 Anm. 1.

2. Differenzierung und Assimilation im Diphthong (§§ 100–108)

100. In der Sprachgeschichte lassen sich hinsichtlich der Qualität der Diphthongbestandteile zwei entgegengesetzte Grundtendenzen feststellen: Differenzierung = Dissimilation (s. § 135) und Assimilation (s. § 132ff.).

a) Differenzierung (§§ 101–107)

101. Die Differenzierung der beiden Diphthongbestandteile voneinander kann jeden der beiden Diphthongbestandteile verändern, und zwar kann sich die Veränderung auf den Schallfüllegrad (= Öffnungsgrad des Vokals) oder auf die Lippen-Zungenartikulation beziehen.

α) In steigenden Diphthongen (§§ 102–103)

102. Der steigende Diphthong [*ié*, *uó*] ist die Abfolge eines kleinen und eines größeren Öffnungsgrads (Schallfüllegrads). – Betrifft die Differenzierung der beiden Bestandteile den Schallfüllegrad, so ist der Zweck offensichtlich der, den Silbengipfel gegenüber dem Gipfelanglitt stärker hervortreten zu lassen (vgl. § 92). Das kann auf zwei Weisen geschehen: Öffnung des Gipfelvokals; Schließung des Anglittvokals.

Bei Öffnung des Gipfelvokals werden z. B. aus [*ié*, *uó*] die stärker differenzierten Diphthonge [*iá*, *uá*], die in span. Mundarten (für [*ié*, *ué*]) tatsächlich vorkommen. Hierher gehört auch der nfr. Wandel von [*u̯ę́*] zu [*u̯á*] in *toi* (s. § 131). — Sehr verbreitet ist die Schließung des ersten Bestandteils, der ebendadurch zum Reibelaut [*i̯*, *u̯*] wird, wie z. B. im Nfr., wo [*i̯é*, *u̯á*] an die Stelle älteren [*ié*,*uę́*] getreten sind: *pied*, [*pi̯é*], *toi* [*tu̯á*]. Dadurch kann der Gipfelanglitt zum regelrechten Konsonanten werden (§ 92).

103. Bei Differenzierung der Lippen-Zungenartikulation handelt es sich um Entrundungen, Rundungen, Palatalisierungen, Velarisierungen. Palatalisierung und Entrundung des Gipfelvokals liegt

z. B. im Wandel [*uó*] > [*ué*] im Span. vor (s. § 176). Entrundung (und vorherige Patalisierung) des ersten Bestandteils liegt vor im Wandel von [*uó*] > [*ió*] (über [*üó*]), der in ital. Mundarten vorkommt.

β) In fallenden Diphthongen (§§ 104–107)

I Differenzierung bereits bestehender Diphthonge (§§ 104–106)

104. Die Differenzierungsmöglichkeiten fallender Diphthonge entsprechen den in § 101 erwähnten.

105. In fallenden Diphthongen wie [*éi, óu*] kann der Gipfelvokal geöffnet werden (Ergebnis: [*ái, áu*]), wie dies z. B. in apul. Mundarten tatsächlich geschieht. — Es kann andererseits auch der Gipfelabglitt geschlossen werden: dann wird er zum Reibelaut [*éị, óụ*], ja manchmal schließlich zum Verschlußlaut.

Man nennt Diphthonge, deren Gipfelabglitt zum Verschluß geworden ist, 'verhärtete' Diphthonge. Sie kommen bes. in rätorom., frankoprov. u. prov. Mundarten vor: *téila* > *tegla* (über [*teịla*, *teγla*], s. § 170). — Der Gipfelabglitt ist so zum regelrechten Konsonanten geworden (vgl. § 92).

106. Differenzierung der Lippen-Zungenartikulation (entsprechend § 101) liegt z. B. vor im frz. Wandel [*ei*] > [*oi*] (Velarisierung und Rundung des Gipfelvokals: afr. *treis* > *trois*), [*ou*] > [*eu*] (Palatalisierung und Entrundung des Gipfelvokals: afr. *dous* > *deus*, s. § 182).

II Diphthongierung von Monophthongen durch Zerdehnung (§ 107)

107. Werden Monophthonge sehr lang gesprochen, so läßt der Atemdruck gegen Ende der Artikulation häufig etwas nach. Der Beginn des Monophthongen ist also von seinem Schluß bereits etwas differenziert: der Monophthong hat leicht abgleitende Schallfülle: tēla > *tēᵉla*. Es bedarf nur noch eines Schritts, um diese begonnene Differenzierung auch im Öffnungsgrad des Abglitts hervortreten zu lassen: *tēᵉla* > *téila*. Der Monophthong ist so zu einem fallenden Diphthong

„zerdehnt“ worden („zerdehnende Diphthongierung“.) Der neue Diphthong kann nunmehr entsprechend §§ 104ff. weiter differenziert werden.

b) Assimilation, Monophthongierung (§ 108)

108. Der der Differenzierung entgegengesetzte Vorgang ist die Aufhebung der Differenzen durch gegenseitige Angleichung (Assimilation, s. §§ 132ff.) der Diphthongbestandteile: die Monophthongierung. So kann der Weg von [*au*] über [*ǫu*] und [*ọº*] zu [*ọ*] (afr. *autre*, mfr. [*ǫutrə*, *ọºtrə*], nfr. [*ọtrə*]) führen, ebenso von [*üẹ́*] über [*üǫ̈*] zu [*ö*] (afr. *puet* > [*püöt*] > nfr. [*pọ̈*]), von [*eü*] über [*öü*] zu [*ö*] (afr. *-eus* > [*öüs*] > nfr. *-eux* [*ö*]). — Auch Monophthongierung durch bloße Hervorhebung des Gipfels und Vernachlässigung etwa des Gipfelabglitts ist möglich: lat. au > sard. *á* (tauru > *taru*), afr. *ai* > burgund. *a* (*faire* > *fare*).

C. Silbenschwund (§§ 109–113)

1. Verschmelzung einer zweisilbigen Vokalfolge (§§ 109–112)

109. Ein Vokal, der auf einen Konsonant folgt, kann bereits als Silbengipfel aufgefaßt werden, auch wenn auf ihn ein weiterer Vokal folgt, der — wegen seiner Schallfülle — ebenfalls selbständiger Silbengipfel ist („zweisilbige Vokalfolge“ oder „Hiatus“): lat.

fi / *li* / *a*
2-7a / 5-7a / 7c

Die Entwicklung führt aber meist (und so im Vulgärlat.) dahin, daß die beiden Vokale sich in einer Silbe vereinen („diphthongische Vokalfolge“, s. § 97). Dabei wird der schallstärkste Vokal (*a*) naturgemäß Silbengipfel: vulgärlat.[1]) (zunächst)

fi / *lia*
2-7a / 5-7a-7c

Der schallschwächere Vokal (*i*) ist Gipfelanglitt geworden.

[1]) So auch in der Poesie: *Laviniaque venit litora* (Verg. Aen. 1, 2).

Die Vokalfolge ist ein „steigender“ Diphthong (§ 98). Nunmehr tritt die § 102 besprochene Tendenz auf, den Gipfelanglitt schallschwächer werden zu lassen, damit der Gipfel besser hervortritt: vulgärlat.

fi / *li̯a*
2-7a / 5-6-7c

Ebenso wird aus lat.

a / *r a* / *n e* / *a*
7c / 5-7c / 4-7b / 7c

im Vulgärlat.

a / *r a* / *n e a*
7c / 5-7c / 4-7b-7c

Der Diphthong *ea* wird sodann durch die § 102 besprochene Reduzierung des Gipfelanglitts zu *ia*:

a / *r a* / *n i a*
4-7a-7c

Die Entwicklung führt dann (entsprechend *fili̯a*) zu

a / *r a* / *n i̯ a*
4-6-7c

110. Diese Entwicklung ergreift im Vlt. alle Vokalfolgen des Typs

Kons. + *i* + Vokal
Kons. + *e* + Vokal.

Das Ergebnis ist jeweils

Kons. + *i̯* + Vokal

Also: *filiu* > *fili̯u*, *malleu* > *malli̯u* usw. (vgl. § 251).

111. Eine gewisse Komplikation tritt ein, wenn das *i* oder *e* den Hauptton trägt:

fi / *lí* / *o* / *lus*
5-7a / 7b

Hier führt der Weg zunächst zu einem fallenden Diphthongen *ío*, dessen Hauptton sodann auf den schallstärkeren Vokal *o* übertragen wird (steigender Diphthong, s. § 99): *ió*. Daraufhin wird der Gipfelanglitt *i* wie bei *fili̯a* zu *i̯* reduziert:

fi / *li̯ó* / *lus*
5-6-7b

Der Weg von a r a n é o l a führt ebenfalls zu a r a n i̯ ó l a, obwohl eine größere Schallfülle des *o* gegenüber *e* nicht festzustellen ist:

-éolus wurde in die phonetisch begründete Akzentverlagerung von *-ίolus* zu *-iólus* hineingerissen (vgl. § 110).

112. Ähnlich führt die Entwicklung von afr. *reïne* zu mfr. *réine* (nfr. [*rẹn*]). Das lat. Etymon

re / *gí* / *na*
5-7b / 1-7a

war dreisilbig. In der Entwicklung zum Frz. schwand das *g*; daher afr.

re / *í* / *ne*
5-7b / 7a

Die Dreisilbigkeit ist aus Traditionsgründen gewahrt: der „Hiat" (d. h. die Silbengrenze zwischen Vokalen) ist der letzte Rest des beseitigten Silbentales *g*. Dieser Zustand währt nicht lange: die beiden Vokale werden bald als eine Silbe gefühlt. Dabei zieht allmählich der schallstärkere Vokal *e* den größten Atemdruck an sich, der Diphthong wird fallend: *éi* (vgl. § 99), also

r é i / *ne*
5-7b-7a

2. Schwäche des Atemdrucks (§ 113)

113. Die Schwächung des Atemdrucks in unbetonten Silben kann im Extrem zum Schwund der betr. Silben führen, s. dazu §§ 119ff.

IV. Der Akzent (§§ 114–121)

114. Der Akzent ist der Atemdruck, mit dem die Silbe, insbesondere der Silbengipfel, ausgesprochen wird.

A. Die Haupttonsilbe (§ 115)

115. Nicht alle Silben eines Wortes werden mit dem gleichen Atemdruck ausgesprochen. Eine Silbe (die Hauptsilbe) hat den größten Atemdruck. Es ist die „Haupttonsilbe", deren Gipfel „Haupttonvokal" heißt: *cám-pus* (*a* Haupttonvokal).

Je nach dem Sitz der Haupttonsilbe im Wort unterscheidet man:

1. Oxytona: Wörter, die den Hauptton auf der letzten Silbe (*ultima*) tragen. Hierzu zählen naturgemäß einsilbe Wörter wie *te*, *rem*; aber auch mehrsilbige wie illíc (> it. *lì*), illác (> it. fr. *là*); it. *città*, fr. *cité* usw.

2. Paroxytona: Wörter, die den Hauptton auf der vorletzten Silbe (*paenultima*) tragen. Hierher gehört die Hauptmasse der lat. Wörter: *lana* (it. *lana*) usw.

3. Proparoxytona: Wörter, die den Hauptton auf der vorvorletzten Silbe (*antepaenultima*) tragen: t*é*pidus it. *tièpido*[1]).

Der Sitz des Akzents richtet sich im Lat. nach dem sog. Dreisilbengesetz. Danach kann in Wörtern, die mehr als zwei Silben haben, der Ton auf der *antepaenultima* nur dann liegen, wenn die *paenultima* kurz ist (d. h. offen [s. § 93] ist und einen kurzen Vokal hat): *tépidus*, aber *mercēde*, *inéptus*[2]).

B. Die nichthaupttonigen Silben (§§ 116–121)

116. Die nichthaupttonigen Silben (und ihre Gipfel) werden mit geringerem Atemdruck ausgesprochen als die Haupttonsilbe. Es gibt dabei verschiedene Druckabstufungsmöglichkeiten. — Je nach der Stellung zum Hauptton unterscheidet man zunächst Vorton- und Nachtonsilben.

1. Vortonsilben. Nebenton (§ 117)

117. Die erste (worteinleitende) Vortonsilbe trägt den Nebenton[3]), d. h. sie wird mit dem nächstgrößten Atemdruck gesprochen: *mànére*, *sànitáte*, *mànducáre*, *vìridiáriu*, *àntecessóre*.

Die übrigen Vortonsilben werden 'zwischentonig' genannt, weil sie zwischen Neben- und Hauptton stehen (*mànducáre*, *àntecessóre*). Sie werden mit geringem Atemdruck gesprochen („unbetonte" Silben).

2. Nachtonsilben (§ 118)

118. Die Paroxytona haben eine Nachtonsilbe (*cánem*, *manére*), die Proparoxytona zwei Nachtonsilben (*tépidus*). Die Nachtonsilben haben geringen Atemdruck („unbetonte" Silben), jedoch ist — im Falle des Vorliegens zweier Nachtonsilben — selbst hier noch eine gewisse Abstufung festzustellen (vgl. § 121).

3. Behandlung unbetonter Silben (§§ 119–121)

119. Unter 'unbetonten' Silben versteht man die Silben (vor oder nach dem Hauptton), die weder haupt- noch nebentonig sind, s. §§ 117, 118.

---

[1]) Im Ital. gibt es auch Proproparoxytona, d. h. Wörter, die den Hauptton auf der viertletzten Silbe tragen: *colláborano*.

[2]) Eine Silbe ist lang, wenn entweder der Tonvokal lang ist (Naturlänge, z. B. *mercēde*) oder die Silbe geschlossen ist (Positionslänge, z. B. *aptus*). Die Termini *naturā* und *positione* sind hierbei den griech. Termini *φύσει* ('von Natur') und *θέσει* ('durch menschliche Satzung') nachgebildet. Eine Konsonantengruppe ist 'positionsbildend', wenn sie silbenschließend ist (s. § 93), z. B. *-pt-* in *ap-tus*.

[3]) Als Symbol verwendet man meist den *accentus gravis*.

120. Die Verteilung des Atemdrucks auf die einzelnen Silben des Wortes kann sehr extrem sein, d. h. der Hauptton kann äußerst stark hervorgehoben werden, die unbetonten Silben dagegen können dafür mit äußerst schwachem Atemdruck gesprochen werden. Schwächung des Atemdruckes ist Schwächung der Schallfülle (s. § 89), die unbetonten Vokale werden nur noch gehaucht, geflüstert oder angedeutet und schließlich gänzlich vernachlässigt. Diese Entwicklung ist besonders im Westromanischen (s. § 35), und hier besonders im Frz. verbreitet: tepidu > fr. *tiède*, amicu > *ami* usw.

121. Besondere Beachtung verdient die Behandlung der Proparoxytona, die eine „fallende" oder eine „hüpfende" Druckverteilung haben können.

Von „fallender" Druckverteilung spricht man, wenn die erste Nachtonsilbe mit etwas stärkerem Atemdruck gesprochen wird („leichter Nebenton") als die zweite, der Druck also von der Haupttonsilbe ab stetig „abfällt": *tépìdus*. Diese Druckverteilung hat im Romanischen oft den (schließlich) völligen Schwund der letzten (druckschwächsten) Nachtonsilbe zur Folge, während die erste Nachtonsilbe erhalten bleibt: tépidu > prov. *tébe*. — Von „hüpfender" Druckverteilung spricht man, wenn die erste Nachtonsilbe mit dem schwächsten Atemdruck ausgesprochen wird, während die letzte Nachtonsilbe etwas stärker betont („leichter Nebenton") wird: *tépidùs*. Im Romanischen hat diese Druckverteilung oft den Schwund der (druckschwächsten) ersten Nachtonsilbe („Mittelsilbe des Proparoxytona") zur Folge, während die letzte Nachtonsilbe erhalten bleibt: tépidù > fr. *tiède*, sapidu > fr. *sade*. – Die Akzentverlegung auf die Paenultina (s. § 152) sowie die maßgebliche Wirkung des Mittelvokals bei der Harmonisierung des Tonvokals (s. § 188) setzen 'fallende Druckverteilung' voraus.

V. Phonologie (§§ 122–128)

A. Laut und Phonem (§§ 122–124)

122. Die Zahl der sprechbaren Laute und Lautvarianten ist unzählbar. Jede Sprache besitzt aber nur eine kleine Auswahl aus den möglichen Lauten, wobei die Art der Auswahl in jeder Sprache verschieden ist. Aus den Lauten setzen sich in jeder Sprache die sprachlichen Bedeutungsträger (Wörter, Wortformen, Sätze) zusammen.

Die Laute selbst haben keine Bedeutung[1]), aber sie sind das Grundmaterial, die Elemente, aus denen die Bedeutungsträger gebildet werden.

Die Wissenschaft, die die Laute in ihrer Eigenschaft als Elemente der Bedeutungsträger in einer Sprache untersucht, heißt Phonologie. Sie ist eine „Funktionswissenschaft“, die die Bedeutungsfunktion der Laute in einer Sprache zum Gegenstand hat, während die Phonetik die äußeren, physiologisch-physikalischen (artikulatorisch-akustischen [s. § 40]) Gegebenheiten der Sprachlaute betrachtet.

123. Der Laut als Element der Bedeutungsträger in einer Sprache heißt Phonem. Ist jeder Laut einer Sprache ein Phonem? Vergleicht man die deutschen Wörter *ach* [*aχ*] und *ich* [*iç*], so liegen in ihnen für den Phonetiker die artikulatorisch und akustisch recht verschiedenen (vgl. §§ 64, 66) Laute [*χ*] und [*ç*] vor. Sind es auch verschiedene Phoneme? Nein: denn ihr Auftreten ist von der Art des vorhergehenden Vokals abhängig, da [*χ*] nur nach velaren, [*ç*] nach palatalen Vokalen auftritt (vgl. auch *Loch* [-*χ*], *Löcher* [-*ç*-]). Die beiden Laute sind „kombinatorische (d. h. von der lautlichen Umgebung abhängige) Varianten“ eines Phonems ‘Zungenrückenreibelaut’, das als [*χ*] oder als [*ç*] „realisiert“ werden kann. Man sagt auch: die beiden Laute sind nur ‘phonetische Varianten’ oder ‘phonologisch ungültige Varianten’ eines Phonems; oder: beim Phonem ‘Zungenrückenreibelaut’ ist das phonetische Merkmal ‘Vorder- bzw. Hinterzungenartikulation’ phonologisch ungültig. Also: nicht jeder Laut einer Sprache ist ein Phonem; nicht jedes Phonem einer Sprache entspricht einem bestimmten Laut, sondern kann sozusagen ein Abstraktum sein, dem mehrere phonetische Laute als Realisierungsmöglichkeiten zur Verfügung stehen.

So gibt es etwa im Spanischen einen bilabialen gespreizten Reibelaut [*β*] und einen bilabialen Verschlußlaut [*b*], der Reibelaut tritt im Inlaut (*saber* [*saβer*]), der Verschlußlaut im Anlaut auf (*vino* [*bino*]). Es handelt sich also zwar phonetisch um zwei Laute, doch vertreten beide phonologisch nur ein Phonem „bilabialer ungerun-

[1]) Das schließt nicht aus, daß ein Bedeutungskörper auch aus nur einem Laut gebildet werden kann; lt. *i*, fr. [*ọ*] *haut* usw. – In der Lautmalerei kann ein Einzellaut Träger einer ‘stilistischen’ Bedeutungsnüance werden.

deter Konsonant", das durch Verschluß oder Reibung realisiert werden kann. Ob zwei Laute nur Varianten eines Phonems sind oder zwei verschiedene Phoneme darstellen, erkennt man an der semantischen (= bedeutungsmäßigen) Funktionsgleichheit oder -verschiedenheit der betreffenden Laute. So sind die Anlautskonsonanten von dt. *Kasse* und *Gasse* sicher zwei verschiedene Phoneme, ebenso die von dt. *Baß* und *was*, da sie zur Bedeutungsunterscheidung dienen. Dagegen gibt es kein spanisches Wortpaar, in dem der phonetische Unterschied von [*b*] und [*β*] eine bedeutungsunterscheidende Rolle spielt.

124. Nicht nur die Qualität der Laute, sondern auch ihre Quantität kann phonologisch gültig sein. So war z. B. im Lat. die Quantität der Vokale phonologisch gültig, d. h. bedeutungsunterscheidend: *pōpulus* 'Pappel', *pŏpulus* 'Volk'. Ähnlich manchmal im Frz.: *maître*, *mettre* (s. § 127). Phonologisch gültige Quantitäten der Konsonanten kennt das Ital.: *pala* 'Schaufel', *palla* 'Ball'. Ebenso das Span.: *pero* 'aber', *perro* 'Hund'. – Das Gegenteil der phonologisch gültigen ist die phonologisch ungültige (= kombinatorisch bedingte, nur phonetische) Quantität. Hierher zählt z. B. die von der Silbenstruktur abhängige Vokalquantität, s. § 96.

B. Das phonologische System (§§ 125–128)

125. Das Verwandtschaftsverhältnis der einzelnen Phoneme einer Sprache untereinander ist verschieden. So haben etwa die deutschen Phoneme [*k*] (*Kasse*) und [*g*] (*Gasse*) die gemeinsamen Merkmale „Konsonant, Zungenrückenlaut, Verschlußlaut", sie unterscheiden sich nur im Merkmal „Stimmton" ([*k*] stimmlos, [*g*] stimmhaft): sie sind eng verwandt. Dagegen haben die dt. Phoneme [*g*] (*Gasse*) und [*f*] (*Finger*) nur das gemeinsame Merkmal „Konsonant", während sie sich in den Merkmalen „Artikulationswerkzeug (Zungenrücken, Lippen), Artikulationsart (Verschluß, Reibelaut), Stimmton (stimmhaft, stimmlos)" unterscheiden: die beiden Phoneme sind nur sehr locker verwandt.

126. Ordnet man auf diese Weise alle Phoneme einer Sprache nach Verwandtschaftsgraden, so ergibt sich das System der Phoneme, das phonologische System einer Sprache. Jede Sprache hat ihr eigenes phonologisches System, das zwar dem Sprecher nicht bewußt ist, das aber trotzdem

eine grundlegende Realität der Sprache ist, ebenso etwa wie das System der chemischen Elemente eine Realität der Natur ist.

Verständlicherweise ist die phonologische Interpretation der phonetischen Fakten nicht bei allen Phonologen die gleiche. Man kann zwei Varianten der Interpretation unterscheiden: die eine hält ein Maximum[1]) der phonetischen Qualitätenskala für phonologisch gültig ('Maximalisten', so z. B. der Franzose G. Gougenheim), die andere reduziert die phonologische Qualitätenskala der Maximalisten selbst auf ein letztes Minimum ('Minimalisten', so z. B. die Dänen L. Hjelmslev und K. Togeby). Die Maximalisten bleiben der konkreten sprachlichen Realität nahe, die Minimalisten huldigen einer konsequent-extremen Abstraktion, der man eine wissenschaftliche Berechtigung und Fruchtbarkeit nicht absprechen kann. Für den 'Maximalisten' sind z. B. die fr. Wörter *beau*, *bon* oder *patte*, *pâte*, *pente* durch verschiedene, phonologisch gültige Vokalqualitäten [*bo*, *bõ*; *pạt*, *pat*, *pãt*] unterschieden. Ein echter 'Minimalist' stellt sich daraufhin die Frage: 'was muß ich tun, um die maximalistischen Qualitäten auf ein Minimum zu reduzieren und so die hintergründige Struktur des phonologischen Systems aufzudecken?' Eine Reduktion der Qualitätenanzahl ist dadurch möglich, daß man gewisse Qualitätsunterschiede als Ergebnis einer Qualitätenkombination erklärt, die infolge einer phonetischen Latenzgewohnheit in der Realisierung nicht unmittelbar erscheint, sondern nur dem strukturellen Interpreten der phonetischen Gegebenheiten als hintergründige Realität sich auftut. Die Lautung [*bõ*] löst sich so in strukturelles [*bon*] auf, d. h.: der Nasalvokal [*õ*] ist nur die Kombination eines (oralen) [*o*] mit einem 'latenten' [*n*], die Kombination [*on*] wird infolge Latenzgewohnheit durch die phonologisch ungültige Qualität [*õ*] realisiert. Fr. *beau*, *bon* sind somit maximalistisch [*bo*, *bõ*], minimalistisch [*bo*, *bon*]. Der strukturelle Unterschied zwischen *bon* und *bonne* (fem.) wird dadurch gewahrt, daß *bonne* [maximalistisch *bọn*] minimalistisch als [*bonə*] mit 'latentem' [*ə*] erklärt wird[2]). Der Unterschied zwischen *patte*, *pâte*, *pente* [maximalistisch *pạt*, *pat*, *pãt*] wird minimalistisch dadurch erklärt, daß maximalistisches [*ã*] die minimalistische Kombination [*an*] (mit latentem

---

[1]) Natürlich nur, insofern nicht klare Fälle bloß phonetischer (kombinatorischer) Realisierungsunterschiede vorliegen. So sind etwa dt. [*χ*] und [*ç*] auch für die weitherzigsten Maximalisten nicht zwei Phoneme, sondern nur kombinatorische Spielarten eines Phonems (s. § 123). — Manche Maximalisten betrachten allerdings auch die festen Realisierungsgewohnheiten als (marginale) Bestandteile des phonol. Systems.

[2]) In [*bonə*] ist [*n*] hingegen nicht latent, weil es im Inlaut vor Vokal steht.

[*n*]), maximalistisches [*ạ*] die minimalistische Kombination [*aə*] (mit latentem [*ə*])[1]) darstellt: *patte*, *pâte*, *pente* = [*patə*, *paətə*, *pantə*]. Es gelingt so den Minimalisten, die Qualitätenskala der fr. Vokale auf 9 Qualitäten [*i*, *ü*, *u*, *ẹ*, *ę*, *ö*, *o*, *a*, *ə*] zu reduzieren[2]). Die Reduktion bedingt aber eine umfassende und strenge Formulierung der Latenz-Gesetze: die Latenz-Gesetze sind feste Realisierungsgewohnheiten, die eng mit der phonologischen Struktur minimalistischer Prägung verbunden sind. Es gibt Sprachen mit großer 'Latenzspanne' (z. B. das Frz.) und mit geringer Latenzspanne (z. B. das Ital.).

127. Im folgenden sei das phonologische System des Frz. nach maximalistischen Gesichtspunkten dargestellt.

1. Vokale (Silbengipfel)

a) haupttonig:[3])

			oral						nasal	
		ą		*ạ*					*ã*	
	ę		*ǫ̈*		*ǫ*			*ẽ*	*ö̃*	*õ*
	ẹ		*ọ̈*		*ọ*					
i			*ü*			*u*				

Bemerkung. Die aufgeführten Qualitäten sind nicht an allen Stellen der Wortstruktur phonologisch gültig bzw. phonetisch möglich. Im Auslaut sind überhaupt nur *ọ̈*, *ọ* (nicht aber *ǫ̈*, *ǫ*) möglich. Im Inlaut kommt phonologischer Unterschied zwischen *ǫ̈* und *ọ̈* praktisch nur in dem Paar *jeune*- *jeûne* vor. Der Unterschied zwischen *ǫ* und *ọ* ist im Inlaut phonologisch gültig. Von den beiden Qualitäten *ę* und *ẹ* ist im Inlaut nur *ę* möglich, so daß ein phonologischer Unterschied zwischen *ę* und *ẹ* nur im Auslaut besteht. Im Inlaut gibt es statt der qualitativen Unterscheidung einen phonologisch gültigen q u a n t i t a t i v e n Unterschied zwischen *ĕ* und *ē* (*mettre* — *maître*), der freilich heute weitgehend der Nivellierung anheimfällt.

---

[1]) Es muß bemerkt werden, daß [*ə*] (sprachhistorisch wie sprachzuständlich) nicht eine phonetische, sondern nur eine abstrakte Realität zukommt.

[2]) Vgl. Zeitschrift f. Phonetik u. allg. Sprachw. 6, 1952, p. 340.

[3]) Beispiele: [*ą*, *ạ*, *ã*] *patte, pâte, pente*; [*ę*, *ẹ*, *ẽ*; *i*] *dais, dé, daim*; *dit*; [*ǫ̈*, *ọ̈*] *jeune, jeûne*; [*ọ̈*, *ö̃*] *jeu, jeun*; [*ǫ*, *ọ*] *pomme, paume*; [*ọ*, *õ*] *mot, mont*; [*ọ̈*, *ü*] *deux, dû*; [*ọ*, *u*] *mot, mou.*

b) nichthaupttonig:[1])

oral								nasal		
		ą		*ạ*					*ã*	
	e		*ə*		*ǫ*			*ẽ*	*ö̃*	*õ*
			ö			*ọ*				
i			*ü*				*u*			

2. Konsonanten (Silbental, Gipfelan- und -abglitt)

a) Lippenlaute[2]):

p	*b*	*m*
f	*v*	

b) Zungenspitzenlaute[3])

t	*d*	*n*
s	*z*	
	l	
	(*r*)	

c) Zungenrückenlaute[4])

k	*g*	
	y	*ñ*
š	*ž*	

d) Nasale[5])

m	*n*	*ñ*

e) Zäpfchenlaut[6])

r.

---

[1]) Beispiele: [*ą*, *ạ*] *battit, bâtit*; [*e*, *ọ̈*] *des pains, deux pains*; [*ə*, *ọ̈*] *de tristes personnages, deux tristes personnages*; [*ǫ*, *ọ*] *coté, côté*; [*e*, *i*] *médit, midi*; [*ö*, *ü*] *meulette, mulette*; [*ọ*, *u*] *côté, coûté*; [*ą*, *ã*] *badaud, bandeau*; [*e*, *ẽ*] *téter, tinter*; [*ö̃*] *lundi*; [*ọ*, *õ*] *beauté, bonté*.

[2]) Beispiele: *pain, bain, main, fin, vin*.

[3]) Beispiele: *teint, daim, nain, sein*; [*s*, *z*] *ils sont, ils ont*; *lin, Rhin*. — Das Zäpfchen -*r* hat einen besonderen Platz (s. u.).

[4]) Beispiele: [*k*, *g*, *š*, *ž*] *camp, gant, champ, gens*; [*y*, *ñ*] *caille, cagne*.

[5]) Die Laute sind bereits als Entsprechungen der oralen Konsonanten verzeichnet. — Beispiele: *came, canne, cagne*.

[6]) Statt dessen mundartlich Zungenspitzen -*r*.

f) Halbvokale (Gipfelanglitt)[1]

y *ẅ* *w*

Neben dem Halbvokal (Gipfelanglitt) *y* gibt es auch einen Konsonanten (Silbental) *y*, s. Zungenrücklaute.

128. Ein phonologisches System ist also ein geordnetes Ganzes. Gewisse symmetrische Eigenheiten z. B. sind im System nicht zu verkennen. Das ist ganz natürlich; denn die Sprache selbst ist auch in den höheren Bereichen der Wörter, Wortformen, Satzbildungsmöglichkeiten ein geordnetes Ganzes: die soziale Funktion der Mitteilung ist mit sprachlichen Mitteln ja nur vollziehbar, wenn die Sprache kein Chaos ist. Was für die höheren Bereiche gilt, ist auch am niedrigen Bereich der Bausteine, d. h. der Phoneme, bereits erkennbar. Freilich ist die Art der Ordnung — sowohl in den hohen wie in den niedrigen Bereichen — nicht in allen Sprachen gleich: jede Sprache hat ihre eigene, originelle Ordnung, d. h. auch ihr eigenes phonologisches System. So ist z. B. das System des lateinischen Vokalismus von dem des französischen Vokalismus (§ 127) sehr verschieden, da es im Lat. keine palatal-gerundeten Vokalphoneme [*ü*, *ö*] gibt, sondern nur die fünf Vokale *a*, *e*, *i*, *o*, *u* — diese allerdings alle mit phonologisch gültiger Quantität (s. § 124).

VI. Der Lautwandel (§§ 129–148)

A. Allgemeines. Die Lautgesetze (§§ 129–135)

129. Daß die Laute einer Sprache sich im Laufe der Zeit wandeln können, ist eine allgemein festgestellte Tatsache. Es unterliegt z. B. keinem Zweifel, daß den frz. Wörtern *tête*, *laine*, *dortoir* die lat. Wörter *testa*, *lana*, *dormitorium* entsprechen und daß sie aus diesen hervorgegangen sind[2]). Die Sprache ist geschichtlich in allen Bereichen – sowohl dem lautlich-materiellen wie dem semantisch-geistigen – dem Wandel unterworfen. Dieser Wandel ist Abbild und Auswirkung der Geschichte: Unwandelbarkeit wäre unmenschlich, also höchst befremdlich. Der geschichtliche

---

[1]) Die Halbvokale kommen nur als Gipfelanglitt vor: *rien*, *huit*, *trois*. Ihre phonologische Gültigkeit ist sehr beschränkt, da sie weitgehend nur als Hiatusvarianten der entsprechenden nichthaupttonigen Vokale [*i*, *ü*, *u*] gelten. Ein phonologischer Gegensatz findet sich noch in Fällen wie *troua* [*u*] /*trois* [*w*] sowie in der klassischen Sprache (und der Dichtung): *les passions* [*pəsiõ*] /*nous passions* [*pasyõ*].

[2]) Zum Begriff der 'Etymologie' s. Bd. III.

Wandel – in allen menschlichen Bereichen – ist vielschichtig und erscheint dem Betrachter als ein zunächst undurchsichtiger und recht verworrener Vorgang. Wäre er ein Chaos, so müßte man an seiner Erkennbarkeit und Deutbarkeit verzweifeln. In der Sprache ist jedenfalls ein Chaos unmöglich: die Sprache ist in jedem Augenblick ihrer Geschichte ein geordnetes Ganzes, das *hic et nunc* dem Zwecke der Mitteilung zwischen vernunftbegabten Wesen dient und im Denkablauf der Individuen eine wesentliche Aufgabe zu erfüllen hat. Daraus folgt, daß auch der Sprachwandel nicht chaotisch sein kann, sondern seine Lenkung durch das jeweilige ‘geordnete Ganze’ der betr. Sprache erhält. Der Sprachwandel ist – wie man sich ausdrückt – ‘gesetzmäßig’, freilich nicht im Sinne einer starren, im voraus berechenbaren Naturgesetzlichkeit, sondern im Sinne einer – jeweils erst nachträglich und mit großen Schwierigkeiten deutbaren – sinnvollen, geordneten geschichtlichen Entwicklung ‘teleologischer’ Tendenz.

130. Durch den Lautwandel wird nun nicht nur die lautliche Zusammensetzung der Wortkörper verändert (dormitorium > fr. *dortoir*), sondern auch das phonologische System (s. §§ 125ff.) der betr. Sprache selbst angegriffen und umgestaltet (vgl. z. B. den Unterschied zwischen dem lat. und dem fr. Vokalismus, § 128). Eben in der Tatsache, daß das phonol. System einer Sprache in jedem Augenblick ein ‘geordnetes Ganzes’ sein muß (§ 128), liegt es (im Sinne von § 129) offensichtlich begründet, daß der Lautwandel ‘gesetzmäßig’ ist, daß es also ‘Lautgesetze’ gibt (im Sinne der § 129 geschilderten geschichtlichen ‘Gesetzmäßigkeit’).

131. Diese ‘Gesetze’ unterliegen ganz natürlich den allgemeingeschichtlichen Bedingungen des Raumes und der Zeit sowie des sozialen Milieus. Die Beschreibung – möglichst auch die Begründung – des Lautwandels, seiner Gesetzmäßigkeit und seiner zeitlichen, räumlichen und sozialen Entstehungs-, Ausbreitungs- und Geltungsbereiche ist Aufgabe der historischen Lautlehre[1].

[1] In der hier (Bd. I–II) gebotenen Darstellung der histor. roman. Lautlehre kann dieses Ziel natürlich nur in unvollkommener und summarischer Weise erreicht werden.

Die Bedingungen des Raumes (d. h. der räumlich-sozialen Kompaktheit einer Sprachgemeinschaft) wirken sich z. B. so aus, daß der Wandel k > *ch* [*ć*, *š*] vor *a* auf bestimmte Mundarten (darunter die Mundart der für die frz. Schriftsprache maßgebenden Isle-de-France [s. § 8]) beschränkt ist, also zwar fr. *chanter*, aber pik. *canter*, gask. *cantar* sowie sp. pg. *cantar*, it. *cantare* usw. — Die Bedingungen der Zeit wirken sich z. B. so aus, daß der fr. Wandel *k* > *ch* nur innerhalb einer bestimmten Zeitperiode (etwa bis zum 8. Jh.) vollzogen wird und daß z. B. Buchwörter wie *chapitre* noch an ihm teilnehmen (s. § 143), daß aber junge Lehnwörter wie *cantate* (18. Jh.), *cantatrice* (18. Jh.), *carbone* (18. Jh.) usw. ihr *k*- behalten. — Hinzu kommt — das gilt für jeden Sprachwandel — noch die Bedingung des sozialen Milieus bzw. der sozialen Schicht. So geht z. B. der Wandel des fr. Diphthongen [*u̯ẹ́*] > [*u̯á*] (geschrieben *oi*, z. B. *roi*) im 16. Jh. von unteren Volksschichten aus: die neue Lautung wird von den führenden Schichten als unkorrekt verdammt. Die Aussprache [*u̯á*] dringt schließlich infolge der sozialen Lockerung und der Revolution Ende des 18. Jh. zu allgemeiner, verbindlicher Geltung durch.

Durch das Zusammenwirken dieser Bedingungen erscheint der Lautwandel als ein äußerst komplexer Vorgang, der nicht im abstrakten Raum, sondern in der konkreten Rede konkreter Sprecher und räumlich-zeitlich-sozialer Sprachgemeinschaften — in gesprochenen Wörtern und Sätzen — vor sich geht und nur mit vorsichtig tastenden Methoden abzugrenzen ist. Jedes Wort hat seine besondere räumlich-chronologisch-sozial bedingte Lautentwicklung mitgemacht. Die historische Lautlehre mündet also in die konkrete Wortgeschichte, die den lautlichen und semantischen Werdegang der Wörter zum Gegenstand hat. Dabei stellt die historische Lautlehre als Ganzes (bes. die Phonologie) Rahmen u. Abstraktion der Wortgeschichte dar. In den Einzelproblemen wird sie selbst Teil der Wortgeschichte, für deren Erforschung sie hinsichtlich des Raumes, der Chronologie, des sozialen Milieus Anhaltspunkte liefert. So ist das franz. Wort *abeille* 'Biene' (< lat. apĭcula) auffällig, weil es statt des sonst allgemeinen franz. Ergebnisses des lat. intervokalischen -p-, nämlich statt eines *-v-*, ein *-b-* aufweist. Normal ist nun aber *-b-* für die Mundarten Südfrankreichs. Ein schweizer Romanist, J. Gilliéron, hat nun nach eingehenden Untersuchungen erklären können, wie die franz. Schriftsprache[1]) dazu kam, für einen Begriff wie die Biene ihren Namen aus dem Provenz.

[1]) Den frz. Landmundarten ist das Wort *abeille* von Haus aus fremd: sie benutzen verschiedene bodenständige Ausdrücke, unter denen der verbreitetste *mouche à miel* ist.

zu entlehnen. – Früher begnügte man sich damit, festzustellen, daß die Form dieses oder jenes Wortes eine 'Ausnahme' bilde; es hat sich aber gezeigt, daß jede Abweichung und jede Übernahme fremden Sprachguts eine spezifische Ursache hat. — So gibt die Lautlehre Anhaltspunkte für das — meist in der Sachgeschichte begründete — Wandern der Wörter im Raume, und zwar im kleinen Rahmen der Wanderung von Mundart zu Mundart, wie auch im großen Rahmen der Wanderung von Sprache zu Sprache. — Die it. Wörter *giardino*, *gioia* ebenso wie die sp. Wörter *jardín*, *joya* erweisen sich durch die Lautgestalt als Lehnwörter aus dem Frz. (*jardin*, *joie* < germ.-gallorom. gard-inu, lat. gaudia); der Wandel von *g* vor *a* zu *j* [ǵ,ž] kommt nämlich im Ital. u. Span. nicht vor, wohl aber im Frz.

Solche Feststellungen liefern Anhaltspunkte für die Wortgeschichte, die die so aufgeworfenen Fragen mit den Mitteln der Philologie (Feststellung der präzisen Form und Bedeutung in den historischen Urkunden, die räumlich und chronologisch zu fixieren sind) und der Sach- und Kulturgeschichte weiter zu verfolgen hat.

Man findet in der sprachwissenschaftlichen Literatur oft die Unterscheidung eines 'spontanen' Lautwandels von einem 'bedingten' Lautwandel, wobei der 'bedingte' Lautwandel als von der lautlichen Umgebung im Wort (oder Satz) hervorgerufen (vgl. z. B. §§ 186 ff.) aufgefaßt wird, während der 'spontane' Lautwandel einer solchen Bedingung entbehren soll. In Wirklichkeit ist aber auch der 'spontane' Lautwandel bedingt. Nur hat man sich beim Vorliegen weitgefaßter Bedingungen daran gewöhnt, bei der Formulierung der 'Lautgesetze' die Bedingungen im Subjekt vorwegzunehmen und daraufhin das Gesetz als 'spontan' hinzustellen. Man kann also sagen: 'Betontes freies lt. *a* wird im Frz. spontan zu *e*' (s. §§ 163 ff.); oder: 'lt. *a* wird unter den Bedingungen des Haupttons und der freien Stellung zu *e*'. Es handelt sich demnach bei der Unterscheidung nicht um eine sprachliche Realität, sondern nur um eine konventionelle Ausdrucksweise der Linguisten.

Durch die Tatsache der zeitlichen Begrenzung der 'Lautgesetze' hervorgerufen ist die Unterscheidung der 'primären' (= lateinischen) und 'sekundären' (= einzelsprachlich - romanischen) Sprachzustände, die in der weiteren Entwicklung jeweils verschieden behandelt werden. So ist etwa der 'primäre' Diphthong *au* in *causa* zu afr. *o* (*chose*) geworden, während 'sekundäres' *au* (< *al* vor Kons.) im Afr. *au* lautet (saltat *saute*), s. §§ 217, 244[1]).

132. Eine häufige Erscheinung des Lautwandels ist die Assimilation, d. h. die Anpassung benachbarter Laute.

---

[1]) Es gibt also eine 'relative Chronologie' des Lautwandels; s. auch §§ 188, 210, 235, 291, 345 f., 519 ff., 554, 564 ff.

Man unterscheidet die Kontaktassimilation unmittelbar benachbarter Laute von der Fernassimilation nur mittelbar benachbarter Laute. Dem Grade nach kann eine Assimilation total sein (d. h. die Gesamtartikulation eines Lautes dem andern Laut völlig angleichen) oder partiell bleiben (d. h. nur einen Teil der Gesamtartikulation eines Lautes erfassen).

133. Im Falle der Kontaktassimilation unterscheidet man:

a) vorgreifende Assimilation, d. h. die Artikulation eines folgenden Lautes wird bereits in der Artikulation des vorhergehenden Lautes vorweggenommen[1]) (in musikal. Terminologie: 'antizipiert'). So wurde bei der Aussprache von lat. nocte in Italien der Verschluß des *t* bereits vor Sprengung des *k*-Verschlusses gebildet, der dadurch praktisch unhörbar wurde. Der für den Verschluß *k* benötigte Zeitraum blieb zwar erhalten[2]), es ist aber nur ein gelängter und geminierter *t*-Verschluß übriggeblieben: it. *notte*. Hier handelt es sich um eine totale Assimilation. — Bei der Aussprache von fr. *médecin* wird die bei der Aussprache des [*s*] notwendige stimmlose Einstellung der Stimmbänder bereits bei der Aussprache des unmittelbar vorhergehenden stimmhaften *d* vorweggenommen, das dadurch stimmlos wird: [*metsẽ̜*]. Es handelt sich um eine partielle Assimilation. – Auch die fr. Nasalierung (s. § 46d) ist eine partielle vorgreifende Assimilation: *cantu* > *chant* [*šã*].

b) beharrende Assimilation, d. h.: die Artikulation eines Lautes wird (teilweise oder ganz) bei der Aussprache des folgenden Lautes beibehalten[3]) (in musikal. Terminologie: 'Vorhalt'). So wurde in lt. somnu in Nordgallien der Lippenverschluß noch angehalten, wenn der *n*-Verschluß bereits gebildet war. Die Sprengung des *m*-Verschlusses übertönte schließlich völlig die des *n*-Verschlusses: fr. *somme*. Es liegt totale Assimilation vor.

c) doppelseitige Assimilation, d. h.: ein Laut wird sowohl durch den vorhergehenden wie den folgenden Laut beeinflußt (kombinierte vorgreifend-beharrende Assimilation). In fr. *la haie* [*lahe̜*] befinden sich die Stimmbänder bei [*a*] in stimmhafter Einstellung (§ 49), bei [*h*] gehen sie in Hauchstellung (§ 68), bei [*e̜*] gehen sie wieder in stimmhafte Einstellung. Die Hauchstellung zwischen den

[1]) Die vorgreifende Ass. wird auch 'regressiv' genannt, weil sie auf einen vorhergehenden Laut 'zurückwirkt' (nach dem Schriftbild).

[2]) Bei totaler Assimilation entstehen also häufig lange Quantitäten (s. § 50): it. *notte*, *figlia* [*fiʎʎa*, s. § 133d]. In manchen Sprachen sind diese später gekürzt worden. – Genaueres über *-ct-* s. § 432.

[3]) Die beharrende Ass. wird auch 'progressiv' genannt, weil sie auf einen folgenden Laut 'weiterwirkt' (nach dem Schriftbild).

beiden stimmhaften Einstellungen wird immer weniger gewissenhaft ausgeführt, bis sie schließlich völlig unterbleibt: [*laę*]. Es liegt totale Assimilation vor. — In lat. maturu wird *-t-* mit stimmloser Einstellung, dagegen werden die beiden benachbarten Vokale *a* und *u* mit stimmhafter Einstellung gesprochen. Im Westroman. wurde die stimmlose Einstellung des *-t-* immer weniger gewissenhaft ausgeführt, bis sie schließlich völlig unterblieb und so der Laut *-t-* zu *-d-* wurde: westrom. *maduru* (s. § 360). Es liegt partielle Assimilation vor.

d) wechselseitige Assimilation, d. h. durch gegenseitige Beeinflussung zweier benachbarter Laute entsteht an ihrer Stelle ein völlig neuer Laut. So liegt z. B. in vlt. *filia* (s. § 109) das Nacheinander eines Zungenspitzenlaterals *l* (§ 81) und eines Vorderzungenreibelauts *i̯* (§ 64) vor. Zunächst wird nun das *l* palatalisiert, d. h. mit *i̯*-Begleitung gesprochen (§ 67): [*fil'i̯a*]. Schließlich wird aber statt des palatalisierten [*l'*] und des Reibelauts [*i̯*] ein palataler Lateral (Vorderzungenlateral) [*ll*] gesprochen: [*filla*] (it. *figlia*, s. § 83). Ebenso entsteht aus vlt. *arania* (§ 109) über [*aran'i̯a*] die Lautung [*araññа*] (it. *ragna*, s. § 56).

134. Die Fernassimilation tritt — im Gegensatz zu der allenthalben in der Sprachgeschichte begegnenden Kontaktassimilation — nur sporadisch auf. Im Konsonantismus kommt die Fernassimilation des Silbenanlauts (d. h. des Silbentals. s. § 93) vor, so in dem Wandel von afr. *cerchier* (< *circare*) > nfr. *chercher*, wo der Anlaut der ersten Silbe sich nach dem der zweiten ausgerichtet hat (vorgreifende Fernassimilation). — Im Vokalismus ist der Umlaut die am häufigsten begegnende Fernassimilation: hier wirkt die Qualität (Öffnungsgrad, Zungenstellung, Lippenstellung) eines Vokals auf den Vokal einer benachbarten Silbe ein[1]). Sehr verbreitet ist der vorgreifende Umlaut. So wird etwa in Süditalien der Tonvokal *ọ* des Suffixes *-ọsus*, plur. *-ọsi* unter dem Einfluß des Auslautvokals *-u* oder *-ī* zu *u* umgelautet (Assimilation des Öffnungsgrades), so daß die südital. Formen *-usu*, *-usi* entstehen. — Beharrenden Umlaut zeigt z. B. die manchmal begegnende Aussprache [*ọ̈rọ̈peẽ*] für fr. *européen* (Assimilation der Zungenstellung).

135. Der Assimilation steht die — seltenere — Erscheinung der Dissimilation gegenüber. Sie entspringt dem Bedürfnis nach *variatio* und besteht in der Erhaltung, Übercharakterisierung oder sogar Erzeugung artikulatorischer Verschiedenheiten zwischen benachbarten Lauten. Man unterscheidet zwischen Kontakt- und Ferndissimilation.

[1]) Da der Umlaut die Vokale 'harmonisiert', nennt man ihn auch 'Harmonisierung'.

Eine häufige Art der Kontaktdissimilation ist die Palataldissimilation. So traten etwa in den Wörtern *laxicare, *intoxicare durch die fr. Lautentwicklung zwei Palatale [s′, ć] in Kontakt [*las′ćįer*, *entos′ćįer*][1]): der erste Palatal [s′] wurde entpalatalisiert [s], so daß afr. *laschier* (nfr. *lâcher*), *entoschier* entstand. — Ferndissimilation liegt z. B. in der Entwicklung von formosu > sp. *hermoso* vor (Dissimilation der Zungenstellung im vortonigen Vokal). – Zur Palatal-Ferndissimilation s. § 208 -ariu.

Zu einigen allgemeinen Erscheinungen des Lautwandels vgl. noch §§ 46, 79, 95f., 100—113, 119—121.

B. Analogie (§§ 136–140)

136. Eine immer wirksame Quelle von Lautveränderungen (und überhaupt Sprachveränderungen) ist die Analogie, d. h. die Neigung, bedeutungs-, funktions- oder lautähnliche Wörter oder Formen einander anzuähneln. Hierbei durchkreuzt der analogische Lautwandel häufig den lautgesetzlichen (s. §§ 129ff.), so daß man die Analogie geradezu als 'Störung der Lautgesetze' zu bezeichnen pflegt.

Die Analogie kann im Formenausgleich (§ 137) oder in der lautlichen Beeinflussung durch bedeutungsverwandte Wörter (§ 138) bestehen. – Zur Phonemkombinationsanalogie s. § 407.

137. Hierbei kann sich der analogische Formenausgleich auf den Stamm ('Stammausgleich') oder auf die Endung ('Formübertragung, -assoziation' in der Formenbildung, 'Suffixübertragung' in der Wortbildung) erstrecken.

Der Stammausgleich ist die Beseitigung der Stammabstufung.— Durch die verschiedene Lautentwicklung in haupttoniger und nebentoniger Stellung tritt der Stammvokal lautgerecht im Frz. in verschiedener Qualität auf ('Stammabstufung', 'Ablaut'), also: morit > afr. *muert*, nfr. *meurt* [*mö̜r*], aber *morúmus > afr. *morons*, nfr. *mourons* [*mur-*]. Diese Stammabstufung war im Afr. auch bei den Verben der 1. Kj. vorhanden, also: probat > afr. *prueve*, *prob-úmus > afr. *pro̜vons*. Bei den Verben der 1. Kj. ist im Nfr. nunmehr Stammausgleich eingetreten, und zwar ist in diesem Falle die Vokalqualität des nebentonigen Stammes (*prouvons*) verallgemeinert worden: *je prouve* (während der alte Tonvokal im Subst. *la preuve* erhalten bleibt)[2]). Umgekehrt Verallgemeinerung der haupttonigen Vokalqualität zeigt z. B. das Verbum *demeurer*, *nous demeurons* (afr. noch *demo̜rons*, aber *je demeure*). Dabei muß natürlich

[1]) Hieraus hätte afr. **luischier* (nfr. **laicher*), **entoischier* werden müssen.

[2]) Auch Substantive können vom Stammausgleich erfaßt werden, so nfr. *roue* nach *rouer*, *rouette* (§ 178).

untersucht werden, wieso (im Gegensatz zu *meurt-mourons*) überhaupt Stammausgleich und wieso gerade ein bestimmter Stammausgleich (*je prouve, nous demeurons*) eingetreten ist. So einfach die Feststellung der Tatsache eines Stammausgleichs ist, so schwierig bleibt die Beantwortung der Frage nach dem Grunde.

Bei der Formübertragung wird die Flexionsendung häufig vorkommender Wörter auf ganze Gruppen von Wörtern gleicher Kategorie übertragen. So wurde im Fr., in rätorom. und in nordital. Mundarten in der 1. Pers. Plur. der Verben die Endung -ǔ́mus (mit kurzem betontem u > vlt. ọ) verallgemeinert. Diese Endung ist in der konsonant. Konjugation entstanden, und zwar dadurch, daß der Akzent (pérdimus) in Analogie nach den übrigen Konjugationen (cantámus, vidḗmus, audímus) auf die Endung verlegt wurde. Dabei ist zu bedenken, daß klt. -ĭ- vor -m- als Mittelvokal in Proparoxytonis in der Klangfarbe zwischen -ĭ- und -u- schwankt[1]): máxĭmus = máxumus, péssĭmus = péssumus[2]). Bei der Akzentverlegung erhielt dieser qualitätsschwankende Vokal den Hauptton: die alte Schwankung des Vokals spiegelt sich in der Romania darin wieder, daß in einem Teil der Sprachen der palatale Vokal bevorzugt wurde (perdĭmus > sp. *perdémos*, mundartlich it. *perdẹ́mo*), während in anderen Gebieten (frz. usw.) die velare Variante sich durchsetzte[3]) (perdǔ́mus > fr. *perdons*). Dabei konnte sich dort der palatale Ausgang auf die zweite Konjugation (vidẹ́mus sp. *vemos*, mundartlich it. *vedẹ́mo*), hier der velare Ausgang auf sǔmus (afr. *soms*) und volǔmus (fr. *voulons*) < vólumus sowie auf den gleichen Vokal der 3. Person Plur. pérdunt (der mit dem in volunt, sunt übereinstimmt) stützen. Die Endung -ǔmus hat sodann im Fr. bereits in vorliterarischer Zeit die ursprünglichen Endungen vid-ḗmus, cant-ámus fast völlig verdrängt (fr. *voyons*, *chantons*).

138. Lautliche Beeinflussung durch bedeutungsverwandte Wörter liegt z. B. vor, wenn im Vlt. an die Stelle von gravis die nach dem Muster des Bedeutungsgegensatzes levis gebildete Analogieform *grevis (fr. *grief*) tritt. Ebenso bildet das Vlt. statt sinister die Form sinexter (nach dem Bedeutungsgegensatz dexter), die afr. *senẹstre*, sp. *siniestro* usw. zugrundeliegt. Ähnlich hieß es statt reddere vlt. *rendere (fr. *rendre*, it. *rendere* usw.) nach dem Bedeutungsgegensatz prendere (< prehendere).

---

[1]) Hinter -l- ist -*u*- fest: vólumus.

[2]) Die phonet. Aussprache dürfte [*ü*] oder [ĭ] gewesen sein; s. Quintilian, inst. orat. 1, 4, 8.

[3]) So gedeutet von W. Hermann, Archiv f. d. Stud. d. Neuer. Sprachen 191, 1955, S. 224.

In vielen roman. Sprachen wurde nach sụrsum (afr. *süs*, it. *sù*, sp. *suso*) der Vokalismus des Bedeutungsgegensatzes deọrsum zu *deursum (afr. *jüs*, it. *giù*, sp. *yuso*) umgestaltet. Im Prov. bildete man nach *dich* (< dictu) neben *escrit* (< scriptu) die analogische Form *escrich* usw.

139. Diese analogischen Veränderungen — das gilt für den Formenausgleich (§ 137), in besonderem Maße aber für die Beeinflussung durch bedeutungsverwandte Wörter (§ 138) — gehen allerdings meist nicht auf bloß gedanklichem Wege — d. h. durch die bloßen Erinnerungsbilder der betr. Formen oder Wörter — vor sich, sondern im syntaktischen Konnex der lebendigen Rede (weshalb es gerade häufig schwer ist, in der geschriebenen Literatur einen Beleg oder gar den analogiebildenden Erstbeleg für einen solchen syntaktischen Konnex zu finden), also: grevis nicht nur einfach nach dem Gegensatzwort levis, sondern aus einem Konnex wie etwa in der Frage: **utrum levis an grevis?* Ebenso etwa: **rendo quod prendedi* usw.[1]).

140. Eine Art der Beeinflussung durch bedeutungsverwandte Wörter (§ 138) ist die Volksetymologie, die ebenfalls den ererbten Lautbestand der Wörter umgestalten kann.

Sie besteht in dem Bestreben, die dem Sprachgefühl etymologisch unklaren Wörter mit anderen Wörtern der gleichen Sprache bedeutungsmäßig zu verknüpfen und sie so einer etymologischen Wortfamilie einzuordnen. Von der Volksetymologie betroffen sind deshalb besonders isolierte Wörter ohne Wortfamilie, ganz besonders Lehnwörter. Dabei kann sich die volksetymologische Anknüpfung schließlich auch in der Lautgestalt des Wortes auswirken. — So erscheint z. B. nuptiae im Frz. als *nǫces*, im Ital als *nǫzze*. Zu erwarten wären lautgerecht eigentlich fr. **nouces*, it. **nọzze*. Die Vokalveränderung ist einer auf weiten Gebieten der Romania festzustellenden volksetymologischen Einmischung des Wortes nŏcte zu verdanken, an das man das nach Untergang des Verbums nubere in der Sprache etymologisch isolierte nuptiae anknüpfte. — Das elsässische *sûrkrût* erscheint im Frz. 1755 zuerst als *sorcrote*, wird aber bald volksetymologisch mit *chou* verknüpft und heißt nun (belegt 1788) *choucroute*. — Das Lehnwort melancholia wird in it. *malinconía* volksetymologisch an *male* angeknüpft. Das karaibische Wort *hamacu* (fr. *hamac*) wird im Dt. zu *Hängematte* etymologisiert.

[1]) Vgl. Ed. Hermann *Lautgesetz u. Analogie*, Berlin (Weidmann) 1931.

C. Erbwort und Buchwort (§§ 141–148)

141. Unter einem 'Erbwort' (*mot populaire*) versteht man ein Wort, das in ununterbrochener Tradition in vulgärlateinisch-romanischem Volksmunde – auch der unteren Volksschichten – gelebt hat.

Die Erbwörter haben so alle Entwicklungsphasen der Sprechsprache in lautlicher Hinsicht mitgemacht, sie stellen die Hauptquelle für die Erforschung des Lautwandels dar. Der Grundstock aller roman. Sprachen besteht aus Erbwörtern, zu denen z. B. ganz naturgemäß die Konkreta des Bauernlebens (vacca fr. *vache*, bove fr. *bœuf*, carruca fr. *charrue*, cane fr. *chien* usw.) gehören.

142. Unter einem 'Buchwort' (*mot savant*) versteht man ein Wort, das nicht in ununterbrochener Tradition in romanischem Volksmund gelebt hat, sondern nur in gebildeten, des Schriftlateins kundigen Kreisen (während des Mittelalters: hauptsächlich im Klerus) gebraucht wurde[1]). Mit der Literaturfähigkeit der romanischen Volkssprache (s. § 37) drangen diese Wörter auch in romanischen Kontext ein, sie wurden also zu Wörtern der Volkssprache und paßten sich notgedrungen in vielen Stücken auch den Aussprachegewohnheiten der Volkssprache an[2]).

Afr. *clementia* (9. Jh.) zeigt z. B. noch ganz die lat. Wortform, die später der den frz. Gewohnheiten angepaßten Form *clémence* (seit 13. Jh.) wich. — Das volle Verständnis und erst recht der aktive Gebrauch der Buchwörter blieb freilich lange den Gebildeten vorbehalten, das völlige Einleben der Wörter in die Volkssprache ist ein Ergebnis der Hebung der Volksbildung: Buchwörter wie *nation*, *idée* werden seit langem — freilich mit gewisser Vergröbe-

---

[1]) Das hier und im folgenden Gesagte gilt nicht vom Balkanromanischen. Den Buchwörtern entspricht hier in etwa der neuzeitliche 'Neologismus', s. §148 Anm. 2.

[2]) Man kann die Buchwörter nicht gut in die Kategorien der 'Fremdwörter' oder der 'Lehnwörter' einordnen. Ein Fremdwort ist ein aus einer anderen Sprache bezogenes Wort, dessen Fremdartigkeit die Sprecher noch fühlen (dt. *Kategorie*, fr. *waterproof*). Ein Lehnwort ist ein aus einer anderen Sprache bezogenes Wort, dessen fremde Herkunft nicht mehr gefühlt wird (z. B. dt. *Pfütze* < lt. *puteus*). Die Buchwörter des Romanischen sind nicht aus einer fremden Sprache, sondern aus dem beständigen lat. Überbau bezogen. — Die gelehrte Anlehnung an das Schriftlat. ('Latinismus') ist im Roman. nicht auf das Lexikon beschränkt, sondern auch im Formenbau, in der Wortbildung, in der Syntax usw. festzustellen.

rung ihres Bedeutungsgehalts — nicht mehr als Fremdkörper im frz. Wortschatz empfunden. Ein *mot savant* ist also heute nicht daran zu erkennen, daß es etwa in der Sprache der weniger Gebildeten nicht lebendig wäre (das Buchwort *condition* ist z. B. nirgends unbekannt). Die Identifizierung eines *mot savant* ist vielmehr nur durch historische Analyse der lautlichen Gestalt und des semantisch-kulturgeschichtlichen Gehalts des betr. Wortes möglich.

143. Buchwörter, die in früher Zeit (in manchen Fällen schon vor dem 8. Jh.) in die Volkssprache aufgenommen wurden und so ein groß Teil romanischer Lautwandlungen noch mitgemacht haben, nennt man halbgelehrte Wörter. So hat etwa fr. *aveugle* (afr. *avuegle*) < aboculis zwar die Diphthongierung von ǫ zu *ue* (s. § 178) mitgemacht, nicht dagegen die Palatalisierung von cl > *ł* (vgl. oculu > afr. *ueil*, nfr. *œil*). Es ist ein Beispiel für halbgelehrte Wörter frühesten Datums (wohl vor dem 8. Jh.). Ebenso zeigt etwa fr. *chapitre* < capitulu zwar die Palatalisierung des anlautenden *k* vor *a* (wie in caballu > *cheval*), dagegen erweisen die übrigen Laute das Wort als ein *mot savant*: das nebentonige *a* hätte zu *e* (vgl. *cheval*), das *p* hätte zu *v* (vgl. capillos > *cheveux*), das kurze *ĭ* hätte zu ẹ (vgl. capillu > afr. *chevel*), die Gruppe -'tul- hätte zu -tl- > *-cl-* > *ł* werden müssen (vgl. vetulu > *veclu* > *vieil*), das auslaut. *u* hätte völlig fallen müssen (s. *vieil*): das Wort müßte als Erbwort also **cheveil* lauten. Die Vergleichswörter mit 'regelmäßiger' Lautentwicklung *cheval*, *cheveux*, *vieil* gehören eben dem alltäglichen Erbwortschatz an. Vom Kapitel dagegen wurde bei Klerikern gesprochen: das Wort ist also lautlich und semantisch deutlich ein *mot savant*[1]). Andere gelehrte oder halbgelehrte Wörter im Fr. sind: *titre*, *épître*, *diacre*, *page* 'Seite', *image*, *ange*, *humble* u.v.a.

Da das Frz. keine Proparoxytona (s. § 121) kennt, werden lat. Proparoxytona als *mots savants* entweder gekürzt (*ange*, *humble*) oder durch Akzentverlegung (die in frz. Munde auch in mittellat. Aussprache vorkam) zu Paroxytona gemacht (cándidus > *candide*).

144. Die Identifizierung gelehrter Wörter auf Grund lautlicher Kriterien ist am leichtesten in den Sprachen, deren Erbwortschatz einschneidende Lautwandlungen mitgemacht hat, also z. B. im Fr. Manchmal schwierig ist sie im Ital., das seinen Erbwortschatz verhältnismäßig wenigen Lautwandlungen unterwirft. Einem Wort wie it. *civiltà* 'Kultur' kann man den

[1]) Dagegen lebt das gleiche lat. Wort z. B. in Süditalien in der Form *capicchio* als Erbwort fort, und zwar mit der Bed. 'Brustwarze' (eigtl. 'kleiner Kopf').

gelehrten Charakter am Lautstande kaum ansehen. Hier muß demgemäß auf die kulturhistorischen Kriterien ein besonderes Augenmerk gelegt werden.

145. Kulturhistorisch-semantische Kriterien sind es auch, die in allen Sprachen für die Identifizierung der 'nur semantischen Buchwörter' maßgebend sind. Es sind dies lautliche Erbwörter, denen im Laufe der Kulturgeschichte die Bedeutungen ihrer lat. Etyma oder sonstiger lat. Entsprechungen aufgepfropft werden. Während also z. B. it. *giudizio* bereits in seiner lautlichen Gestalt (*-izio* statt des lautlich zu erwartenden *-eccio*) sich als Buchwort erweist, sieht man es der lautlichen Gestalt des fr. Wortes *jugement* nicht an, daß in dieses Wort der Bedeutungsgehalt des lat. *iudicium* in zahlreichen Nüancierungen auf gelehrtem Wege eingedrungen ist. Ebenso hat etwa *sagesse* die Bed. von lat. *sapientia* angenommen usw. Diese semantische Latinisierung ist ein gemeineuropäisches Phänomen und als solches z. B. auch im Dt. zu beobachten.

146. Die lautlichen Buchwörter haben nach ihrer Aufnahme in den rom. Wortschatz durchaus nicht alle späteren Lautwandlungen mitgemacht. Es ist zu beachten, daß das Lateinische (abgesehen vom Balkan) im Romanischen 'omnipräsent' ist, d. h.: einem Großteil der Romanischsprechenden ist das Lat. in irgendeiner Weise — und sei es nur durch die Teilnahme am Gottesdienst — mehr oder weniger geläufig. So kann es vorkommen, daß etwa Lehnwörter wie fr. *esprit* (< spirítum mit mittelalterl. Betonung), *chaste* (< castum) ihr *-s-* in der Aussprache behalten haben, obwohl sie seit dem 12. Jh. belegt (und sicher noch früher ins Frz. übernommen worden) sind und im 13. Jh. ihr *-s-* hätten verlieren müssen (vgl. testa > *teste* > *tête*).

147. Manchmal ergibt sich der interessante Fall, daß ein lat. Wort im Roman. sowohl als Erbwort weiterlebt wie auch als Buchwort aus dem Lat. neu entlehnt wurde. Man nennt solche Doppelformen 'Dubletten' (fr. *doublets*, it. *allòtropi*). Dabei zeigt das Erbwort eine lautgerecht entwickelte Wortform einerseits, manchmal eine selbständig entwickelte Bed. andererseits, während das Buchwort sowohl semantisch wie lautlich sich naturgemäß näher an seine lat. Vorlage hält bzw. eine mit dem Entlehnungsmotiv gegebene fachsprachliche Bedeutungsverengung zeigt. Es stehen sich so als Erb- und Buchwort z. B. gegenüber: Frz. *rançon* 'Lösegeld', *rédemption* 'religiöse Erlösung' (redemptio); *heur* (*bonheur*) 'Glück', *augure* 'Vorzeichen' (augurium); *août* 'Monat August', *auguste* 'hehr' (augustus); *forge*

'Schmiede', *fabrique* 'Fabrik' (fabrica); *frêle* 'zart, gebrechlich', *fragile* 'zerbrechlich, schwach' (fragilis); *hôtel* 'Herberge, Rathaus usw.', *hôpital* 'Krankenhaus' (hospitale); *parole* 'Wort', *parabole* 'Parabel' (parabola); *raide* 'steif, steil', *rigide* 'steif, unbeugsam' (rigidus); *cercueil* 'Sarg', *sarcophage* 'Sarkophag' (sarcophagus); *chétif* 'schwächlich', *captif* 'gefangen' (captivus); *peser* 'wägen', *penser* 'denken' und *panser* 'verbinden' (pensare); *pitié* 'Mitleid', *piété* 'Frömmigkeit' (pietas); *prêcheur* 'Mensch, der gerne Vorhaltungen macht', *prédicateur* 'Prediger' (praedicator); *entier* 'ganz', *intègre* 'unbestechlich, von gerader Gesinnung' (integru); *sevrer* 'entwöhnen', *séparer* 'trennen' (separare); *poison* 'Gift', *potion* 'Arzneitrank' (potione); *serment* 'Eid', *sacrement* 'Sakrament'. Im Ital.: *cagione* 'Ursache', *occasione* 'Gelegenheit' (occasione); *frale* 'gebrechlich, vergänglich', *fragile* 'zerbrechlich (fragile). — Im Span.: *cadera* 'Hüfte', *cátedra* 'Lehrstuhl' (cathedra); *enebro*, *junípero* (wiss. Terminus) 'Wacholder' (iuniperu); *fragua* 'Schmiede', *fábrica* 'Bau, Fabrik'; *malla* 'Masche' und *mancha* 'Fleck', *mácula* 'Makel'; ähnlich: *tilde* 'Tilde' (< afr. *title*), *título* 'Titel' (titulu).

148. Die Tatsache des Vorhandenseins von Buch- und Erbwörtern bringt in das romanische Lexikon eine gewisse Buntheit: es ist jene schriftlateinisch-romanische Kulturpolyphonie, die ein Charakteristikum Westeuropas darstellt (s. § 39); sie ist Kennzeichen einer reichen, Vergangenheit und Gegenwart umspannenden Kultur[1]), eines ausgesprochen historisch orientierten Lebensgefühls, dem die Bewußthaltung oder Erweckung der Vergangenheit in der Gegenwart unentbehrlich geworden ist. Nirgends in der Romania hat diesePolyphonie aber zu einer so krassen Dissonanz wie in Griechenland (δημοτική = [Schriftsprache auf der Basis der] Volkssprache, καθαρεύουσα = historisierende, gelehrte Schriftsprache) geführt[2]). Die Gründe dafür sind hinsichtlich der Romania in der sozial heilsamen wie traditionserhaltenden Rolle des lat. Klerus einerseits (s. § 39), in äußeren Bedingungen (politisch-soziale Kontinuität, Vermeidung der Türkenherrschaft) andererseits zu suchen.

---

[1]) Ebenso beziehen z. B. die Sprachen des modernen Indien ihre Buchwörter aus dem Sanskrit.

[2]) Im Rumänischen hat die Überflutung mit frz. Neologismen (s. § 22) seit dem 19. Jh. ebenfalls eine sprachlich-soziale Kluft entstehen lassen, die gleichfalls die gegenwärtige Auswirkung einer kulturgeschichtlichen Diskonuität ist.

Zweiter Abschnitt: Historische romanische Lautlehre (§§ 149–582)

Erstes Kapitel: Wortakzent (§§ 149–153)[1]

I. Akzentabweichungen des Vulgärlateins gegenüber dem Schriftlateinischen (§§ 149–150)

149. Der Wortakzent liegt im Vlt. und im Roman. in der Regel auf der gleichen Silbe wie im Schriftlat. (z. B. matúru > it. *matúro*, sp. pg. *madúro*, afr. *mëür* usw). Jedoch müssen für das Vlt. u. alle roman. Sprachen folgende (zum großen Teil bereits in der Antike bezeugte) Abweichungen der Akzentstelle gegenüber dem schriftlat. Gebrauch angenommen werden:

1. In der Schriftsprache gilt die Verbindung Kons. + *r* (*muta cum liquida*) nicht als positionsbildend (vgl. § 115), der Akzent liegt also in Wörtern wie ténebrae, íntegrum auf der drittletzten Silbe. Im Vlt. dagegen (und fakultativ von Anfang an auch in der Dichtersprache) gilt diese Konsonantenverbindung als positionsbildend. Es heißt also vlt. (und fakultativ poet.) tenébrae, colúbra (s. § 238), tonítru, intégra, cat(h)édra[2] (> sp. *tiniéblas*, *culébra*, *entéro*, *cadéra*; fr. *couleuvre*, *tonnerre*, *entier*, afr. *chaiere* > nfr. *chaire* usw.[3]).

2. Bestehen *antepaenultima* und *paenultima* aus der Vokalfolge *íĕ*, *íŏ*, *éŏ*, so rückt der Ton im Vlt. auf die *paenultima*. Zur phonet. Erklärung s. § 111. Im Anschluß an die vulgäre Aussprache hat auch die spätantike Dichtersprache diese Betonung erlaubt. Es heißt also vlt. muliére, filiólu, araneóla, Puteóli, linteólu (> sp. *mujer*, *hijuelo*, *arañuela*, *lenzuelo*; südit. *moglięre*, it. *figliuolo*, *ragnuola*, *Pozzuoli*, *lenzuolo*; afr. *moillier*, fr. *filleul*, *linceul*) gegen schriftlat. mulíerem usw.

Durch diesen Akzentwechsel kommt ein kurzer Vokal in die offene Silbe der *paenultima* zu stehen, was nach lat. Betonungsgesetzen (s. § 115) eigentlich unmöglich ist. Wenn solche Formen trotzdem entstanden, so läßt sich dies dadurch erklären, daß zur Zeit

---

[1]) Zur allgemeinen Akzentlehre s. §§ 114 ff.

[2]) Die neuen Tonvokale werden im Vlt. als klt. Kürzen behandelt und demgemäß weiterentwickelt (s. §§ 156 ff.), also klt. ténĕbras > vlt. tenę́bras > sp. *tinieblas* (§ 164) usw.

[3]) Dem entspricht *pullítru (nord-)it. *pulédro*, während fr. *poutre*, kors. *poltro*, sp. *potro* die Akzentuierung *púllitru voraussetzen, die durch den Nom. sgl. *púlliter gestützt worden zu sein scheint.

der Akzentverschiebung das Gefühl für die Vokalquantität bereits geschwunden war (s. § 155). Der Vokal wird im Roman. so gemeinhin als vlt. offener (weil klt. kurzer) Vokal (ę ǫ) behandelt (also filiǫlu > it. *figliuolo*, usw.; s. § 164). In Süditalien dagegen finden sich Spuren dafür, daß hier zur Zeit der Akzentverschiebung das Gefühl für die Quantität noch vorhanden war[1]): lat. filíolus ist nämlich hier in vielen Gebieten zu filiōlus geworden, wobei dann *ō* wie ursprüngliches *ō* zu *ọ* wurde[2]): neap. *figliulo*[3]), *caiọla* 'gabbia' (< caveola). — Zu pariete > parẹte s. § 251.

3. Die Betonung Mércuri (Genitiv von Mercúrius) in der Wochentagsbezeichnung Mércuri dies (rum. *miércuri*, sp. *miércoles*, it. *mercoledì*, kors. *márcuri*, fr. *mercredi*) ist bereits als fakultative lat. Aussprache nach dem Dreisilbengesetz (s. § 115) zu erschließen.

4. Die Endung der 3. plur. des Perfekts -erunt hat — wie auch die Dichtersprache bezeugt — kurzes ĕ[4]), so daß der Akzent nach dem Dreisilbengesetz (s. § 115) vor der Endung liegt, also: díxerunt, fécerunt, fúerunt, míserunt, cantáverunt > cantárunt; vgl. it. *dìssero*, *fécero*, *fùrono*, *mìsero*, *cantàrono*; afr. *distrent*, *firent*, *furent*, *misdrent*, *chantèrent*.

5. Nach den stammbetonten Formen batto, battis usw. (< battuo usw., s. § 251) bildete man einen neuen Infinitiv báttere statt battúere (crédo-crédere); also it. *báttere*, fr. *battre* usw.

6. In den meisten *verba composita*, die im Klt. den Akzent auf der Präposition getragen hatten, führt das Vlt. Stammbetonung ein: recípit (it. *riceve*, fr. *reçoit*), demórat (it. *dimora*, fr. *demeure*), implícat (it. *impiega*, fr. *emploie*), renégat (it. *riniega*, fr. *renie*). Man nennt diesen Vorgang „Rekomposition", d. h. das Bestreben, die Bestandteile des Kompositums durch akzentmäßige Zerteilung des Wortes fühlbar zu machen. So ist es verständlich, daß man teilweise sogar soweit ging, die Vokalqualität des Simplex an die Stelle der in lat. Compositis oft abgeschwächten Vokalqualität des Stammes zu setzen, so: dis-plácet (fr. *déplaît*, it. *dispiace*) statt dísplicet, con-ténet (it. *contiene*, fr. *contient*) statt cón-tinet. — War man sich der Bestandteile des Kompositums nicht mehr bewußt, so unterblieb die Rekomposition: cóllocat (it. *córica*, fr. *couche*, sp. *cuelga*), séparat (fr. *sèvre*). Vgl. noch § 579 ff.

[1]) Wie ja im Gebiet mit sard. Vokalismus die Quantitäten vielleicht vollends lange erhalten blieben, s. § 158.

[2]) Vgl. die Behandlung des im Vlt. monophthongierten au > ọ (§ 243 Anm. 2) und teilweise das ae > ẹ (§ 242).

[3]) Aus ọ wurde hier durch Umlaut *u*, s. § 199.

[4]) Die schriftlat. Aussprache fecērunt beruht höchstwahrscheinlich auf analogischer Beeinflussung durch die Endung -ēre (fecēre), in der *ẹ̄* von Hause aus lang war.

In den aus zwei lat. Wörtern zusammengesetzten frühromanischen Kompositen zieht normalerweise das zweite Wort den zentrierenden Akzent innerhalb des neuen Kompositums an sich: cantáre hábet > cantará(be)t fr. *chanterá*, it. *canterà*, sp. *cantará*. — Jedoch obsiegt manchmal der lange (schallstärkste) Vokal ā des ersten Worts. So entwickelt sich in der gaskogn. Pyrenäenmundart der Haute-Bigorre cantáre hábet zu *cantára* 'er wird singen'. Diese Entwicklung ist dort (wegen des Vokals ā) ursprünglich auf die erste Konjugation beschränkt, hat sich aber in den meisten Orten analogisch auf die übrigen Konjugationen (*mouríra* 'er wird sterben') ausgedehnt (s. Archiv f. d. Stud. d. Neueren Sprachen Bd. 192, 1956, p. 220). — Daß die akzentmäßige Bevorzugung des ersten Wortes an den Vokal ā gebunden ist, zeigen die Fälle dieser Entwicklung in anderen Sprachen: (dies de) cēnā pūrā (statt dies cenae purae [Itala Luc. 23, 54]) sard. *kenápura* 'Freitag' (wobei das Obsiegen des auslaut. -ā von cēnā beweist, daß der Vorgang in die Zeit der lat. Quantitäten zurückreicht [s. § 158 Anm. 1]; das lange ū von pūra scheint daraufhin gekürzt worden zu sein, was zu den beiden folgenden Beispielen stimmt); hā hōra pr. *ara* (mit Elision des *o*), fr. *or* (mit Entwicklung *áo* > *o* wie in aurum *or*); hinc hā hōra fr. *encore*.

150. Nicht Akzentwechsel, sondern Konjugationswechsel liegt vor, wenn mehrere romanische Sprachen (und sicherlich schon das regionale Vulgärlatein) die Infinitivformen respóndere (it. *rispondere*, fr. *répondre*), cadére (it. *cadere*, afr. *cheoir*) statt respondére, cádere usw. zeigen. Siehe dazu die Formenlehre.

II. Akzentabweichungen in den Einzelsprachen (§§ 151–153)

151. Häufig ist die Akzentverschiebung im (primären oder sekundären) Hiat, wo bei der Diphthongbildung der schallstärkere Vokal den Akzent an sich zu ziehen pflegt (s. § 112). So sind u. a. *reíne*, *gaíne* (< regína, vagína) in afr. Zeit zuerst dreisilbig und werden später zweisilbig, wobei der Akzent sich auf den schallstärkeren Vokal verschiebt: *réine*, *gáine* (daraus nfr. [*rẹn*, *gẹn*]). Ähnlich ist die Akzentverlagerung im Span. *réina* < regína, *Diós* < Déus zu beurteilen.

152. Der Akzent der Proparoxytona wird in prov. und nordital. Mundarten manchmal auf die Paenultima verlegt (vgl. § 121): prov. *manéga* < mánica, *perséga* < pérsica (neben *mánga*, *pérsega*), bergamask. *manéga* < mánica.

In frankoprov. und nordital. Mundarten kommt es vor, daß in Paroxytonis die Haupttonvokale geringsten Öffnungsgrades (*i*, *u*, *ü*; s. § 44) den Hauptton zugunsten schallstärkerer Vokale (s. § 90) der Nachbarsilben verlieren: frankoprov. *épna* < espīna, *fárna* < farīna, *dzérna* < gallīna, nordit. (Veltlin) *gálna* < gallīna, frankoprov. *lná* < luna, piem. *fariná* < farīna.

153. Eine andere Quelle der Akzentverschiebung ist die Verkennung von Suffixen oder die analogische Umwandlung von Wortausgängen. So wurde sórex, sóricem (das z. B. in rum. *șoárece*, it. *sórcio* fortlebt) im Galloroman. zu *sórix, *sorīcem umgebildet, daher fr. *souris*, pr. *soritz*. — Das griech. συκωτόν 'mit Feigen gestopfte Leber' wurde im Lat. zu ficatum umgebildet, wobei die Betonung zwischen fícatum (it. *fégato*, sp. *hígado*, fr. *foie*) und ficátum (rm. *ficát*) schwankte.

Im Rm. läßt sich bei Stämmen auf rm. *-ur-* (< lt. -ur- oder -ul-) ein Schwanken zwischen proparoxytonaler und paroxytonaler Betonung feststellen[1]): pópulus *popór* 'Volk' einerseits, matúru *mátur* 'reif' andererseits (vielleicht wegen der Schallstärkegrade, s. § 152).

Zweites Kapitel: Vokalismus (§§ 154–296)

I. Die haupttonigen Vokale (§§ 154–248)

A. Das Vokalsystem des Lateinischen (§§ 154–155)

154. Das Schriftlatein besaß die Vokale

ă ā
ĕ ē *ŏ ō*
ĭ ī *ŭ ū*

und die Diphthonge *ae*, *oe*, *au*[2]). Charakteristisch ist bei den einfachen Vokalen die strenge, phonologisch gültige (s. § 123) Unterscheidung der Quantitäten, die aus dem Indogermanischen ererbt ist: *mălum* 'Übel', *mālum* 'Apfel'; *pŏpulus* 'Volk', *pōpulus* 'Pappel' usw.

155. Das Gefühl für strenge Quantitätenunterscheidung schwand in der späteren Latinität, und zwar vermutlich bereits bei der Ausbreitung des Lat. auf die Sprachgemein-

1) Vgl. S. Pușcariu, Zeitschr. f. roman. Philologie Bd. 27 (1903), p. 741.
2) Zur Aussprache der Diphthonge s. §§ 241 ff.

schaften der ital. Halbinsel, die an andere Vokalsysteme gewöhnt waren[1]) ('Substrat', s. § 30). Es kam zum sog. 'Kollaps' des Quantitätensystems und zur Neuordnung des nunmehr quantitätenlosen Vokalismus.

Die Vokale unterschieden sich nunmehr nur noch durch ihre Qualität. Der Übergang vom Quantitäten- zum bloßen Qualitätensystem ging bereits auf der ital. Halbinsel selbst nicht mehr einheitlich vor sich: er gestattet so einen Einblick in die älteste sprachliche Gliederung der latinisierten Halbinsel und des Imperiums.

B. Die Entwicklung der einfachen lat. Vokale im Romanischen (§§ 156—240)

1. Die urromanischen Qualitätensysteme (§§ 156—162)

a) Das sog. 'vulgärlateinische' System (§§ 156—157)

156. Vermutlich zuerst im oskisch-umbrischen Dialektgebiet (Mittel- u. Süditalien) gewöhnte man sich daran, die lat. Kürzen offen, die Längen geschlossen zu sprechen (s. § 95) und dabei — nach dem Schwund der Quantitäten selbst — das offene į mit dem geschlossenen ẹ, das offene ų mit dem geschlossenen ǫ zusammenfallen zu lassen. Es entstand so das (seit dem 3. Jh. n. Chr. bezeugte, aber wohl ältere) 'italische Qualitätensystem':

klt. Quantität:	ī	ĭ ē	ĕ	ă	ŏ	ō ŭ	ū
		∨				∨	
vlt. Qualität:	ị	ẹ	ę	a	ǫ	ọ	ụ

Diese Aussprache der Vokale setzte sich auch in der Vulgärsprache der Stadt Rom durch und hat sich über einen weiten Raum des westlichen Reichs ausgebreitet. Das 'italische Qualitätensystem' hat im Romanischen folgende geographische Ausdehnung: Mittelitalien, nördl. Teil Süditaliens (Kam-

[1]) Das Problem erheischt noch eingehendere Untersuchung. Über eine erwägenswerte Möglichkeit der Erklärung s. § 241. — Über Spuren der alten Quantitäten s. §§ 149, 163, 472, 157.

panien, Abruzzen, Nord- u. Mittelapulien bis Brindisi, Nordlukanien), Norditalien, Rätoromania, Galloromania, Iberoromania.

Da so — abgesehen vom Rumän. (s. § 161) — alle roman. Schriftsprachen dieses System zur Grundlage haben, spielt es im heutigen Unterricht der romanischen Sprachen eine grundlegende Rolle. Es wird deshalb mißbräuchlich oft als das schlechthin 'vulgärlateinische' Vokalsystem bezeichnet, obwohl feststeht, daß es ein einheitliches vulgärlateinisches Vokalsystem nie gegeben hat (s. § 155) und die im folgenden (§§ 158—162) aufgeführten Systeme von vornherein ein ebenso großes Recht haben, 'vulgärlateinisch' genannt zu werden.

157. Im genannten geographischen Bereich des italischen Qualitätensystems liegen demnach für die weitere Entwicklung (vgl. §§ 163ff.) folgende vlt. Formen zugrunde (Beispielauswahl):

klt. Quantität	vlt. Qualität	Beispiele
ă ā	a	pater, mater (ohne Quantitätsunterschied)
ĕ	ę	fęsta, hęrba, pęde, dęce(m)
ē	ẹ	vẹndẹmia, fẹmina, mẹ(n)sa, ẹsca
ĭ	ẹ	pẹper, nẹve, mẹttere, pẹsce
ī	i̤	fi̤lia, spi̤na, mi̤lle, scri̤ptum
ŏ	ǫ	pǫrta, ǫcto, rǫta, nǫve(m)
ō	ọ	cognọsco, sọle, scọpa, vọce
ŭ	ọ	bọcca, mọsca, nọce, crọce
ū	ụ	ụnu, mụsculu, nụllu

Gewisse Vorgänge des Konsonantismus gehen freilich **noch auf die Periode intakter lat. Quantitäten** zurück. So wird lat. -ll- hinter *naturā* langem Vokal im Nordit., Rätorom., Frankopr. Fr., Pr., Kt. zu *-l-* vereinfacht, während lat. -ll- hinter *naturā* kurzem Vokal (zu diesem Zeitpunkt) als *-ll-* erhalten blieb (und erst sehr viel später im Verlauf der allgemeinen Geminatenkürzung zu *-l-* reduziert wurde). Der Unterschied ist in der weiteren Behandlung der Vokale deutlich festzustellen. Während die Vokale von stēlla > stēla (nordit. obw. *steila*, fr. *étoile*), ōlla > *ōla (afr. *eule*) wie in freier Stellung behandelt werden (§§ 163—185), zeigen etwa capillu (nordit. *cavẹl*, obw. *cavegl*, afr. *chevẹl*) und cōllu (nordit. *cǫl*, afr. *col*) die Behandlung der Vokale wie in gedeckter Stellung. — Vgl. noch § 163.

b) Das archaische System in Sardinien, Lukanien und Afrika (§§ 158–160)

158. In Sardinien faßte das 'italische Vokalsystem' (§ 156) nicht Fuß, vielmehr blieb man anscheinend länger dem lat. Quantitätensystem (§ 154) treu[1]), ohne jedenfalls die Quantitäten durch verschiedene Qualitätsnuancen zu unterscheiden. Schließlich schwanden die Quantitäten freilich auch in Sardinien, dabei fielen entsprechende Quantitäten (z. B. *ī ĭ*) in einer einheitlichen Qualität (z. B. *i*) zusammen. Es entstand das archaische System:

klt. Quantität:	*ī ĭ*	*ē ĕ*	*ă*	*ŏ ō*	*ŭ ū*
	\/	\/		\/	\/
sard. Qualität:	*i*	*e*	*a*	*o*	*u*

Dieses archaische System[2]) liegt vor im Campidanesischen und Logudoresischen (sowie im Nuoresischen), außerdem im Gallu-resischen und im Südkorsischen. Im Nord- und Zentralkorsischen sowie im Sassaresischen hat sich das Vokalsystem — wohl unter dem Einfluß des Toskanischen — stark gewandelt.

159. Das archaische Vokalsystem hat sich — ohne geographische Verbindung mit Sardinien — auch noch in einer verkehrsabgewandten Zone der ital. Halbinsel (Nordrand Kalabriens, Südlukanien) erhalten, und zwar in einem Gebirgsstreifen (Monte Papa, Monte Pollino), der vom Golf von Policastro bis ans Jonische Meer (Agri-Mündung) reicht. — Auch das afrikanische Latein hatte 'sardischen' Vokalismus (§ 158), wie die Grammatiker (Augustin *doctr. christ.* 4, 10; Consentius p. 11, 8. 19, ed. M. Niedermann 1937) und die Reliktwörter im Berberischen (*akiker* < cicer, *ulmu* < ulmu) bezeugen. Auch die lat. Lehnwörter im Bask. (*pike* < pice, *urka* < furca) zeigen 'afrikanisch-sard.' Vokalismus.

160. Beispiele für die Entwicklung der Vokale im Sardischen und Südlukanischen:

---

[1]) Es wäre auch möglich, daß die Sarden die lat. Quantitäten von vornherein nicht recht unterschieden. Aber der Fall *kenápura* (s. § 149) zeigt, daß das Sard. einmal die lat. Quantitäten gesprochen hat.

[2]) Die Qualitäten *e* und *o* werden — je nach den Umlautverhältnissen — offen oder geschlossen ausgesprochen, s. § 193.

Lateinische Quantität	Sardisch	Südlukanisch
ĕ	*bęne, fęle, ęrva* (< herba)	*fęle, ęrva* (< herba)
ē	*kadęna, kęra, męse, fęmina*	*catęna, cręta, cęra, męse, fęmmina, vẹnnęmma* (< vindemia)
ĭ	*nie, pighe, pira, sidis*	*nive, pice, pira, site, pipe*
ī	*filu*	*filu*
ŏ	*bǫna, rǫda, nǫe* (< novem)	*rǫta, nǫve, fǫssa, pǫrta*
ō	*sǫle, iscǫba*	*sǫle, nipǫte, frǫnte*
ŭ	*rughe* (< cruce), *nughe* (< nuce), *puttu* (< puteu), *bukka, furca*	*cruce, nuce, duce* (< dulce), *vucca* (< bucca), *vutte* (< butte)
ū	*muru*	*muru*

c) Das Kompromißsystem in Ostlukanien und im Balkanromanischen (§ 161).

161. Auf dem Boden Süditaliens traten die beiden Vokalsysteme (§ 156 u. § 159) in geographischen Kontakt. Im östlichen Süditalien kam es hierbei zur Ausbildung eines Kompromißsystems derart, daß sich bei den palatalen Vokalen das 'italische System' (§ 156) durchsetzte, während sich bei den velaren Vokalen die klt. Quantitäten wahrscheinlich länger hielten und jedenfalls schließlich ohne Qualitätsunterschied wie im 'archaischen System' (§ 158) verschmolzen[1]):

klt. Quantität:	ī	ĭ	ē	ĕ	ă̄	ŏ	ō	ŭ	ū
Kompromißsystem:	*i*	*ẹ*		*ę*	*a*	*o*		*u*	

[1]) Hieraus sowie aus sonstigen Anzeichen (vgl. § 205: *mucho/estrecho*) kann man schließen, daß auch im Bereich des 'italischen Qualitätensystems' (§ 156) die Aufgabe der klt. Quantitäten und der Übergang zu den vlt. Qualitäten bei den palatalen Vokalen eher vor sich ging als bei den velaren. Das Kompromißsystem hat sich also auf einer älteren Stufe, die es mit dem 'ital. System' gemeinsam hatte, von diesem abgezweigt. Charakteristisch ist die längere Erhaltung der Quantitäten bei den velaren Vokalen, die mit der Tatsache zusammenhängt, daß die Unterscheidung velarer Qualitätsnuancen (*ǫ ọ u*) phonetisch schwieriger ist als die palataler Nuancen (*ę ẹ i*); vgl. auch § 165. — Gewisse Schwankungen zwischen *o* und *u* sind auch im Kompromißsystem nicht zu verkennen: autumna rm. *toamnă*, cote rm. *cute*. Sie sind die ersten Präludien zur (nicht mehr eingetretenen) Zersetzung des Systems. — Vgl. § 375, Anm. 1.

Dieses Kompromißsystem hat sich noch heute in einer Rückzugszone im ostlukanischen Bergland (um Castelmezzano westl. Matera) erhalten. Es ist damit zu rechnen, daß es im Altertum viel weiter verbreitet war und bis an die adriatische Küste reichte. Denn es setzt sich jenseits der Adria im Balkanromanischen fort und liegt heute noch dem rumänischen Vokalismus zugrunde. Beispiele:

Lat. Quantität	Ostlukanisch	Rumänisch
ĕ (>ę)	*sętte, fęle, pẹde*¹)	>*ié* (vgl. § 197): *fiere* (< fẹle), *fier* (< ferru), *piept* (< pectus)
ē (>ẹ)	*stęlla, vennęgna* (< vindemia), *crẹtu, mẹse, cannẹla*¹)	*dẹs* (< densu), *stẹle* (< stellae), *mẹse* (< mensae), *crẹsc* (< cresco), *crẹd* (< credo), *-ẹre* (Inf.)
ĭ (>ẹ)	*lęnga, vęrde, nẹve, pẹpe*¹)	*vẹrde, lẹmn* (< lignu), *nẹgru, cẹrc* (< circu), *plẹc* (< plico)
ī (>i)	*fila* (< filat), *scrittu, -itu, -ita, -í* (-ire)	*fir* (< filu), *scris* (< *scripsu), *-it, -ită, -ire*
ŏ, ō (>o)	*ǫtto, cǫre*¹) *nepọte, sọle*	*pọrc* (< porcu), *cọrn* (< cornu), *-ọs* (< -osu), *nọd* (< nodu), *cunọsc* (< cognosco)
ŭ (>u)	*cruce, nuce, surda, munge* (< mulgere), *furca*	*cruce, nucă, surd, mulge, furcă*
ū (>u)	*luna, unu, muru*	*lună, un, mur*

d) Das sizilianische System (§ 162)

162. In Sizilien, in Kalabrien²), in Südapulien (südl. Brindisi) — d. h. hauptsächlich in einem Gebiet starken griechischen Ad- oder Substrats (s. § 30) — wird die Reduzierung des klt. Quantitäten-

¹) Die Qualitäten der *e* und *o* sind im Ostlukan. sekundär neugeordnet worden: Schließung der freien, Öffnung der gedeckten Vokale (s. § 163).

²) Mit Ausnahme des äußersten Nordrandes, der dem archaischen System angehört (§ 159).

vokalismus so vorgenommen, daß zunächst klt. ē ō mit klt. ĭ ŭ in den Qualitäten *i̜ *u̜ zusammenfallen (statt in den Qualitäten ẹ ọ, wie im 'ital. System'; § 156). Sodann verschmelzen *i̜ *u̜ mit klt. ī ū (> ị ụ) in einheitlichem *i u*:

klt. Quantitäten:	ī	ĭ	ē	ĕ	ă̈	ŏ	ō	ŭ	ū
sizil. Qualitäten:	*i*			*ę*	*a*	*ǫ*		*u*	

Sizilisch-kalabresisch-südapulische Beispiele. — Lat. ĕ: *fęle, sętte,* — Lat. ē: *stilla, crita, cannila.* — Lat. ĭ: *nive, pipe, virde.* — Lat. ī: *filu.* — Lat. ŏ: *ǫttu, cǫre.* — Lat. ō: *nipute, sule.* — Lat. ŭ: *cruce, nuce.* — Lat. ū: *muru.*

2. Die weitere Entwicklung der Vokale in den Einzelsprachen (§§ 163–240)

a) Übersicht über die 'spontane' Entwicklung[1] (§§ 163–185)

α) Freie und gedeckte Stellung als Bedingung der Vokalbehandlung (§ 163)

163. Ursprünglich spielt es für die Entwicklung der Vokale im Romanischen keine Rolle, ob sie in gedeckter oder in freier Stellung stehen. Dieser archaische Zustand ist erhalten im Sardischen, im Iberoromanischen, im Provenzalischen, in den südital. Mundarten des Westens (Latium, Kampanien, Kalabrien, Sizilien), im Balkanromanischen (mit Ausnahme des Vegliotischen).

In anderen Gebieten hat sich dagegen eine verschiedene Entwicklung der Vokale herausgebildet, je nachdem sie in gedeckter oder in freier Stellung standen: während die Vokale in gedeckter Stellung im allgemeinen kurz ausgesprochen wurden und meist keine weiteren Veränderungen durchmachten, wurden sie in freier Stellung gedehnt (vgl. § 96) und in vielen Sprachen und Dialekten schließlich zu Diphthongen zerdehnt (vgl. § 107). Diese Entwicklung findet sich

[1]) Zum Terminus s. § 131.

im Frz., im Frankoprov. sowie in größerem oder geringem Ausmaße im Rätorom., in Norditalien, im Vegliotischen und im Ostteil Süditaliens (Marken, Abruzzen, Apulien[1]), Lukanien), wo die Erscheinung noch in lebendiger Ausdehnung und vielgestaltiger Weiterentwicklung in der Gegenwart von Ort zu Ort beobachtet werden kann: sie ist hier verhältnismäßig jung. Das ältere Einbruchstor von Norditalien her ist in den Marken zu suchen.

Auch das Toskanische (und damit die ital. Schriftsprache) ist von der Erscheinung ergriffen worden, da hier die aus *ę ǫ* unter ursprünglich anderen Bedingungen entstandenen Diphthonge *ié*, *uó* in freier Stellung weitgehend verallgemeinert wurden (s. § 198).

Der archaische Zustand der gleichmäßigen Behandlung in gedeckter und freier Stellung liegt oder lag also ursprünglich vor: im Sardischen und Korsischen, im Gros der Ostromania, in einem konservativen Teilraum der Westromania (Iberoromania, Provenzalisch; s. § 35). Der sekundäre Zustand der unterschiedlichen Behandlung in gedeckter und freier Stellung ist ursprünglich ein Charakteristikum des 'fortschrittlichen' nördlichen Teilraums der Westromania (Gallia Lugdunensis, Raetoromania, Norditalien, s. § 35) sowie eines unmittelbar anschließenden adriatischen Teilraums der Ostromania (Vegliotisch, Marken, Abruzzen, Apulien). — Die ersten Ansätze der Quantitätsscheidung nach freier Stellung (mit langen Vokalen) und gedeckter Stellung (mit kurzen Vokalen) gehen noch auf die Zeit des lat. Quantitätensystems (§ 154) zurück, wie das noch lat. Schwanken zwischen cūpa/cuppa, sūcus/succus, bāca/băcca usw.[2]) zeigt. Im nördlichen Raum der Dehnung freier Vokale (Nordit., Rätorom., Frankopr., Fr.) geht die ererbte lat. Länge unmittelbar in die roman. Dehnungslänge über, wie die Fälle stēlla > stēla, ōlla > *ōla zeigen (§ 157): sie sind aus der Unverträglichkeit eines Langvokals mit geschlossener Silbe (entsprechend den Fällen cūpa/cŭppa) zu verstehen. Während die südlichen Räume (it. *stella*, sp. *estrella*, rm. *oală* < -ll-, sp. *olla*) an der archaischen Unabhängigkeit der Vokalquantität von der Silbenstruktur festhielten, wurde im nördlichen Raum der lat. naturlange Vokal durch Reduktion der Geminate -ll- > -l- unmittelbar in die roman. Dehnungslänge überführt.

---

[1]) Mit Ausnahme des äußersten Südens.

[2]) Vgl. G. Rohlfs, Hist. Gramm. d. it. Sprache, Bd. I 1949, p. 382.

β) Übersichtstafel (§ 164)

Klassisch-lateinische Quantität	ī	ĭ	ē	ĕ	ă	ŏ	ō	ŭ	ū
1. Sardisch	*i*		*ę/ẹ*		*a*	*ǫ/ọ*		*u*	
2. Rumänisch	*i*	*ẹ/eá*		*ié/iá*	*a*	*ọ/oá*		*u*	
3. 'Vulgärlat.' Qualität	ị	ẹ		ę	a	ǫ	ọ		ụ
a) Portugiesisch	*i*	*ẹ*		*ę*	*a*	*ǫ*	*ọ*		*u*
b) Spanisch	*i*	*e*		*ié*	*a*	*ué*	*o*		*u*
c) Katalanisch	*i*	*ę*		*ẹ*	*a*	*ǫ*	*ọ*		*u*
d) Provenzalisch	*i*	*ẹ*		*ę*	*a*	*ǫ*	*ọ(>u)*		*ü*
e) Altfrz. gedeckt	*i*	*ẹ*		*ę*	*a*	*ǫ*	*ọ(u)*		*ü*
e) Altfrz. frei	*i*	*éi(>ói)*		*ié*	*e*	*ué*	*óu(>éu)*		*ü*
Neufrz. gedeckt	*i*	*ę/ẹ*			*a*	*ǫ/ọ*	*u*		*ü*
Neufrz. frei	*i*	*u̯á(ę)*		*i̯ę/i̯ẹ*	*ę/ẹ*	*ö̧/ọ̈*			*ü*
f) Surselv. gedeckt	*ẹ*	*ę*		*ę*	*a*	*ǫ*	*u*		*ẹ*
f) Surselv. frei	*i*	*éi*		*ę*	*a*	*ǫ*	*u*		*i*
g) Ital. gedeckt	*i*	*ẹ*		*ę*	*a*	*ǫ*	*ọ*		*u*
g) Ital. frei	*i*	*ẹ*		*i̯ę́(ę)*	*a*	*u̯ǫ́(ǫ)*	*ọ*		*u*
h) Vegl. gedeckt	*e*	*a*		*i̯a*	*u̯a*	*u̯a*	*a? / o(u)*		*o*
h) Vegl. frei	*ai*			*i*	*u̯ọ (u)*	*u*	*au*		*oi*

γ) Erläuterungen und Beispiele (§§ 165–185)[1]

165. Vorbemerkung: Parallelität im Lautsystem und im Lautwandel. — Die Schicksale der palatalen und der velaren Öffnungsgrade laufen weitgehend parallel: *u* wird weitgehend wie *i*, *ọ* wie *ẹ*, *ǫ* wie *ę* behandelt. Da aber andererseits die Hinterzunge weniger elastisch ist als die Vorderzunge, ist es für die Artikulation schwerer, die Klangdifferenzen der Hinterzungenvokale zur Geltung zu bringen als die der Vorderzungenvokale. So erklären sich gewisse Nichtparallelitäten in der Vokalbehandlung, die auf eine Reduktion

[1]) In den folgenden Beispielreihen können abweichende Formen aus Raumgründen nicht immer erklärt werden. Die abweichenden Formen widersprechen nur scheinbar der Übersichtstafel § 164, da sie besonderen Bedingungen (der konsonantischen Umgebung oder der Silbenstruktur) in der betr. Einzelsprache unterliegen.

der Anzahl der Hinterzungenvokale hinauslaufen: längere Erhaltung der alten Quantitäten der velaren Vokale (vermutlich) in der Gesamtromania (s. § 161, A. 1), Beschränkung auf zwei Velarqualitäten im 'Kompromißsystem' (s. § 161), Ausweichen von *u* nach *ü* (s. § 184).

I Lat. ī (§ 166).

166. Langes klt. ī bleibt im allg. als *ị* erhalten. — Besonderheiten: In gedeckter Stellung wird es im Obw. und Vegl. zu *e* geöffnet[1]). In freier Stellung wird es in Mundarten des östlichen Teils Süditaliens (Marken, Abruzzen, Apulien) zu einem fallenden Diphthong (*iy*, *ei*, *ai*, *oi*) zerdehnt (vgl. § 107); ebenso in rätoroman. und frankopr. Mundarten[2]), wo vielfach der zweite Bestandteil des fallenden Diphthongen zum Verschlußlaut 'verhärtet' wird (s. § 105). Im Vegl. wird vlt. *ị* in freier Stellung zu *ai* diphthongiert, in gedeckter zu *e* geöffnet.

Beispiele: Gedeckt: iscriptu sd. *skrittu*, rm. *scris* (*scrīpsu), pg. sp. *escrito*, kt. pr. afr. *escrit*, nfr. *écrit*, obw. *scret*, it. *scritto*. — mille rm. *mie* (milia), pg. sp. kt. pr. fr. *mil*, obw. *mélli*, it. *mille*, vegl. *mel*. — filia sd. *fidza*, rm. *fie*, pg. pr. *filha*, sp. *hija*, kt. *filla*, fr. *fille*, obw. *feglia*, it. *figlia*, vegl. *fela*.

Frei: filu sd. *filu*, rm. *fir*, pg. *fio*, sp. *hilo*, kt. pr. fr. obw. *fil*, ital. *filo*; Zerdehnung: apul. *fịilə*, *feilə*, *failə*, *foilə*; in zentralbündn. Mundarten und im Oberengad. filu *fikl*, vivu *vikf*, viva *vigva* usw. — -itu, -ita, -ire sd. *-i(δ)u*, *-iδa*, *-ire*; rm. *-it*, *-ită*, *-ire*; vegl. *-áit*, *-ér* (§ 223); pg. sp. *-ido*, *-ida*, *-ir*; kt. pr. *-it*, *-ida*, *-ir*; fr. *-i*, *-ie*, *-ir*; obw. *-iu*, *-ida*, *-ir*; it. *-ito*, *-ita*, *-ire*. — subtilis sd. *suttile*, rm. *supţire*, pg. kt. pr. afr. *sotil*, it. *sottile*. — Vegl. *dáik* < dico, *ráipa* < ripa.

II Lat. ĭ (§ 167).

167. Kurzes klt. ĭ fällt im Sard. mit klt. ī in der Qualität *ị* zusammen (s. § 158). Im Rumän. und in den Sprachen des 'italischen Qualitätensystems' fällt klt. ĭ mit klt. ē in der Qualität *ẹ* zusammen (vgl. §§ 156, 161). Über die weiteren Schicksale in den Einzelsprachen s. §§ 168–170.

Beispiele: Gedeckt: mitto sd. *minto*, pg. *mẹto*, sp. *meto*, pr. afr. *mẹt*, nfr. *mets*, obw. *méttel*, it. *mẹtto*, vegl. *mat* (mittit). — spissu sd. *ispissu*, rm. *spes*, pg. *espẹsso*, sp. *espeso*, kt. *espẹs*, pr. afr. *espẹs*, nfr.

---

[1]) Wegen seiner Kürze (vgl. § 95). Ähnlich in anderen rätor. u. ital. Mundarten.

[2]) Die Neigung zur Verhärtung von Zerdehnungsdiphthongen (vgl. § 105) ist eine der Gemeinsamkeiten zwischen dem Rätorom. und dem Frankoprov, spez. dem Wallis (vgl. § 36).

épais, obw. *spess*, it. *spẹsso*. — illa sd. *iḍḍa*, rm. *eá* (§ 197), pg. *ęlla*(§ 195), sp. *ella*, kt. *ęlla*, pr. *ęla*, afr. *ęlle* (nfr. *ęlle*), obw. *ella*, it. *ẹlla*, vegl. *jala*. — capillu pg. *cabẹlo*, sp. *cabello*, kt. *cabęll*, pr. *cabel*, afr. *chevẹl* (nfr. *cheveu* s. § 217), obw. *cavegl*, it. *capẹllo*. — silva pg. *sẹlva*, sp. *selva*, kt. *sęlva*, pr. it. *sẹlva*, afr. *seuve*, obw. *selva*. — lignu, ligna sd. *linna*, rm. *lemn*, pg. *lẹnha* (§ 204), sp. *leña*, kt. *llẹnya*, pr. *lẹnha*, afr. *legne*, obw. *lenna*, it. *lẹgna*, vegl. *laŋk*. — pisce sd. *piske*, rm. *peşte*, pg. *pẹixe* (§ 204), sp. *pez*, kt. *pẹix*, pr. *pẹis*, obw. *pèsch*, it. *pẹsce*, vegl. *pask*. — virde (§ 282) sd. *birde*, rm. *verde*, pg. it. *vẹrde*, sp. *verde*, kt. *vęrt*, rm. *vẹrt*, fr. *vert*, obw. *verd*.

Frei: site sd. *sidis*, rm. *sete*, pg. *sẹde*, sp. *sed*, kt. *sẹt*, pr. *sẹt*, fr. *soif*, obw. *seit*, it. *sẹte*. — nive sd. *nie*, rm. *nea*, afr. *neif*, *noif*; obw. *neif*, it. *nẹve*, vegl. *nai*; im übr. s. § 238. — fide sp. *fe*, kt. *fę*, pr. *fẹ*, fr. *foi*, obw. *fei*, it. *fẹde*; pg. *fę*. — pilu sd. *pilu*, pg. it. *pẹlo*, sp. *pelo*, kt. *pel*, pr. *pel*, fr. *poil*, obw. *peil*; rm. s. § 239; vegl. *pail*. — pipere sd. *pibere*, kt. *pębre*, pr. *pẹbre*, fr. *poivre*, obw. *pliver*, it. *pẹpe*. — videt sd. *viete*, rm. *vede*, pg. *vẹ*, sp. *ve*, kt. *vęu*, pr. *vẹ*, fr. *voit*, obw. *vesa*, it. *vẹde*. — pice sd. *pighe*, pg. *pẹz*, sp. *pez*, pr. *pẹtz*, fr. *poix*, obw. *peisch*, it. *pẹce*. — pira sd. *pira*, pg. kt. pr. obw. (§ 224), it. *pẹra*, fr. *poire*, vegl. *paira*, sp. *pera*.

III Lat. ē (§§ 168–170).

168. Langes klt. ē fällt im Sard. mit klt. ĕ in einer Qualität *e* zusammen (§ 158), die je nach dem Auslautvokal als *ę* oder *ẹ* realisiert wird (s. § 193). Im Rumän. und in den Sprachen des 'italischen Qualitätensystems' (s. § 156) fällt klt. ē mit klt. ĭ in der Qualität *ẹ* zusammen. Die vlt. Qualität *ẹ* (< klt. ĭ, ē) bleibt im Rumän.[1]), Ital., Prov., Pg. erhalten; im Sp. wird *e* (< vlt. *ẹ*) halboffen ausgesprochen[2]); im Kat. wird vlt. *ẹ* meist zu *ę* geöffnet, da vlt. *ę* zum Diphthong *ie* ausgewichen war (s. dazu § 171).

In einem weiten Bereich (Frz., Frankopr. Rätorom., nordit. Mundarten, Südostitalien, Vegliotisch; s. § 163) hat sich vlt. *ẹ* in gedeckter Stellung anders entwickelt als in freier Stellung. Im einzelnen:

---

[1]) Über das Verhältnis von rum. *e* und *ea* s. § 197.

[2]) Die größere Offenheit des span. *e* (< vlt. *ẹ*) gegenüber dem äußerst geschlossenen pg. it. *ẹ* beruht auf der Tatsache, daß im Span. vlt. *ę* zu *ié* diphthongiert wurde (§ 164) und vlt. *ẹ* so als einzige *e*-Qualität übrigblieb und nicht mehr vom vlt. *ę* unterschieden werden mußte, wie das im Pg. It. der Fall ist. Das gleiche gilt von der Aussprache des span. *o* (< vlt. *ọ*), s. § 179. Hier gab die Diphthongierung von vlt. *ǫ* > sp. *ué* (§ 176) die Möglichkeit, vlt. *ọ* offener auszusprechen.

169. In gedeckter Stellung ist vlt. *ẹ* (< klt. ĭ, ē) im Afr. zunächst noch als *ẹ* erhalten, wird aber schon seit dem 12./13. Jh. zu *ę* geöffnet. Seither (so im Nfr.) ist der Unterschied zwischen afr. *ẹ* (< vlt. *ẹ*) und afr. *ę* (< vlt. *ę*, s. § 172) verwischt. — Im Obw. sowie in vielen rätorom. u. ital. Mundarten wird vlt. *ẹ* ebenfalls zu *ę* geöffnet.

Beispiele (s. auch § 167): ēsca sd. *ęsca*, rm. *iască* (§§ 191, 197), kt. *ęsca*, pr. it. *ẹsca*, afr. *esche*, nfr. *èche* (auch *aiche* geschr.). — stella pg. *estrẹlla*, sp. *estrella*, kt. *estęla*, pr. *estẹla*, it. *stẹlla*; fr. obw. s. § 170; vegl. *stalla*; stellae rm. *stele* — vendere, vendo sd. *bęndere*, pg. *vẹndo*, sp. *vendo*, kt. *vęndre*, pr. *vẹndre*, obw. *vęnder*, it. *vẹndere*; rm. *vinde*, fr. *vendre* (§ 230 ss.); vegl. *vandro*.

170. In freier Stellung wird vlt. ẹ (< klt. ĭ, ē) im Frz., im Frankopr., im Bündnerrom. und Zentrallad., in nordit. Mundarten, in südostital. Mundarten (Marken, Abruzzen, Apulien) zu *ei* diphthongiert. Dieser Diphthong ist in manchen Gegenden wieder (meist zu *ę*) monophthongiert, in anderen Gebieten zu *ai*, *oi* weiterentwickelt worden (vgl. § 105). In einem Teil der rätorom. Mundarten wird der Diphthong *ei* zu *eg* (im Auslaut und vor stimmlosen Kons. zu *ek*) 'verhärtet' (s. § 105): nẹve *nekf*, tẹla *tegla*. — Im Vegliotischen ist das Ergebnis *ai*.

Im Franzischen (und im Ostfrz.) wird *ei* zu *oi* dissimiliert (s. § 106). Hingegen bleiben das Normannische und die westfr. Mundarten bei *ei*, das später vielfach zu *ę* monophthongiert wird. — Im Franzischen wird der Diphthong *ói* frühzeitig als [*óe*] realisiert[1]. Im 13. Jh. verlagert sich der Ton — im Gefolge einer Tendenz zur Beseitigung fallender Diphthonge — auf den zweiten Bestandteil [*oé*]. Ähnlich ist noch die Aussprache der klassischen Zeit [*ų̯ę́*, *ų̯ẹ́*]. Die bereits im 16. Jh. bezeugte volkstümliche Aussprache [*ų̯á*] (vgl. § 102) wird durch die Revolution allgemeingültig. Die Orthographie ist bei *oi* stehengeblieben. In einigen Fällen ist der Diphthong [*ų̯ę*] zu [*ę*] monophthongiert worden (z. B. in der Endung des Impf. -ē(b)ant > *-oient*[2]): in diesen Fällen hat sich die heutige Orthographie für *ai* entschieden (*-aient*), doch schreibt noch das 18. Jh. fast ausschließlich *oi*. — In anderen Fällen (z. B. *craie* < creta, *claie* < *clēta, *falaise* < fränk. *falisa, *rets* < rētes) wird es sich um Lehnlautungen [*ę*] aus dem Normannischen oder anderen westl. Mundarten handeln. — Die geschilderte historische Entwicklung des Diphthongen ist in ihren Hauptstadien durch indirekte oder direkte Zeugnisse belegt. So geht die Aussprache *ói* aus Asso-

[1]) Die diphthongische Bewegung wird also nur angedeutet, nicht bis zu Ende vollzogen, vgl. dt. Laib [*láep*]; s. § 73 Schluß.

[2]) Der Ausgangspunkt des Schwundes des [*ų̯*] scheint in labialen Stammauslauten zu liegen: *avoient*, *devoient* usw. (vgl. auch afr. *avuec* > *avec*, s. § 189).

nanzen hervor, in denen *ói* mit *o* gebunden ist; die Aussprache *oé* und *ué* ist durch Zeugnisse der Grammatiker belegt.

Beispiele (s. auch § 167): velu sd. *bẹlu*, pg. *vẹo* (§ 220), sp. *velo*, kt. *vẹl*, pr. *vẹl*, afr. *voil* (nfr. *voile*), obw. *vel* Buchwort, it. *velo*, vegl. *vaila*. — (hab-)-ēre rm. *-ere*, pg. pr. obw. (§ 224) *-ẹr*, sp. *-er*, kt. *ẹr*, fr. *-oir*, it. *-ẹre*. — (hab-)ēbat rm. *eá*, afr. *-oit* (nfr. *-ait*), obw. *-eva*, it. *-ẹ(v)a*, vegl. *-aja*. — ētum, -ēta[1]) sd. *-ẹdu*, rm. *-et*, pg. *-ẹdo*, sp. *-edo*, *-eda*, kt. *-eda*, pr. *-ẹda*, afr. *-oi*, *-oie* (afr. *-aie*), it. *-ẹto*, *-ẹta*, vegl. *-áit*. — stēl(l)a (§ 157) fr. *étoile*, obw. *steila*. — crēdere, crēdit sd. *crẹ́ere*, rm. *crede*, pg. *crẹ*, sp. *cree*, kt. *crẹure*, pr. *crẹire* (§ 420), fr. *croire*, obw. *crei*, it. *crẹdere*. — tēla sd. *tẹla*, rm. *teară*, pg. *teia*, sp. *tela*, kt. *tẹla*, pr. it. *tẹla*, fr. *toile*, obw. *teila*. — flēbile pr. *frẹvol*, afr. *foible* (nfr. *faible*), it. *fiẹvole* (*iẹ* analogisch [§ 172] statt *iẹ* [§ 341]): 'Phonemkombinationsanalogie', s. § 407).

IV Lat. ĕ (§§ 171—172)

171. Kurzes klt. ĕ fällt im Sard. mit dem Ergebnis von klt. ē in einer *e*-Qualität zusammen, die je nach dem Auslautvokal als *ẹ* oder als *ẹ* realisiert wird (s. § 193). Im Rum. und in den Sprachen des 'ital. Qualitätensystems' (s. § 156) wird es ursprünglich zu offenem *ẹ*. Im Rum. Vegl. u. Span. wird dieses *ẹ* zu *ié* diphthongiert (vgl. § 198), im Katal. meist zu *ẹ* geschlossen (vgl. § 168): wahrscheinlich ist kat. *ẹ* durch Monophthongierung aus *ie* entstanden; s. § 257. Im Pg., Pr., Obw. bleibt es erhalten bzw. unterliegt es den üblichen Umlautbedingungen (§§ 192ss.). Zum Rm. s. § 197.

172. Eine Abhängigkeit der Entwicklung des *ẹ* von der Silbenstruktur (offene oder geschlossene Silbe) findet sich im Frz., im Frankoprov., in norditalienischen Mundarten und im Toskanischen (u. Schriftital.), und zwar wird in diesen Räumen der ursprünglich an andere Bedingungen (s. § 193) gebundene Diphthong *iẹ* in offener Silbe verallgemeinert, während in geschlossener Silbe der Monophthong *ẹ* erscheint[2]). Das Schriftital. und bes. die tosk. Mundarten zeigen noch deutliche Spuren der ursprünglichen Verhältnisse, s. § 198. Im Vegl. wird der für vlt. *ẹ* eingetretene Diphthong *ie* (s. § 171) in freier Stellung zu *i* monophthongiert, in gedeckter Stellung ergibt er *i̯a*.

Beispiele: Gedeckt: ferru sd. *fẹrru*, rm. *fier*, pg. *fẹrro* (§ 274), sp. *hierro*, kt. (§ 223) pr. *fẹrre*, pr. fr. *fẹr*, obw. *fier*, it. *fẹrro*, vegl. *fi̯ar*. — herba sd. *ẹrva*, rm. *iarbă*, pg. *hẹrva*, sp. *hierba*, kt.

[1]) Suffix zur Bezeichnung von Baumansammlungen: arbor-, nuc-, oliv-, salic-, ulmetum usw.

[2]) Seit dem 13. Jh. ist hier im Fr. der Unterschied zwischen *ẹ* (< lat. *ĕ*) und *ẹ* (< lat. *ĭ ē*) verwischt, s. § 169.

hęrba, pr. *ęrba*, fr. *herbe*, it. *ęrba*, obw. *jarva* vegl. *járba*. — pelle sd. *pęḍḍe*, rm. *piele*, pg. *pęlle*, sp. *piel*, kt. *pęll*, pr. afr. *pęl* (nfr. § 218), it. *pęlle*; obw. *pial*, vegl. *pial*. — sella sd. *sęḍḍa*, rm. *șea* (§§ 214, 498), pg. pr. it. *sęlla*, kt. *sęlla*, fr. *selle*, sp. § 204, obw. *siála*. — septem sd. it. *sętte*, rm. *șapte* (§ 214), pg. *sęte*, sp. *siete*, kt. pr. afr. *sęt* (nfr. *sept*, § 428), obw. *siat*, vegl. *s(i)ápto*. — merda sd. pg. kt. pr. it. *męrda*, sp. *mierda*, obw. vegl. *miarda* (§ 196) fr. *merde*. — festa sd. pg. pr. it. *fęsta*, sp. *fiesta*, kt. *fęsta*, fr. *fête*, obw. vegl. *fiasta*. Zum Obw. s. § 196.

Frei: pede sd. pg. pr. *pę*, sp. *pié*, kt. *pęu*, fr. *pied*, obw. *pei* (§ 377), it. *piede*, vegl. *pi*. — petra sd. pg. *pędra*, rm. *piatră*, sp. *piedra*, kt. *pędra*, pr. *pęira* (§ 420), fr. *pierre*, obw. *pędra*, it. *pietra*, vegl. *pitra*. — metu pg. *mędo*, sp. *miedo*, pr. *męt*. — metere pr. *męire*, obw. *męder*, it. *mietere*. — fele (§ 189) sd. *fęle*, rm. *fiere*, pg. kt. pr. *fęl*, sp. *hiel*, fr. *fiel*, obw. *fęl*, it. *fiele*. — mele (§ 189) sd. *męle*, rm. *miere*, pg. kt. pr. obw. *męl*, sp. fr. *miel*, it. *miele*, vegl. *mil*. — bene sd. it. *bęne* (§ 198), sp. *bien*, vegl. *bin*; rm. *bine*; obw. *bein*; pr. *bę(n)*; kt. *bé*; pg. *bem*; fr. *bien*: vgl. §§ 230 ff.

[V] Lat. ă (§§ 173—175)

173. Klt. ă bleibt im Sd., Rm., Pg., Sp., Kt., Pr., Obw., It. als *a* erhalten. Im Vegl. wird es — wie z. B. in abruzz. Mundarten — velarisiert und erscheint in freier Stellung als *ūọ*[1]), in gedeckter Stellung als *ua*.

174. Im Fr. bleibt es in gedeckter Stellung erhalten, während es in freier Stellung zu *e* palatalisiert wird. Die Palatalisierung des *a* in freier Stellung bildet das wichtigste Unterscheidungsmerkmal zwischen dem Fr. und dem Pr. (das mit dem Frankopr. bei *a* bleibt, s. a. § 210). Im Afr. war das aus *a* entstandene *ę* durch seine lange Quantität von dem aus lt. ĕ entstandenen kurzen *ę* (§ 172) und dem aus lt. ĭ ē entstandenen kurzen *ẹ* (§ 169) unterschieden; z. B. *pert* < paret 'er erscheint' mit langem *ę*, aber *pert* < perdit 'er verliert' mit kurzem *ę*. Im Verlaufe der afr. Zeit scheint das lange *ę* (< vlt. a) geschlossene Qualität angenommen zu haben. Im Nfr. sind die Unterschiede der *e*-Qualitäten verwischt, also *mer* < mare wie *perd* < perdit, *lavé* < lavatu wie *pied* < pedem (vgl. auch §§ 127, 186). — Das nfr. Schriftbild sucht durch die Schreibung *ai* manchmal Annäherung an das Lat., z. B. nfr. *aile*, *clair* = afr. *ele*, *cler* (< ala, claru). In Verbalformen ist es im Nfr. oft zu einem Stammausgleich gekommen: nfr. *il lave* nach *laver*, aber afr. regelrecht *leve* < lavat. Ähnlich ist die Bewahrung des *a* in *mal* (altfrz. auch *mel*) zu erklären:

[1]) In sekundären Einsilbern und Oxytonis als *u*.

ursprünglich standen eine haupttonige Form *mel* und eine nebentonige *mal* nebeneinander, diese verdrängte mit der Zeit jene vollständig. Die meisten der Wörter, in denen freies *a* erhalten ist, sind jedoch Buchwörter, z. B. *grade* neben lautgesetzlichem *degré*; *rare*, *avare* (afr. noch erbwörtlich *rer*, *aver*) usw. Das Suffix -ale erscheint in doppelter Gestalt: erbwörtlich als *-el*, gelehrt als *-al*, doch ist die zweite Form dann auch in den volkstümlichen Gebrauch übergegangen, so daß nun beide Formen gleich beliebt sind.

Der Weg der Palatalisierung des freien *a* > *e* ist im Frz. vielleicht über die (nicht belegte) Zwischenstufe **ai* gegangen, die vor Nasal erhalten geblieben wäre (§ 235). Die Monophthongierung von **ai* > *ę* verliefe dann parallel der von *au* > *ǫ* (§ 243).

175. Palatalisierung von *a* > *ę* findet sich außer im Fr. in rätorom. (z. B. im Oberengad.) und oberital. Mundarten, im Ostteil Süditaliens (Marken, Abruzzen, Apulien), sogar in der angrenzenden Toskana (Arezzo). Sie ist in diesen Gebieten manchmal nicht von der freien Stellung, sondern von anderen Bedingungen (z. B. Qualität des Auslautvokals, Nachbarschaft palatらler Konsonanz) abhängig.

Beispiele: Gedeckt: caballu sd. *caḍḍu*, rm. *cal*, pg. *cavalo*, sp. *caballo*, kt. *cavall*, pr. *caval*, fr. *cheval*, obw. *cavagl*, it. *cavallo*, vegl. *kavúl*. — vacca sd. *bakka*, rm. *vacă*, pg. sp. kt. pr. *vaca*, fr. *vache*, obw. it. *vacca*. — parte sd. rm. pg. sp. it. *parte*, kt, pr. fr. obw. *part*, vegl. *pu̯art*. — passu sd. *passu*, rm. *pas*, pg. it. *passo*, sp. *paso*, kt. pr. fr. *pas*, vegl. *pu̯as*. — arbore sd. *árbore*, rm. *árbore*, pg. *árvore*, sp. *árbol*, kt. pr. fr. *arbre*, obw.˙ *árver*, it. *álbero*, vegl. *i̯uárbal*. — caldu (§ 282) sd. *caldu*, rm. *cald*, pg. sp. it. *caldo*, kt. *calt*, pr. *calt*, *caut*; fr. *chaud* (§ 217). obw. *cauld* (s. § 413).

Frei: latus „Seite" rm. *lat*, pg. sp. *lado*, pr. *latz*, afr. *lez* (nfr. *lez* „bei" in ON: *Plessis-lez-Tours*), it. *lato*. — latu „breit" sd. *ladu*, rm. pr. *lat*, fr. *lé*, obw. *lad*, it. *lato*. — (cant-) -atu, -ata, -are sd. *-a(δ)u*, *-aδa*, *-are*; rm. *-at*, *-ată*, *-are*; pg. sp. *-ado*, *-ada*, *-ar*; kt. pr. *-at*, *-ada*, *-ar*; fr. *-é*, *-ée*, *-er*; obw. *-au* (§ 379), *-ada*, *-ar*; it. *-ato*, *-ata*, *-are*, vegl. *-ut*, *-u̯ota*, *-ur*. — mare sd. rm. it. *mare*, pg. sp. kt pr. obw. *mar*, fr. *mer*, vegl. *muǫr* (*mur*). — patre, matre pg. sp. it. *padre*, *madre*; kt. *pare*, *mare*; pr. *paire*, *maire* (§ 420); fr. *père*, *mère*. — sale sd. it. *sale*, rm. *sare*, pg. sp. kt. pr. obw. *sal*, fr. *sel*. — Vegl. *pluk* < placet, *-un* < -anu.

VI Lat. ŏ (§§ 176–178)

176. Kurzes Klt. ŏ fällt im Sard. u. Rum. mit klt. ō (§ 179) in einer *o*-Qualität zusammen, die — je nach dem Auslautvokal — im Sard. als *ǫ* oder *ọ*, im Rum. als *ọ* oder *oa* erscheint (s. §§ 193—197).

In den Sprachen des 'ital. Qualitätensystems' (§ 156) wird klt. ŏ zu offenem vlt. *ǫ*, das im Pg., Kt., Pr., Obw. erhalten bleibt (bzw. den Umlautbedingungen §§ 192—202 unterliegt), im Span. dagegen (über *uo*) zu *ué* diphthongiert wird (vgl. § 198). Auch im Vegl. wurde vlt. *ǫ* generell zu *uo* diphthongiert (s. § 198): das Ergebnis ist in freier Stellung *u*, in gedeckter Stellung *u̯a*.

177. Im Frz., Frankopr., sporadisch in rätorom. (zentralladin.) und oberit. Mundarten, außerdem in der Toskana (ital. Schriftsprache) wird vlt. *ǫ* je nach der Silbenstruktur verschieden behandelt: in gedeckter Stellung bleibt es erhalten, in freier Stellung wird es zu *uó* diphthongiert. Es handelt sich um die gleiche Verallgemeinerung eines ursprünglichen Umlaut-Diphthongen (§ 198), die schon im Falle des Wandels von vlt. *ę* > *ié* festgestellt wurde (§ 172). Dieser Prozeß der Verallgemeinerung läßt sich bes. in nordit. Mundarten noch gut beobachten.

178. Im Afr. ist der Diphthong *uó* zu *ué* dissimiliert worden (s. § 103). Dieser Diphthong *ué* wird im Afr. anfänglich streng vom Diphthongen *eu* (< ō, s. § 182) unterschieden. Später wurden beide Diphthonge zu [ö] monophthongiert, und zwar ohne Qualitätsunterschied[1]). In der Orthographie sind heute altes *ue* und altes *eu* unter *eu* vereinigt; ein Überrest der alten Schreibung *ue* hat sich nach *c* und *g* erhalten, wo es galt, die richtige Aussprache dieser beiden Konsonanten graphisch auszudrücken, daher: *cueille, cercueil, orgueil.*

Beispiele: Gedeckt: collu pg. *cǫlo* (§ 274), sp. *cuello*, kt. *cọll* (§ 204), pr. afr. *cǫl* (nfr. § 217), it. *cǫllo*, vegl. *ku̯al.* — grossu rm. *grọs*, pg. *grọsso* (§ 195), kt. pr. afr. *grǫs* (nfr. § 186), obw. *gries* (§ 196), it. *grǫsso*, vegl. *gruáss.* — fossa sd. pg. kt. obw. it. *fǫssa*, rm. *foasă*, sp. *huesa*, fr. *fosse.* — costa sd. pg. kt. pr. obw. it. *cǫsta*, rm. *coastă*, afr. *cǫste* (nfr. §§ 424, 186). — ossu sd. *ọssu*, rm. *ọs*, pg. *ọsso* (§ 195), sp. *hueso*, kt. pr. afr. *ǫs* (nfr. [*ǫs*; pl. *ọ*]), obw. *ies* (§ 196), it. *ǫsso.* — forte sd. pg. it. *fǫrte*, rm. *foarte*, sp. *fuerte*, kt. pr. fr. *fǫrt*, obw. *forz* (< -is), vegl. *fu̯art.* — porcu sd. *pọrcu*, rm. *pọrc*, pg. *pọrcu* (§ 195), sp. *puerco*, kt. pr. fr. *pǫrc*, obw. *piertg* (§ 196), it. *pǫrco*, vegl. *pu̯ark.* — morte sd. pg. it. *mǫrte*, rm. *moarte*, sp. *muerte*, kt. pr. fr. obw. *mǫrt*, vegl. *mu̯art.* — porta pg. kt. pr. obw. it. *pǫrta*, rm. *poartă*, fr. *porte*, vegl. *pu̯arta.* — portu sd. *pọrtu*, pg. *pọrto*, sp. *puerto*, kt. pr. fr. *pǫrt*, friaul. *puart* (§ 223), it. *pǫrto.* — dormit sd. *dọrmi*, rm. *doarme*, pg. it. *dǫrme*, sp. *duerme*, kt. pr. *dǫrm*, fr. *dǫrt*, obw. *dorma*, vegl. *du̯armi.* — molle sd. *mọḍḍe*, rm. *moale*, pg. it. *mǫlle*, sp. *muelle*, kt. *mǫll*, pr. afr. *mǫl* (nfr. § 217), it. *mǫlle.*

---

[1]) Der Unterschied zwischen offenem [*ǫ̈*] und geschlossenem [*ọ̈*], den das Nfr. kennt, ist von der etym. Grundlage unabhängig, § 186.

Frei: rota sd. pg. kt. pr. obw. *rǫda*, rm. *roată*, sp. *rueda*, afr. *ruede* (nfr. § 137), it. *ruota*. — potet (§ 136) sd. *pǫtet*, pg. *pǫde*, sp. *puede*, kt. pr. *pǫt*, afr. *puet* (nfr. *peut*), obw. *pǫ*, it. *può*(*puote*). — novu sd. rm. *nọu*, pg. *nọvo* (§ 195), sp. *nuevo*, kt. pr. *nǫu*, afr. *nuef* (nfr. *neuf*), obw. *níev* (§ 196), it. *nuovo*, vegl. *nuf*. — novem sd. *noe*, rm. *nouă*, pg. it. *nǫve*, sp. *nueve*, kt. pr. *nǫu*, fr. *neuf*, obw. *nov*, vegl. *nu*(*f*). — morit sd. *mọ́ridi*, rm. *moare*, pg. *mǫrre* sp. *muere*, kt. pr. *mǫr*, afr. *muert* (nfr. *meurt*), obw. *miera*, it. *muore*. — mola rm. *moară*, pg. *mǫ* (§ 385), sp. *muela*, kt. pr. *mǫla*, fr. *meule*. — *core (§ 189) sd. *koro*, kt. pr. *cǫr*, fr. *cœur*, it. *cuore*. — Vegl. *fuk* <focu, *luk* < locu.

VII Lat. ō (§§ 179—182)

179. Langes klt. ō fällt im Sard. u. Rum. mit klt. ŏ in einer *o*-Qualität zusammen, die je nach dem Auslautvokal in verschiedener Gestalt erscheint (s. §§ 193, 197). In den Sprachen des 'ital. Qualitätensystems' (§ 156) fällt klt. ō dagegen mit klt. ŭ in einer vlt. Qualität *ọ* zusammen, die im Pg. Kt. Apr. It. erhalten bleibt. Im Span. wird *o* halboffen ausgesprochen (s. § 168). Im Npr. rückt es auf die infolge des Wandels *u* > *ü* freigewordene Stelle des *u* nach (Schreibung: *ou*), ebenso im Vegl., wo die weitere Entwicklung in freier Stellung *au*, in gedeckter Stellung *u* ergibt. — Beispiele s. §§ 181—182.

180. In einem weiten Bereich (Frz., Frankopr., Rätorom., nordit. Mundarten, Südostitalien; s. § 163) hat sich vlt. *ọ* in gedeckter Stellung anders entwickelt als in freier Stellung. Im einzelnen:

181. In gedeckter Stellung wird *ọ* im Afr. zu *u*, d. h. der Laut rückt in die durch den Wandel *u* > *ü* (§ 184) freigewordene Stelle des *u* ein. Die afr. Schreibgewohnheit schwankt zwischen *o* und *u* (*boche*, *buche*). Seit dem 13. Jh. setzt sich die bequeme Schreibung *ou* (*bouche*) durch, s. § 217. Der Wandel *ọ* > *u* findet sich auch sonst häufig in Gebieten, in denen *u* > *ü* (§ 184) wird, so in rätorom. (z. B. im Obw.) und nordital. Mundarten.

Beispiele (s. auch § 183): olla rm. *oală*, sp. *olla*, kt. *ọlla*, pr. *ọla* (afr. *oule*, s. § 157). — forma (in konkreter Bed., z. B. Schuhleisten) sd. *fǫrma*, pg. *fọrma* (aber als Abstraktum *fǫrma* 'Form': Buchwort), sp. *horma*, kt. pr. it. *fọrma*, afr. *furme* (nfr. *fǫrme* Buchwort), obw. *fuorma* (§ 223), — corte (§ 251) pg. it. *cọrte*, sp. *corte*, kt. pr. afr. *cort*, nfr. *cour*, obw. *cúort* (§ 223). — cognoscere (cognosco) sd. *konǫskere*, rm. *cunoaşte* (*cunosc*) (sp. *conozco*), pr. *conoiser* (§ 425), afr. *cọnoistre* (§ 509), obw. *enconúscher*, it. *conọscere*.

182. In **freier** Stellung wird ọ im Franzischen zunächst zu *ou* diphthongiert, das bald zu *eu* dissimiliert wird (s. § 106). Aus *eu* wird schließlich der Monophthong [*ö*], der auch das Ergebnis von *ue* ist (s. § 178). Diphthongierung zu *eu* liegt auch im Pikard., Champ. und in den südl. Mundarten vor. Im Pik. u. Champ. unterbleibt die Diphthongierung unter bestimmten Bedingungen, s. § 199. Die östl. Mundarten haben *ou* nicht zu *eu* dissimiliert. Das Normannische und die westl. Mundarten zeigen von Anfang an den Monophthongen [*u*] (normann. Schreibung: *u*), der aus älterem *ou* (< ọ) entstanden sein kann, vielleicht aber auch unmittelbar aus ọ hervorgegangen ist (Einrücken auf die durch den Wandel *u* > *ü* freigewordene Stelle des *u*). Die Lautung *u* findet sich auch in rätorom. (z. B. im Obw.) und nordital. Mundarten. — Die Diphthongierung von ọ > *ou* (auch weiter: *au*, *eu* usw.) findet sich noch in rätorom. (hier teilweise mit 'verhärtetem' Diphthong: croce > *krọkš*, *krukš*, s. § 105), nordit. und südostit. (Marken, Abruzzen, Apulien) Mundarten. — Im Vegl. tritt Zerdehnung zu *áu* ein.

Beispiele (s. auch § 183): cote rm. *cute* (§ 161), kt. pr. *cọt*, fr. *queux*, eng. *cut*. — votum, vota pg. kt. *bọda* „Hochzeit", sp. *boda* „id.", pr. *vọt*, fr. *vœu*, it. *vọto*. — sole sd. *sọle*, rm. *soare*, pg. *sọl*, (§ 220), sp. *sol*, kt. pr. *sọl*, it. *sọle*, vegl. *sául*. — scopa sd. *iscọba*, pg. *escọva*, sp. *escoba*, pr. *escọba*, afr. *escouve*, obw. *scua*, it. *scọpa*. — voce sd. *bọghe*, rm. *boace*, pg. *vọz*, sp. *voz*, pr. *vọtz*, obw. *vusch*; kt. fr. § 565ff. — flore sd. *flọre*, rm. *floare*, kt. pr. *flọr*, fr. *fleur*, obw. *flur*, it. *fiọre*; pg. sp. § 341. — (aqu-) -osu sd. *-ọsu*, rm. *-os*, pg. *-ọso*, sp. *-oso*, kt. pr. *-ọs*, fr. *-eux*, obw. *-us*, it. *-oso*, vegl. *-áus*. — Vegl. *serdáur* < sorore.

VIII Lat. ŭ (§ 183)

183. Kurzes klt. ŭ fällt im Sard. u. Rum. mit klt. ū in einer *u*-Qualität zusammen (s. § 158ff.). In den Sprachen des 'ital. Qualitätensystems' (§ 156) trifft sich klt. ŭ dagegen mit klt. ō in einer Qualität ọ. Zur weiteren Entwicklung s. § 179.

Beispiele: Gedeckt: bucca sd. *bucca*, rm. *bucă*, pg. kt. pr. *bọca* (npr. *bouco*), sp. *boca*, *fr. bouche*, obw. *bucca*, it. *bọcca*, vegl. *buka*. — furca sd. *furca*, rm. *furcă*, pg. pr. kt. *fọrca* (npr. *fourco*), sp. *horca*, fr. *fourche*, obw. *fúortga* (§ 314), it. *fọrca*. — dulce sd. *dulche*, rm. *dulce*, pg. *dọce*, kt. *dọls*, pr. *dọls*, obw. *dultsch*, it. *dọlce*; sp. *dulce* Buchwort; fr. § 217. — surdu sd. *surdu*, rm. *surd*, sp. *sordo*, kt. pr. afr. *sọrt*, npr. nfr. *sourd*, obw. *súord*, it. *sọrdo*; pg. *surdo* Buchw. — vulpe sd. *gurpe*, rm. *vulpe*, pr. *vọlp*, obw. *úolp* it. *vọlpe*. — ursus rm. *urs*, sp. *oso*, kt. *o(r)s*, pr. *ọrs*, fr. *ours*, obw. *úɔrs*, it. *ọrso*. — lumbu sd. *lumbu*, pg. it. *lọmbo*, sp. *lomo*, kt. *llom*, pr. *lọmb*. — musca sd. *musca*, rm. *muscă*, pg. kt. pr. it. *mọsca*, sp. *mosca*, fr. *mouche*, obw. *mustga*. — pulvere (*pulvus, *pulvora) sd. *prúere*, rm. *púlbere*, sp. *polvo*, kt. *pọls*, pr. *pọldra*, obw. *puorla* (§ 514), it. *pọlvere*; pg. *pǫ*, fr. § 217.

Frei: gula sd. *bula*, rm. *gură*, vegl. *gáula*, sp. *gọla*, kt. pr. it. *gọla*, fr. *gueule*, obw. *gula*. — lutu sd. *ludu*, rm. *lut*, pg. *lọdo*, sp. *lodo*, kt. *llọt*, pr. *lọt*. it. *lǫto* (mundartl. Lautung). — cruce sd. *rughe*, rm. *cruce*, pr. *crọtz*, obw. *crusch*, it. *crọce*, vegl. *kráuk*; sp. pg. *cruz* Buchwort; kt. fr. §§ 565ff. — nuce (*nuca) sd. *nughe*; pg. *nǫz* und sp. *nuez* unklar; pr. *notz*, obw. *nusch*, it. *nọce* (rm. *nugă*, kt. *nǫga*), vegl. *náuk*.

IX Lat. ū (§§ 184–185)

184. Langes klt. ū bleibt im Sard., Rum., Pg., Kt., Ital. als *ụ* erhalten. Dagegen wird es zu *ü* im Frz., Frankopr., Prov., im Bündnerrom. und einem Teil des Zentralladin., in galloital. Mundarten (Piemont, Lombardei, Ligurien, Westteil der Emilia), auch vereinzelt in Mundarten Süditaliens (Apulien, Lukanien) sowie in pg. Mundarten. Im Obw. (und auch sonst sporadisch) wird *ü* sodann zu *i* entrundet (§ 46); dieses *i* wird im Obw. wie ursprüngliches *i* (§ 166) in gedeckter Stellung zu *e* geöffnet. Im Engad. bleibt *ü* erhalten. — Die Schrift bleibt im Fr. u. Prov. seit ältester Zeit bei *u*, wodurch die Datierung des Wandels, der erst im Laufe des Mittelalters seine heutige geographische Verbreitung erhalten zu haben scheint, erschwert wird. Die Annahme, daß er auf keltischem Substrat beruhe, ist unbewiesen. Da er — außer im Inselkeltischen — auch in vielen anderen Sprachen (z. B. im Griech., Schwed., Albanes.) vorkommt, ist wohl eher 'spontaner' Ursprung anzunehmen: er scheint durch eine Überladung der velaren Qualitätenskala bedingt zu sein (es ist schwerer, Hinterzungenvokale zu unterscheiden als Vorderzungenvokale), wobei ein Ausweichen von *u* nach *ü* die velare Skala entlastet. Die Überlastung der velaren Qualitätenskala scheint bei der Aufgabe der lat. Quantitäten (§ 155) eingetreten zu sein, wo an die Stelle zweier Velarvokale (*o*, *u*) drei traten (*ǫ*, *ọ*, *ụ*), s. § 156[1]). Charakteristisch ist, daß er auch im Vegl. erscheint, das ja dem 'ital. Qualitätensystem' angehört und im Gegensatz zum Rumän. demnach eine Häufung der Velarqualitäten besitzt, die den Anlaß zum Ausweichen des *u* nach *ü* gab. Dies *ü* wirkt im Vegl. auf *k*- palatalisierend (s. § 320), die Lautung *ü* selbst ist im Vegl. zu *oi* zerdehnt

[1]) Beachte das Zögern in der Aufgabe der Quantität bei den Velaren, § 161. Im Wallon. bleibt lat. ū als [*u*] erhalten (plūma *ploume*). Nur im Kontakt mit auslautendem -ī wird es zu [*ü*]: illui *lu* [*lü*]. Diese Bedingung ist vielleicht im Gallorom. die ursprüngliche für die Palatalisierung ū > *ü*; s. Archiv f. d. Stud. d. Neueren Sprachen Bd. 192, 1956, p. 220.

worden (vgl. § 163): ūnu *join*, ūdu *joit*, ūva *joiva*. Der Diphthong neigt in sekundär geschlossener Silbe zur Reduktion: mandūcat *manóŋka* (*-*oika*), ūndecim *joŋko*; ebenso aus dissimilatorischen Gründen hinter Zischlaut: cūlu *ćol*; anguilla *anǵola* quindece *ćoŋko* (§ 346). Die Stufe [*ü*] ist auch hier durch die Palatalisierung von c und g gesichert (s. § 320). Auf hohes Alter des Wandels *u* > *ü* weist auch die Tatsache, daß er überall unabhängig ist von freier oder gedeckter Stellung. Ein Anstoß zur Ausweichung *u* > *ü* scheint vom Griech. ausgegangen zu sein, da die Aussprache *[*kündeke*] für quindecim im Vegliot. (und weiter im balkanisch-adriatischen Raum) offensichtlich phonetischer Gräzismus ist (§ 346) und andererseits [*kündeke*] und *[*külu*] < cūlu sicher gleichzeitige Aussprachestadien darstellen: in beiden Fällen tritt Palatalisierung ein (vegl. *ćoŋko*, *ćol*.)

185. Diphthongierung von *u* in freier Stellung (Ergebnis: *u*ᵘ, *ou*, *au*, *eu*) findet sich im Ostteil Süditaliens (Marken, Abruzzen, Apulien), außerdem in rätorom. Mundarten, wo — wie in frankopr. Mundarten (Wallis) — 'verhärtete' Diphthonge (s. § 105) vorkommen: muru rätor. *mikr*, frankopr. (Wallis) *muk*. Zum Vegl. s. § 184.

Beispiele: Gedeckt: fūste sd. pg. sp. *fuste*, rm. *fuşte*, kt. pr. afr. *fust* (pr. afr. -*ü*-), nfr. *fût*, obw. *fischt*, it. *fusto*. — nūllu, -a sd. *nuḍḍa*, kt. *null*, pr. fr. engad. *nul*, vegl. *noła* (< *nullia).

Frei: duru sd. *duru*, vgl. *doir*, pg. sp. it. *duro*, kt. pr. fr. *dur* (pr. fr. [*ü*]), obw. *dir*. — muru sd. *muru*, rm. *mur*, pg. sp. it. *muro*, kt. pr. fr. *mur* (pr. fr. [*ü*]), obw. *mir*. — cuna sp. *cuna*, obw. *tgina*. — culu sd. *culu*, rm. *cur*, pg. *cú*, sp. it. *culo*, kt. pr. fr. *cul* (pr. fr. -*ü*-), obw. *tgil*, vegl. *ćol*. — (batt-) -utu, -uta, (iunct-) -ura sd. -*uδu*, -*uδa*, -*ura*; rm. -*uta*, -*ută*, -*ură*; pg. sp. -*udo*, -*uda*, -*ura*; kt. pr. -*ut*, -*uda*, -*ura* (pr. -*ü*-); fr. -*u*, -*ue*, -*ure*; obw. -*iu* (§ 379), -*ida*, -*ira*; it. -*uto*, -*uta*, -*ura*; vegl. -*óit*, -*óita*, -*óira*. — pulice sd. *púlighe*, rm. *púrece*, pg. sp. *pulga* (< -ica), kt. *pussa*, fr. *puce*, obw. it. *pulce*. — tu sd. *tue*, rm. pg. sp. kt. pr. fr. it. *tu* (pr. fr. -*ü*-), obw. *ti*, vegl. *tói*. — Vegl. *lóik* < lucet, *króit* < crudu.

b) Bedingungen des Vokalwandels (§§ 186–240)

α) Einfluß der Wortstruktur (§§ 186–191)

[I] Die Stellung des Vokals in der Silbe (§ 186)

186. Für die Entwicklung des Vokals ist in manchen Sprachen von Bedeutung, ob der Vokal im Lat. in gedeckter oder freier Stellung steht. Diese Bedingung des Vokalwandels ist in der Übersicht §§ 163ff. berücksichtigt.

In einigen Sprachen und Mundarten spielt es für die spätere Entwicklung des Vokals aber auch eine Rolle, ob der Vokal in der betr. roman. Sprache in gedeckter oder freier Stellung steht. Dabei ist zu berücksichtigen, daß sich hinsichtlich der Silbengestaltung des Wortes die Verhältnisse infolge Vokal- Konsonanten- und Silbenausfalls (§§ 272ff., 360ff.) gegenüber dem Lat. häufig gewandelt haben: so steht etwa der Tonvokal von lat. bove in offener, der von fr. *boeuf* in geschlossener Silbe.

Am bekanntesten ist die Neuordnung der Vokalqualitäten in der nfr. Schriftsprache: hier sind afr. ę̈ (< lat. a), ę (< lt. ĕ), ẹ (< lt. ĭē) in einer phonologischen *e*-Qualität, afr. *ue* (< lt. ŏ) und *eu* (< lat. ō) in einer phonologischen *ö*-Qualität zusammengefallen (s. §§ 169–183). Die nfr. *e*-Qualität wird nun im Silbenlaut offen ([ę]: *mer*, *mère*, *fête*, *elle*, *aile*, *vert*, *fer*, *herbe*, *miel*), im Auslaut im allg. geschlossen ausgesprochen ([ẹ]: *-é* < -atu, *-er* < -are, *pied* < pede), offen im Auslaut nur dann, wenn der Endkonsonant relativ spät verstummt ist (*t* in *met* mittit) oder wenn eine relativ spät monophthongierte Vokalfolge vorlag (*monnaie*). — Die *ö*-Qualität ist im Auslaut immer geschlossen (*meut*, *veut*, *bœufs*, *œufs*, *-eux*), im Inlaut ist offene oder geschlossene Aussprache durch die Art des folgenden Konsonanten bedingt (offen: *œuf*, *bœuf*, *œuvre*, *fleur*; geschlossen: *-euse*, *meute*[1]). Bei der *o*-Qualität ist im Auslaut nur geschlossene Aussprache möglich (*mot*, *dos*[2]). — Die Entwicklung der fr. Nasalvokale hängt ebenfalls von der fr. Silbenstruktur ab (*un*, *vin*; aber *une*, *épine*, s. §§§ 235–236).

II Die Vokale im Hiat (§ 187)

187. Im Klt. sind die Tonvokale im Hiat kurz, im 'Vlt.' müssen sie also offen sein (§ 156). Die romanische Qualität entspricht diesen Erwartungen weitgehend nicht, da verschiedene Störungen und Ausgleichstendenzen die Qualität beeinflußt haben.

[1]) Daneben gibt es noch Reste älterer Differenzierungen, die von der afr. Silbenstruktur abhängen: *filleul* [-ǫ̈l in geschlossener Silbe], *filleule* [-ọ̈l(ə) in offener Silbe], *meule* [-ọ̈-], *veule* [-ọ̈-]. Die neuere Sprache neigt hier zur Öffnung (so auch in *seule* nach *seul*).

[2]) Im Inlaut gibt es zwei phonologische *o*-Qualitäten: ǫ (*pomme*, *sotte*, *cote*) und ọ (*paume*, *saute*, *côte*), s. § **127**.

Während vĭa im Frz. regelrecht zu vlt. *vẹa* wird (fr. *voie*), ist der Vokal im Ital., Prov., Iberorom. zu *i* erhöht worden: it. pr. sp. pg. *via*. Ebenso *sĭam (statt sīm) afr. *soie* (nfr. *sois*), it. pr. *sia*. Dem entspricht duas (duae) afr. *does*, asp. *dues*, it. *due*; diem hat überall ị: rm. *zi*, it. *dì*, afr. *di*, sp. *dia*. — Vor -ī tritt Harmonisierung (§ 199) von ụ (klt. ŭ) zu ụ ein in vlt. cụi, fụi: afr. it. *cui*, *fui*; rm. *fui*, asp. *fuy* (nsp. *fuí* s. § 151); *dui (statt duo) afr. *dui*. Auch ĕ im Hiat erscheint teils als ẹ (vlt. *mea* > afr. *moie*, rm. *meá*), teils als *i* (it. *mio*, *mia*). Im Fr. läßt sich eine dissimilatorische Öffnung von vlt. ẹ ọ > ę ǫ vor auslaut. -ī, -ŭ feststellen, während vor anderen Auslautvokalen die vlt. Qualitäten ẹ ọ nicht verändert werden: vlt. męum mẹa afr. *mien*, *moie*; *tǫum, tọa afr. *tuen*, *toue*. Auch im Ital. u. Rm. liegen Spuren dieser Behandlung vor: męu rm. *mieŭ*, męi it. *miei*, rm. *mieĭ*; *tǫi it. *tuoi*.

III Die Vokale in Proparoxytonis (§ 188)

188. Die Behandlung unterscheidet sich manchmal von der in Paroxytonis. So werden im Fr. freies vlt. ę und ǫ vor oralen Kons. — wie in Paroxytonis — diphthongiert (tępidu *tiède*, sędica *siège*, pędica *piège*, lępore *lièvre*, jǫvene [§ 238] afr. *juefne*, nfr. *jeune*), vor Nasal[1]) unterbleibt die Diphthongierung dagegen (wie in gedeckter Stellung): generu *gendre*, teneru *tendre*, tremulat *tremble*, comite *comte*, domitat *dompte*. Die anderen Vokale werden im Fr. in allen Fällen wie in gedeckter Stellung behandelt: sapidu *sade*, d(ụ)ọdece *douze*. Die Gründe liegen im allg. in der Chronologie des Lautwandels: die Diphthongierung (bzw. Längung) des Vokals in *piège* liegt also beispielsweise vor der Synkope (vgl. § 286), während *sade* zeigt, daß die Synkope (und damit die Kürzung des Tonvokals) vor dem Wandel des freien *a* > *e* (§ 174) liegt. — Im Ital. zeigen tepidu *tiepido*, Faesulae *Fiesole*, posterula *postierla* die in freier Stellung zu erwartende Diphthongierung. — In Sprachen mit Vokalharmonisierung ist manchmal der Mittelvokal der Proparoxytona für die Qualität des Tonvokals maßgebend, s. §§ 193, 194, 197. Das läßt auf 'fallende' Akzentuierung der Proparoxytona schließen, s. § 121.

---

[1]) In Proparoxytonis ist mit alter Verdoppelung des Nasals zu rechnen (so daß die Silbe geschlossen wurde), wie das Sd. (generu *ghenneru*, homine *ommine*) und südit. Mundarten (*yénneru*, *ómmine*) zeigen.

IV Einsilbige Nomina (§ 189)

189. Konsonantisch endende Einsilber wurden im Vlt. durch ein paragogisches *-e* erweitert[1]), das im Rm. u. It. noch erhalten ist. Der Tonvokal wird demgemäß wie in freier Stellung behandelt, also in den § 163 erwähnten Gebieten gelängt: sal fr. *sel*, it. *sale*; fel rm. *fiere*, it. *fiele*; mel fr. *miel*, it. *miele*; rem fr. *rien*, spem it. *speme*, *spene*; cor it. *cuore*, afr. *cuer* (nfr. *cœur*), asp. *cuer*; tres fr. *trois*, tra(n)s fr. *très*. — Über vokalisch auslaut. Einsilber s. § 190.
Die Entwicklung von hŏc hat zwei Möglichkeiten. Einmal kann das auslaut. -c schwinden: dann tritt ŏ in den Auslaut, wird also gekürzt [§ 190]: ecce hoc it. *ciò*, afr. *ço* (> fr. *ce* wegen späterer Tonlosigkeit), per hoc it. *però*, sp. *péro* (mit späterer Akzentverlagerung). Das auslaut. -c kann aber auch erhalten bleiben und ein paragogisches *-o annehmen. Aus *hǫco wird afr. *-uec* in pro hoc *poruec*, ab hoc *avuec* (nfr. *avec* s. § 170), sine hoc *senuec*.

V Auslaut (§ 190)

190. Im Auslaut einsilbiger Wörter werden die kleineren Öffnungsgrade (i̯ u̯ ẹ) wie in freier Stellung behandelt. me it. *me*, fr. *moi*; quĭd rm. *ce* it. *che*, fr. *quoi*; tu, vgl. § 185, si(c) rm. *și*, it. fr. *si*. Dagegen scheinen auslaut. -a und -ŏ (s. § 189) gekürzt worden zu sein, so daß *a* im Fr. als *a* erhalten bleibt: jam afr. *ja* (nfr. *déjà*). — Im Rm. erscheint -a als *-ă*: da *dă*, fa(c) *fă*, auch dat *dă*, stat *stă*. Wie der Gegensatz zu dabat *da*, stabat *sta* zeigt, ist altes -a gegenüber dem aus -aba- kontrahierten langen *a* nach *-ă* hin ausgewichen. Vgl. das entsprechende Verhältnis von juravit jură und jurabat *jurá*, von juramus *jurăm* und jurabam (sowie jurabamus >) *jurám*, von lavat *lă* und lavabat *la*.

VI Anlaut (§ 191)

191. Im Rum. wird anlautendem *i* oder *e* ein [*y*] vorgeschlagen (das in der üblichen Orthographie nicht ausgedrückt wird): ille *el* [*yel*], ilia *ie* [*yiye*]. Ähnlich im Vegliotischen (auch vor *a-* und *u-*): *i̯ál* < ille, *i̯uárbul* < arbore, *i̯óiva* < uva, *i̯óin* < unu. Vor *u̯á* erscheint auch *g-*: *gu̯apto* < octo. — In südit. Mundarten wird den Vokalen *a, o, u* ein [*γ*], den Vokalen *e, i* ein [*y*] vorgeschlagen: homine > [*γǫmmine*], illu > [*yillu*].

[1]) Die Erweiterung hat flexivische Anlässe: nach *mare*, *maris* bildete man **sale*, *salis* usw. Der parag. Vokal konnte die Klangfarbe *o* des Tonvokals annehmen: cor sard. *kǫro*. Die für afr. *poruec* usw. anzusetzende Form *hoco (s. unten) ist vielleicht als Kenntlichmachung des Ablativs durch die Endung -ō aufzufassen. Vgl. § 561.

β) Harmonisierung (§§ 192–202)

192. Über die Eigenart der Harmonisierung s. § 134. Die altertümlichste Harmonisierung in der Romania ist die Veränderung des Tonvokals durch den einer anderen Silbe angehörenden Auslautvokal (Fernharmonisierung), s. §§ 198–199. In den Gebieten der Romania, in denen die Auslautvokale frühzeitig verdumpft oder in ihrer Qualität verwischt wurden (§§ 272–274), konnte der Auslautvokal seinen Einfluß auf die Qualität des Tonvokals meist nicht behaupten. Die Harmonisierung zeigt sich hier dann nur noch in einem Sonderfall, und zwar dann, wenn der Auslautvokal im Hiatus zum Tonvokal steht und so seine alte Qualität behält (s. §§ 248, 278). Statt der Fernharmonisierung gibt es also dann noch Kontaktharmonisierung (s. §§ 200–201). Von hier aus wird auch die ganz entsprechende Einwirkung eines unmittelbar folgenden Konsonanten oder Halbvokals auf den Tonvokal verständlich, auch hier handelt es sich um Kontaktharmonisierung (s. §§ 204–208). Weiterverbreitet ist sodann die Harmonisierung des Tonvokals durch ein Hiatus -i̯ der folgenden Silbe (s. §§ 201–202).

I Fernharmonisierung (§§ 193–199)

193. Im Sardischen werden *e o* (< lat. ĕ ē, ŏ ō, s. §§ 158) geschlossen ausgesprochen (*ẹ ọ*), wenn in der Auslautsilbe lat. -ĭ oder -ŭ steht; dagegen werden sie offen (*ę ǫ*) ausgesprochen, wenn die Auslautsilbe einen anderen lat. Vokal (-e, -a, -o) enthält. Beispiele:

Lat. ĕ ē: gĕneru *ghẹneru*, cĕntum *kẹntu*, tĕmpus *tẹmpus*, caelu (§ 241) *kẹlu*, vĕni *vẹni*, vĕnit *vẹnit*, vērum *vẹru*, dirēctu *derẹttu*; aber: pĕde *pęδe*, sĕptem *sętte*, dĕcem *dęke*, *quaeret (statt -it) *kęret*, vēndo *vēndes *vēndet (statt -ĭs, -ĭt) *ęndo*, *ęndes ęndet*, catēna *katęna*, crēdere *krędere*, tēla *tęla*.

Lat.: ŏ ō: cŏrpus *kọrpus*, sŏcru *sọkru*, bŏnu *bọnu*, lŏcu *lọku*, nŏvu *nọvu*, nōdu *nọδu*, nōbis *nọis*; aber: ŏcto *ǫtto*, bŏna *bǫna*, nŏvem *nǫve*, nŏva *nǫva*, -ōre *-ǫre*, sōle *sǫle*, cōda (§ 243) *kǫa*. — In Proparoxytonis wirkt der Mittelvokal harmonisierend (vgl. §§ 121, 188): hŏmines *ọmmines*, *cŏrnĭna *kọrrina* 'Messer mit Horngriff'.

194. Auf weiten Gebieten Süditaliens werden vlt. ę ǫ (<ĕ ŏ; s. §§ 159ff.) vor einem -ī oder -ŭ in der Auslautsilbe[1]) harmonisiert, und zwar ist das Ergebnis in einigen Gegenden — wie im Sardischen (s. § 193) — ẹ ọ, in den meisten Gebieten aber der Diphthong *ie* bzw. *uo*.

Beispiele: ventu > *vientu* (*vẹntu*), lectu > *liettu* (*lẹttu*), seru > *sieru* (*sẹru*), nervu > *niervu* (*nẹrvu*); *denti (plur.) > *dienti* (*dẹnti*), *pedi (plur.) > *piedi* (*pẹdi*), aber im Sgl. *dęnte*, *pęde*; collu > *cuollu* (*cọllu*), corvu > *cuorvu* (*cọrvu*), corpu > *cuorpu* (*cọrpu*), focu > *fuocu* (*fọcu*); vetulu, -i > *viecchiu*, *viecchi* (*vẹcchiu*, *vẹcchi*), aber vetula, vetulae > *vęcchia*, *vęcchie*; novu, -i > *nuovu*, *-i* (*nọvu*, *-i*), aber nova, novae > *nǫva*, *-e* (ebenso novem > *nǫve*); nostru, -i *nuostru*, *-i* (*nọstru*, *-i*), aber nostra, -ae > *nǫstra*, *-e*; grossu, -i > *gruossu*, *-i* (*grọssu*, *-i*), aber grossa, -ae > *grǫssa*, *-e*; mortuu, -i > *muortu*, *-i*, aber mortua, -ae > *mǫrta*, *-e* (ebenso mortem > *mǫrte*).

In südit. Mundarten hat in Proparoxytonis der Mittelvokal *-i-* oder *-u-* (auch wenn *-u-* sekundär aus -o- entstanden ist; vgl. § 253) auf den Tonvokal die gleiche harmonisierende Wirkung: pecora (über *-ura*) > *piécura*, pertica > *piértica*, pectine > *piéttine*, persica > *piérsica*, homine > *uómmine* (s. § 188).

195. Im Portugiesischen findet sich die entsprechende Behandlung von vlt. ę ǫ (< klt. ĕ ŏ, s. § 164), das vor auslaut. lat. -ŭ zu *ẹ ọ* geschlossen wird, sonst[2]) dagegen als *ę ǫ* erscheint.

Beispiele: pŏrcu > *pọrco* (aber pŏrcōs > *pǫrcos*, pŏrca > *dǫrca*, pŏrcas > *pǫrcas*), Suff. -ĕllu *-ẹlo* (aber -ĕllōs > *-ęlos*, -ella > *-ęla*, -ellas > *-ęlas*); *grọsso* (aber *grǫssos*, *grǫssa*, *grǫssas*), *mọrto* (aber *mǫrtos*, *mǫrta*, *mǫrtas*; mortem > *mǫrte*). — Dagegen bleiben vlt. ẹ ọ (s. klt. ē, ĭ ō ŭ, s. § 164) als geschlossene Qualitäten erhalten, auch wenn der Auslautvokal -a, -e, -o ist: quētu > *quẹdo*, *quẹdos*, *quẹda*(*s*); tōtu > *tọdo*, *tọdos*, *tọda*(*s*). Freilich ist die reinliche Scheidung von lt. ę ǫ und ẹ ọ in manchen Fällen verwischt worden, so im Suffix -ōsu, das im masc. sgl. regelrecht *-ọso* lautet, während die übrigen Formen analogische Störung zeigen: *-ǫsos*, *-ǫsa*(*s*).

196. Im Rätoromanischen findet sich Entsprechendes. So wird im Obw. vlt. ę vor auslaut. lat. -ŭ[3]) zu *ie* (Auslaut: *i*),

[1]) Über die Erhaltung des auslaut. -ŭ als -ụ im Vlt. s. § 274.
[2]) Zum Unterschied von lat. -ŭ (> vlt. -ụ) und -ŏ (> vlt. -ọ) s. § 274.
[3]) Zum Unterschied von lat. -ŭ und -ŏ vgl. § 274. Daß lat. -ŭ unter den § 274 angegebenen Bedingungen zu vlt. -ụ geworden ist, zeigt der Konsonantismus von porcu obw. *piertg* (<*[*püerčü*]), da die Palatalisierung nur vor *-ü* (<-ụ) eintritt; s. § 320.

vlt. ǫ über *uo, *üö zu *ie* (s. § 184). Dagegen bleiben vlt. ę ǫ vor auslaut. lat. -ō, -a, -e erhalten (bzw. werden später in anderer Weise [gedecktes vlt. ę > *iá*; s. § 172] verändert).

Beispiele: -ĕllu > *-i* (cultellu *cuntschi*, avicellu *utschi*), aber -ĕllōs > *ęls* > *ials* (s. § 172; *cuntials, utschals*); hŏrtŭ > *iert* (aber hŏrtōs > *orts*), ovu > *iev* (aber ovos > *ovs*), mortuu > *miert* (aber mortuos > *morts*), grossu > *gries* (aber grossos *grǫss*, grossa *grǫssa*).

Die gleiche Harmonisierungserscheinung ist spurenweise, besonders vor auslaut. -ī, noch in Oberitalien nachzuweisen; — Auch das Provenzalische zeigt in der Form *ier* (neben *er*) < hĕrī einen alten Harmonisierungsdiphthong.

197. Im Rumänischen finden sich entsprechende, wenn auch im einzelnen verwickeltere Verhältnisse.

Das aus lat. ō und ŏ entstandene *ǫ* (s. § 161) wurde vor auslaut. lat. -ŭ und -ī zum Diphthongen *uo*, der sodann zu *ọ* monophthongiert wurde.

Beispiele: -ōsu *-ọs*, -ōsi > *-ọșĭ* (§ 383), grŏssŭ > *grọs*, grŏssī > *grọși*, pŏrcŭ > *pọrc*, pŏrcī > *pọrci*, ŏssu > *ọs*, nŏstru > *nọstru*, lŏcu > *lọc*, rodunt > *rọd*. Da im Rum. auslaut. lat. -o früh zu *u* wird (§ 272), hat dieses die gleiche Wirkung: ŏctō *ọpt*, cognōsco *cunọsc*, rŏgo *rọg*. — Vor anderen lat. Auslautvokalen (-a, -e) blieb die ursprüngliche Offenheit des *ǫ* (< lt. ō ŏ) erhalten und wurde schließlich — in Anlehnung an die geschlossene Entsprechung *uo* — durch den offenen Diphthong *oá* realisiert (**gruossu*, **groassa*). Beispiele: -ōsa *-oasă*, -ōsae *-oase*, grŏssa *groasă*, grŏssae *groase*, pŏrca *poarcă*, porcae *poarce*, ōlla *oală*, hospes *oaspe*, hoste *oaste*, cognōscere *cunoaște*, -ōre *-oare*, sōle *soare*, *pŏtet *poate*, rŏta *roată*, nostra *noastră*, nostrae *noastre*, mŏla *moară*, cŏquit *coace*, rogat *roagă*, ossa *oase*. — In Proparoxytonis ist der Mittelvokal maßgebend (vgl. § 188): *hŏminī *oámenĭ*, *hǫspĭtī *oáspeț*.

Das aus lat. ĭ und ē entstandene vlt. *ẹ* bleibt im Rum. vor auslaut. lat. -ī und -ŭ erhalten: dirēctu *drẹpt*, dirēcti *drẹpți*, densu *dẹs*, nĭgru *nẹgru*, nĭgri *nẹgri*, circu *cẹrc*, crēdunt *crẹd*. Ebenso vor lat. -o, das zu *-u* geworden war (s. § 272): cresco *crẹsc*, lĭgo *lẹg*. — Vor anderen lat. Auslautvokalen (-a, -e) wird vlt. ẹ zum Diphthong *eá* geöffnet, der im Neurumän. vor auslaut. rum. *-e* wieder zu *e* rückharmonisiert wird: dirēcta *dreaptă*, lĭgat *leagă*, nigra *neagră*, lege *lege* (altrum. noch *leage*), videt *vede* (altrum. noch *veade*), -ĭscit *-ește*.

Das aus lat. ĕ ae entstandene vlt. ę (§ 161) wurde vor auslaut. lat. -ī und -ŭ (sowie vor rum. *-u* < lat. -ō, s. § 272) zu *ie* diphthongiert: fĕrru *fier*, pĕctu *piept*, hĕrī *ierĭ*. Vor anderen Auslautvokalen (-a, -e) wurde ursprüngliches ę in Anlehnung an die geschlossene Entsprechung *ié* durch den offeneren Diphthong *iá* ersetzt, der im Neurum. vor auslaut. *-e* wieder zu *ié* rückharmonisiert wird: pĕtra *piatră*, pĕtrae *pietre* (altrum. noch *piatre*), terra *ţară* (über **ţiară*, s. § 214), perdit *pierde* (altrum. noch *piarde*), fele *fiere*, mele *miere*, equa *iapă*, equae *iepe*. — In Proparoxytonis ist der Mittelvokal maßgebend: pedica *piédecă*, lepore *iépure*, pectine *piéptene* (vgl. § 188).

198. Die §§ 193–197 behandelte Harmonisierung von vlt. ę ǫ mit dem alten Ergebnis *ie*, *uo* oder *ẹ ọ* macht – da sie sich gerade in archaischen Zonen der Romania findet – einen ausgesprochen altertümlichen Eindruck. Sie könnte ursprünglich gemeinromanisch gewesen sein[1]).

Dabei scheint die Verallgemeinerung der Diphthonge *ie*, *uo* für vlt. ę ǫ in jeder Stellung im Sp. (§§ 171, 176), Dalmat. (§§ 171, 176) und in it. (venez., sizil.) Mundarten auf eine frühzeitige Verwischung der Auslautqualitäten (besonders von lat. -ī und -e, -ŭ und -ō) in den betr. Sprachen hinzuweisen (vgl. §§ 272–274). Im Rumän. haben die geschlossenen Harmonisierungsdiphthonge *ié*, **uó* zur analogischen Bildung offener Entsprechungen (*iá*, *oá*) geführt (s. § 197). — Verwischung der ursprünglichen Harmonisierung scheint im Toskanischen (und in der it. Schriftsprache) vorzuliegen: die Diphthongierung wurde hier auf die freie Stellung beschränkt und in dieser — ohne Rücksicht auf den Auslautvokal — verallgemeinert; sgl. *piede* wie plur. *piedi*, fem. *nuova* wie masc. *nuovo*, aber *grǫsso* wie *grǫssa* (s. §§ 172, 177). Spuren der alten Harmonisierungsbedingungen zeigen sich noch im Unterbleiben der Diphthongierung in einigen flexivisch isolierten Wörtern wie *bęne nǫve* < novem (aber *nuove* < novae wie *nuovo* < novu), tosk. *męle*, *fęle* (aber schriftsprachl. *miele*, *fiele*). — Im Kt. scheint Verallgemeinerung des Diphth. *ie* für vlt. ę vorzuliegen (s. § 171).

199. In weiten Gebieten Süditaliens (Neapel, Abruzzen, Kampanien, Lukanien, Apulien) werden vlt. ę ǫ (< ĭ ē, ŭ ō; s. § 156) vor auslautendem lat. -ī oder -ŭ zu *i u* harmonisiert, während bei anderem Auslautvokal (-a, -e, -ō) vlt. ẹ ọ erhalten bleiben: cog-

[1]) Die ursprüngliche (in südit. Mundarten erhaltene) Akzentuierung der Diphthonge scheint *íe*, *úo* gewesen zu sein. In den meisten Gebieten zog dann der offenere zweite Teil den Akzent an sich (*ié*, *uó*). s. § 99. Die monophthongische Harmonisierung (ọ, ẹ) ist vielleicht erst aus der diphthongischen entstanden.

nōscīs *canusci*, rŭssu *russu*, rŭssi *russi*; rŭssa, -ae *rọssa, -e*; nepōte *nipọte*, *nepotī (pl.), *niputi*; sŭrdu, -i *surdu, -i*; sŭrda, -ae *sọrda, -e*; flōre *fiọre*, *flōri *fiuri*; sōlu, -i *sulu, -i*; sōla, -ae *sọla, -e*; plēnu, -i *činu*, *čini*; plēna, -ae *čẹna, -e*; mēnse *mẹse*, *mēnsi *misi*; sị̆ccu, *siccu*, sicca *sẹcca*, vĭride *vẹrde*, *viridi *virdi*. -ōsu *-usu*, -ōsi *-usi*, -osa *-ọsa*, -ōsae *-ọse*, cognōsco *canọsco*.

In einigen Gebieten Süditaliens (Abruzzen, Marken) u. Norditaliens sowie in weiten Bereichen der außerit. Romania (darunter Gallo- und Iberorom.) wird diese Harmonisierung nicht durch auslaut. -ŭ (das also früher verwischt worden ist, s. § 274), sondern nur durch auslaut. -ī bewirkt: vigĭntī pr. *vint*, fr. *vingt*, pg. *vinte*, südit. *vinti* (aber tosk. *vẹnti*); fēci pr. fr. *fis*, sp. *hice*, pg. *fiz* (aber tosk. *fẹci*); (fec-) -ĭstī pr. *-ist*, fr. *-is*, sp. *-iste* (aber pg. *-ẹste*, tosk. *-ẹsti*): cognōv(u)ī afr. *conui*. — In der Nominalflexion ist die Erscheinung im Gallorom. meist rückgängig gemacht worden, also capillī pr. *cabẹl*, afr. *chevẹl* (aber vereinzelt noch apr. *cabil*). S. noch §§ 187, 491.

Im Champagnischen wird die diphthongische Zerdehnung von freiem ọ zu *ou* (> *eu*; s. § 182) durch ein auslaut. lat. -a verhindert, also: sōlu *seul*, sōla *sọle*; nepōte *neveu*, cōda *coe*. (vgl. auch § 224). — Sonstige meist jüngere Harmonisierungserscheinungen lokaler Verbreitung finden sich in vielen romanischen Mundarten.

II Kontaktharmonisierung (§§ 200—202)

200. Vor unmittelbar folgendem lat. u oder vor lat. u, das vom Tonvokal nur durch einen Velar (*k*, *g*) getrennt ist, werden vlt. ẹ ọ im Frz. und Prov.[1]) zu *ié* bzw. *ué* (über **uo*: in pr. Mundarten ist diese Lautung noch erhalten) diphthongiert.

Beispiele: Deu pr. fr. *Dieu*, Matthęu (§ 241) fr. *Mathieu*, danach Andręu (statt Andreas) afr. *Andrieu*, mĕum pr. *mieu* (so auch fr. *mien*), lĕgu̯a fr. *lieue*, trĕgu̯a afr. *trieue*, sĕquo afr. *sieu*, Graecu (§ 241) afr. *Grieu*, fŏcu pr. *fuoc*, *fuec*, lŏcu pr. *luoc*, *luec*, fr. *lieu* (< **lueu*, Dissimilation). Manchmal ist (bes. mundartlich) wieder Dissimilation bzw. Reduktion der entstandenen Diphthonge bzw. Triphthonge eingetreten: afr. *Deu*, *Diu* (neben *Dieu*); fr. *feu* < **fueu*; afr. *leu*, *liu* (neben afr. nfr. *lieu*), jocu, fr. *jeu*. Im Prov. hat sekundäres *u* < lat. v, b (§ 568) die gleiche Wirkung: febre *fieure*, greve (§ 138) *grieu*; novu *nuou*, *nueu*; ovu *uou*, *ueu*; movet *muou*, *mueu*.

[1]) Nicht alle prov. Mundarten nehmen an der in den §§ 200—201 behandelten Diphthongierung teil, also pr. *fǫc*, *lǫc*, *grẹu*, *vendẹi*, *folha* neben *fuec*, *luec*, *grieu*, *vendiei*, *fuelha* usw.

Die Diphthongierung im Kontakt mit *u* scheint eine letzte Spur der alten Diphthongierung vor auslaut. -ŭ (§ 198) zu sein. Bei der Verwischung der Auslautqualitäten blieb die Qualität des auslaut. Hiatus -*u* und des auslaut. -u hinter Velaren in der Tat am längsten erhalten (§ 248), so daß die Diphthongierung des Haupttonvokals unter diesen Bedingungen ihren alten Charakter als Harmonisierung (§ 198) bewahren konnte. Das Frz. scheint sodann die ursprünglich an die Harmonisierung gebundenen Diphthonge *ié*, *ué* in freier Stellung verallgemeinert zu haben (s. § 198). Erste Ansätze zu einer Verallgemeinerung der Diphthonge sind auch im Pr. festzustellen: so bildet man etwa nach dem masc. *nueu* < novu ein fem. *nueva* (neben regelrechtem *nǫva*).

201. Der Kontaktdiphthongierung vor *u̯* (§ 200) entspricht die Kontaktdiphthongierung vor unmittelbar folgendem lat. ī und vor dem in Palatalgruppen (Kons. + i̯, *k* + Kons., s. §§ 451ff., 422, 430ff.) enthaltenen [*y*][1]).

Beispiele: mĕī pr. *miei*, vendĕ(d)i (perf. von vendere) pr. *vendiei*, fr. *vendi(s)*; fĕrio pr. afr. *fier*, mĕreo pr. *mier*, mŏrio pr. *muer* afr. *muir*, pĕjor pr. *pieier* fr. *pire*, trŏja pr. *trueia* fr. *truie*, in ŏdio pr. *enuei* (*enueg*) fr. *ennui*, cŏriu pr. *cuer* fr. *cuir*, lĕctu pr. *lieit* (*liech*) fr. *lit*, pĕctus pr. *pieitz* (*piech*) fr. *pis* „Euter", mĕlius pr. *mielhs* afr. *mielz* > *mieuz* (nfr. *mieux*), mĕdiu pr. *miei* (*mieg*) fr. *mi* (*demi*, *milieu*, *mi-février*), vĕclu pr. *vielh* fr. *vieil*, fŏlia pr. *fuelha* fr. *fueille*, postea pr. *pueissas* fr. *puis* (*posteu), ŏclu pr. *uelh* fr. *ueil*, coxa pr. *cueissa* fr. *cuisse*, nocte pr. *nueit* (*nuech*) fr. *nuit*, sĕx pr. *sieis*, afr. *sis*. — Die Diphthongierung im Kontakt mit *i* scheint eine letzte Spur der alten Diphthongierung, die vor auslaut. -ī (§ 198) eintrat, zu sein. Es gilt das § 200 Gesagte sinngemäß.

202. Die §§ 200–201 behandelte Kontaktharmonisierung ist auf die Westromania (§ 27) beschränkt[2]). Älter und geographisch weiter verbreitet ist die Erhöhung von lat. ē ō zu ī ū vor einer ĭ-Gruppe in bēstia > bīstia > it. *biscia*, ōstium > ūstium > it. *uscio*, fr. *huis*.

γ) Einfluß umgebender Konsonanten (§§ 203–240).

203. Die Einflüsse der Konsonanten sind meist Erscheinungen der Kontaktharmonisierung, vgl. z. B. § 201, wo bereits die in den §§ 204ff. fortgesetzte Behandlung der Einwirkung palataler Konsonanz begonnen wurde.

---

[1]) Durch Hinzutritt des [*y*] entstehen dann die Triphthonge *iei*, *uei*. Sie bleiben im Pr. erhalten, während sie im Fr. früh zu *i*, *ui* reduziert werden.

[2]) Über ihr Vorkommen im (ostrom.) Abruzz. s. Arch. f. d. Stud. d. Neuer. Sprachen 191, 1955, S. 248.

I Einfluß der Palatale (§§ 204—214)

204. Im Kastil. (und in der sp. Schriftsprache), wo vlt. ę ǫ sonst bedingungslos diphthongiert werden (§§ 171, 176), tritt vor palataler Konsonantengruppe (Kons. + i̯, k + Kons.) die Diphthongierung von vlt. ę ǫ **nicht** ein, während in anderen iberorom. Mundarten (Leon., Arag., Katal.) die entsprechend den Verhältnissen des Galloroman. (§ 201) zu erwartende Diphthongierung erscheint.

Beispiele: lectu sp. *lecho* (aber kt. *llit* < *lieit*, vgl. § 201), pĕctu sp. *pecho* (kt. *pit*, arag. leon. *pieito*), sĕx sp. *seis* (kt. *sis*), spĕculu sp. *espejo* (kt. *espill*), ŏclu sp. *ojo* (kt. *ull* < **uell*), fŏlia sp. *hoja* (kt. *fulla*, arag. leon. *fuella*), hŏdie sp. *hoy* (kt. *av-uy*), pŏdium sp. *poyo* (kt. *puig* [*puć*], leon. arag. *pueyo*).

Man wird die eigenartigen kastil. Verhältnisse vielleicht durch die Annahme erklären dürfen, daß vlt. ę ǫ im Kastil. vor Palatalgruppen früh zu ẹ ọ erhöht wurden, so daß sie von der allgemeinen Diphthongierung der verbliebenen vlt. ę ǫ zu *ié*, *ué* (§ 164) verschont blieben. Erhöhung von vlt. ǫ zu ọ vor Palatalgruppe liegt auch im Pg. vor: fŏlia *fọlha*, hŏdie *họje*[1]). Im Pg. ist ọ allerdings die normale Entsprechung des Harmonisierungsdiphthongs *uo* (s. § 198), so daß pg. *fọlha* zu arag. leon. *fuella* u. kt. *fulla* stimmt.

Das heute palatal gesprochene sp. *-ll-* (vgl. § 497) gilt für die Behandlung von ĕ ŏ noch nicht als palatale Gruppe, also castellu asp. *castiello*, collu *cuello*. — Aus *-iell-* ist *-ill-* geworden, indem das *e* zwischen den beiden Palatalen selbst zu *i* erhöht worden ist: nsp. *castillo*, asp. *siella* > nsp. *silla*. — Das Kt. unterscheidet im Vokalismus altes -li̯- (*fulla* < **fuella*) von altem -ll- (*cọll*, mit Erhöhung von vlt. ǫ zu ọ).

205. Im **Span.** u. Pg. wird vor palatalen Gruppen (Kons. + i̯, k + Kons., -lt- [s. § 413]) lt. ŭ zu ụ erhöht (statt zu ọ zu werden, s. § 183).

Beispiele: lucta sp. *lucha* pg. *luta*[2]), a(u)scultat sp. *escucha* pg. *escuta*, multu sp. *mucho* pg. *muito*[3]), ungula sp. *uña* pg. *unha*, pugnu sp. *puño* pg. *punho*, *pluvia sp. *lluvia* pg. *chuva*,

[1]) Im Falle von vlt. ę ist die entsprechende Erhöhung zu ẹ für die ältere Zeit wohl anzunehmen. Im Neupg. ist sie unkenntlich geworden, da *e* vor Palatal besonders stark geöffnet (dissimiliert) wurde. Diese Öffnung betrifft auch vlt. ẹ: pg. *pęito* < *pẹ̆ctu* wie *vęjo* < *video*.

[2]) In diesem Wort findet sich der Vokal ụ auch in afr. *luite* nfr. *lutte* (aber it. *lọtta*).

[3]) Hierher zu rechnen ist wohl auch die Erhöhung von lat. ŭ zu ụ in sulcu sp. *surco* (mundartlich auch *suco*; aber kt. *solc*, it. *sọlco*).

turbi(d)u sp. *turbio* pg. *turvo*[1 2]). Wohl Gallizismus ist pg. *vergonha* (fr. *vergogne* verecundia).

Ähnlich wird vlt. ẹ (< ĭ ē) zu ị erhöht: sēpi̯a sp. *jibia* (§ 472) pg. *siba*, vĭndēmi̯a sp. *vendimia* pg. *vindima*, lĭmpi(d)u[1]) sp. *limpio* pg. *limpo*. Im Falle tĕpi(d)u sp. pg. *tibio* ist sogar vlt. ę (über sp. *ie*, pg. *ę*) zu *i* erhöht worden. Dagegen ist die Erhöhung in strĭctu sp. *estrecho* pg. *estreito* unterblieben.

206. Im Florentinischen (und in der it. Schriftsprache) werden lat ĭ ŭ vor Nasal-Palatalgruppen zu ị ụ erhöht.

Beispiele: pugnu *pugno*, ungere *ungere* (auch *ugnere*), ungula *unghia*, pungere *pungere*, tĭnea *tigna*, vincere *vincere*, fingere *fingere* (s. auch § 417)[3]). Ebenso vor [*ski*] und [*l*]: mĭsculat *mischia*, cĭlium *ciglio*, tĭlia *tiglio*. — In anderen it. (auch tosk.) Mundarten tritt die Erhöhung nicht ein: neap. *ǫgnere* < ŭngere, *tẹglia* < tĭlia usw.

207. Vor [*l*] findet sich Erhöhung auch im Franz.: cĭliu *cil* (aber pr. *celh*, sp. *ceja*), *tĭliu afr. *til*, nfr. diminut. *tilleul* (aber pr. *telh*). — Weiter verbreitet ist die Erhöhung vor Palatalgruppen in bestia, ostium (§ 202), cōgitat > westrom. *cūjdat fr. *cuide* sp. *cuida*, dĭgitu > *dĭjtu > *dītu > it. *dito*, arag. astur. *dido*, kt. *dit* (aber kastil. *dedo*, fr. *doigt*).

208. Mit einem *i*, das in manchen Sprachen palatale Konsonantengruppen vor sich entwickeln (s. § 201), verbindet sich *a* zu einem Diphthong *ái*, der im frühen Afr. (und noch in der nfr. Schreibung) erhalten bleibt, später aber über [*ęi*] schließlich zu nfr. [*ę*] monophthongiert worden ist. Im Pg. wird es zu *ei*, im Sp. zu *e*, im Pr. zu *ai* > *ei*.

Beispiele: lacte fr. *lait* sp. *leche* pg. *leite*, factu fr. *fait* sp. *hecho* pg. *feito*, basiat fr. *baise*, sp. *besa* pg. *beija*, habeo > *ajo[4]) fr. *ai*, sp. *he* pg. *hei*, fraxinu fr. *frêne* sp. *fresno* pg. *freixo*.

Das Suffix -arius (caball-, carbon-, bov-, capr-) hat in rm. *-ariu* it. *-aio* (und *-aro*, s. § 465) sp. *-ero* pg. *-eiro* die zu erwartende Form, während es im Fr. als *-ier* (statt **-air*) erscheint (primariu *premier*, bovariu *bouvier*). Das ist um so auffälliger, als analog gebaute Wörter wie variu *vair*, area *aire* keine Besonderheit auf-

---

[1]) Es wirkt also auch *i* im sekundären Hiat (nach Fall des -d-, s. § 377) erhöhend.

[2]) Da sich im Kt. die Gruppe *-lt-* nicht palatal entwickelt, tritt vor dieser Gruppe im Kt. keine Erhöhung ein: *escolta, molt*; aber: *lluyta, ungla, puny, pluja*.

[3]) It. *vergogna* ist vielleicht Gallizismus, vgl. § 205.

[4]) Vgl. kors. *aju*.

weisen. — Die Erklärung ist offensichtlich in der Tatsache zu suchen, daß -**arius** häufig an i̯-Stämme trat und auch sonst oft hinter Palatalgruppen zu stehen kam: viridi̯ari̯u, *levi̯ari̯u, sorti̯ari̯u, osti̯ari̯u, consili̯ari̯u, *vervecari̯u, porcari̯u, vaccari̯u, arcari̯u, lactari̯u, locari̯u usw. Hier schwand das hinter *r* stehende i̯ durch Palataldissimilation[1]). Das *a* selbst entwickelte sich hinter Palatal regelrecht zu *ie* (§ 209), so daß sich fr. (afr.) *verger* (*vergier*), *léger* (*legier*), *sorcier* (bereits in den Reichenauer Glossen 8. Jh. *sorcerus*), *huissier*, *conseillier*, *berger* (< *bergier*), *porcher* (*-ier*), *vacher* (*-ier*), *archer* (*-ier*), *laitier*, *loyer* usw. ergaben. Die hinter Palatal berechtigte Form *-ier* wurde sodann auf die übrigen Fälle verallgemeinert (*bouvier* wie *bergier* usw.[2])). — Als Französismus ist das Suffix auch ins Pr. und It. gedrungen (pr. *premier* neben der regelrechten einheimischen Form *primeir;* it. *cavaliere* usw.).

209. Palatalgruppen (auch Kons. + i̯) sind eine mehrfache Konsonanz, d. h. sie decken den vorhergehenden Vokal (s. § 93). Dem entspricht die Behandlung im Fr. (s. §§ 164–185):

Vlt. a > *a* (§ 174): rabi̯a > *rage*, api̯a > *ache*, palea > *paille* [*palə*, § 464]. — Vlt. ę > afr. *ẹ* (§ 169): consili̯u > *consẹil* [*el*, § 464], mirabĭlia > *merveille*, sępi̯a > afr. *sẹche* (nfr. meist *seiche* geschrieben). — Vlt. ọ > afr. *ọ* > [*u*] (geschr. *ou*, § 181): rŭbeu > *rouge*, fenuclu > *fenouil*. — Vlt. ị > *i*, u > [*ü*] (§§ 166, 184): filia > *fille*, juliu > *juil* [*ǵüi̯*, § 464], nfr. diminut. *juillet*. — Wenn vlt. ę und ǫ hingegen vor Palatalgruppen diphthongiert werden (s. § 201), so liegt das nicht daran, daß etwa vlt. ę und ǫ vor Palatalgruppen wie in freier Stellung behandelt würden: vielmehr ist diese Diphthongierung durch die Palatalgruppe bedingt und auch in Sprachen verbreitet, die zwischen freier und gedeckter Stellung in der Vokalentwicklung keinen Unterschied kennen (Prov., Iberorom., s. §§ 201—204): es handelt sich um eine Harmonisierungserscheinung, die älter ist als die Unterscheidung zwischen freier und gedeckter Stellung in der Vokalentwicklung (s. § 163).

Mit dem vor palataler Konsonanz entwickelten *i* (s. § 208) verbinden sich die Vokale zu Diphthongen, und zwar ergeben mit *i*:

vlt.	a	ẹ	ọ	u
afr.	*ai*	*ei* > *oi*	*oi*	*ui*
nfr.	[*ę*	*u̯a*	*u̯a*	*ü̯i*]

[1]) Die Richtigkeit der Erklärung wird durch die Tatsache gestützt, daß intęgru sich über **entiei̯ru* durch Palataldissimilation (s. § 135) ebenso zu *entier* entwickelte.

[2]) Vgl. die Verallgemeinerung von *-ien* (*Tyrolien* nach *Parisien* usw.).

Die Entwicklung von *ei* > *oi* > [u̯a] und die von *oi* > [u̯a] geht entsprechend der des Zerdehnungsdiphthongs *ei* > *oi* > [u̯a] vor sich (s. § 170).

Beispiele: Zu vlt. a s. § 208. — Vlt. ẹ: tēctu *teit* > *toit*, cerevĭsia *cervoise*[1]). — Vlt. ọ: vōce afr. *voiz* (nfr. *voix*), angŭstia *angoisse*, dormitoriu *dortoir*. — Vlt. ụ: lūcent *luisent*, ustiu (§ 202) *huis*. — Zu vlt. ę und ǫ vgl. § 201 Anm. 1. — Über die Vokale vor [ñ] s. § 236.

210. Durch vorausgehenden Palatal (< lat. k, g oder < palataler Gruppe) wird freies a im Fr. zu *ie* [i̯é].

Afr. Beispiele: capu(t) *chief*, caru *chier*, capra *chievre*, judicare *jugier*, basi̯are *baisier*, consili̯are *conseillier*, tractare *traitier*, pacare *paiier*[2]), medietate[3]) *meitié* > *moitié*, amicitate[4]) *amistié*, pietate[5]) *pitié*, vindicare *vengier*, tali̯are *taillier*.

Der Diphthong *ié* ist seit dem Ausgang des 13. Jh. hinter Zischlauten [*š*, *ž*], hinter [*l*] und [*ñ*] sowie in den Verbalendungen zu *e* vereinfacht worden, also nfr. *chef*, *cher*, *chèvre*, *juger*, *baiser*, *traiter*, *conseiller*[6]) usw.; aber nfr. mit *ié*: *moitié*, *amitié*, *pitié*. — Zu *chrétien*, *chien* s. § 235 (chronol. Priorität des palatalen Einflusses).

Für die mundartliche Gliederung der Galloromania wichtig ist die Tatsache, daß das Frankoprovenzalische (§ 11) an dieser Behandlung des freien *a* hinter Palatalen (> *ie*) teilnimmt, während es freies *a* unter sonstigen Bedingungen nicht verändert (§ 174). Es stehen sich für freies lt. a gegenüber:

Lat.	Prov.	Frankopr.	Frz.
carricare	*charjar* (*cargar*)	*chargier*[7])	
portare	*portar*		*porter*

[1]) Im Champagnischen wird auch ẹ vor [*l*] zu *o* weiterentwickelt: consĭliu *consoil*, mirabĭlia *mervoille* (franzisch *conseil*, *merveille*).

[2]) Das erste der beiden *i* ist aus dem lt. -k- entstanden, s. §. 398

[3]) Über **mei̯tate* (§§ 293, 456), wobei *t* durch *i̯* palatalisiert wurde.

[4]) Über **amis'tate* (§§ 293, 390), wobei *t* durch *s'* palatalisiert wurde.

[5]) Über **pi̯tate*, wobei nachvokalisches zwischentoniges e (s. § 293) zu *i̯* wurde und das folgende *t* palatalisierte. ('halbgelehrte' Entwicklung).

[6]) Im Afr. ist es strenge Regel, daß z. B. *traitier* und *chanter*, die im Nfr. einen Reim bilden, nicht im Reim gebunden werden können. Dialektisch bleiben die alten Verhältnisse z. T. erhalten oder sind doch in den heutigen Formen noch erkennbar, z. B. wallon. *magnî* '*manger*', aber *tchanter* '*chanter*'.

[7]) Die heutige frankopr. Laut. ist [*tsardzí*]. Zum Frkpr. vgl. noch §§ 260, 275.

211. Der im Frz. hinter Palatal aus freiem a entstandene Diphthong *ie* (§ 210) verbindet sich mit einem folgenden *i* zum Triphthong **iei*, der zu *i* vereinfacht wird (vgl. auch § 201): *jacet* > **jieist* (§ 390) > *gist*, nfr. *gît*; cacat > **chieie* (§ 398) > *chie*.

212. Durch vorausgehenden Palatal wird freies vlt. ẹ im Fr. (wahrscheinlich über den Triphthong **iei*) zu *i*: cēra *cire*, mercēde *merci*, placēre *plaisir*.

213. Tritt im Rum. vor *a* ein *i̯*, so wird *a* zu *e*, wenn die Auslautsilbe ein *e* oder *i* enthält[1]): clave > [*ki̯ai̯e*] > *cheie* [*ki̯ei̯e*] (vgl. § 341), taliare > *tăiere* [*təi̯ere*] 'das Schneiden' (aber apokopierter Inf.: *tăiá* 'schneiden').

Das Wort i̯anua (logud. *yanna*, kalabr. *yánna*; pg. *janela* 'Fenster' < -ella) hat eine Nebenform *i̯enua (kalabr. *yenna*, campid. *enna*), die eine Erhöhung von i̯a- zu i̯e- zeigt (vgl. § 259).

214. Im It. wird der erste Bestandteil des Diphthongen *ie* durch vorausgehenden Zischlaut aufgesogen, ebenso im Rm. der erste Bestandteil der Diphthonge *ié*, *iá*, *eá*: caelu (§ 241) it. *cielo* [*čęlo*] rm. *cer*, gelu it. *gelo* rm. *ger*, gemere it. *gemere* rm. *geme*, quaerit rm. *cere* (§ 346), sagĭtta rm. *săgeată* [*səǵatə*], cēpa rm. *ceapă* [*ćapə*], sex(em) septem rm. *şase şapte*. Im Rm. hat auch [*ts*] diese Wirkung: terra > *[*tsierra*] > *[*tsiarra*] > *ţară* (s. §§ 197, 309).

II Einfluß der Velare (§§ 215–222)

215. Das aus *l* vor Kons. entstandene *u* (§ 413) geht mit dem vorhergehenden Vokal eine diphthongische Verbindung ein, die in den einzelnen betroffenen Sprachen zu verschiedenen Resultaten führt (§§ 216–220).

216. Im Span. wird a + l vor Kons. in einigen Wörtern (s. § 413) über *au* zu *o*: alteru *otro*, saltu 'Wald' *soto*, calce *coz*, talpa (*-u) *topo*. Im Pg. ist die Zwischenstufe *ou* erhalten: *outro*, *souto*, *couce*.

217. Im Afr. bleiben die aus (vlt. gedecktem) Vokal + *l* vor Kons. entstandenen Diphthonge *au*, *ǫu*, *ọu*, *ęu* zunächst erhalten: alteru *autre*, altu *haut*, alba *aube*; pŏllice *pǫuce*, cŏl(a)p(h)u *cǫup*, fŏllis *fǫus*; multu *mọut*, pulsat *pọusse* pulvere *pọudre*, dulce *dọuz*; ĭllos *ęus*, capĭllos *chevęus*. Seit dem 13. Jh. werden *ọu* und *ǫu*[2]) zu

---

[1]) Die Verbindung *i̯á* wird also behandelt wie ein Diphthong, vgl. § 210.
[2]) Im Pikard. wird *ǫu* zu *au*: *cǫup* > *caup*, *sŏl(i)dos* > *sǫus* > *saus*.

[*u*][1]), *eu*[2]) zu [*ö*] monophthongiert. Im 16. Jh. endlich erreicht auch *au* über die Zwischenstufen [*ǫu, ọu*] die monophthongische Lautung [*ọ*]. Die Graphie ist bei der alten Schreibung (*coup*, *eux*, *autre*) geblieben[3]).

218. Eine besondere Entwicklung nimmt im Fr. der aus (vlt. gedecktem) *ę* + *l* vor Kons.[4]) entstandene Diphthong *ęu*: zwischen den beiden Diphthongbestandteilen entwickelt sich ein Gleitlaut *a*, der bald — als schallstärkstes Element (§ 99) — den Akzent an sich zieht: *ę́u* > *ę́au* > *eáu*. Im Franzischen schwindet sodann der erste Bestandteil des Triphthongen allmählich, die weitere Entwicklung geht der des Diphthongen *au* (§ 217) parallel. Das Ergebnis ist seit dem 16. Jh. [*ọ*], die Graphie bleibt bei *eau*: fränk. hęlm(u) *hęlme* > *hęume* > *heaume*, bellus und bellos > *beaus* (aber bellu und belli > *bel*, s. Anm. 4), appellet *apeaut* (aber appello *apel*), -ellus, -ellu, -elli, -ellos, -ella, -ellas > (*chast-*) *-eaus*, *-el*, *-el*, *-eaus*, (*chap-*) *-ele*, *-eles*. Dies sind die afr. Verhältnisse; das Nfr. hat verschiedene Ausgleichungen eintreten lassen, beim Nomen in der Regel nach *-eau* (*le château*). — Mundartlich, so im Pikard. und Champagn., wird der erste Bestandteil des Triphthongen zu *i* erhöht (vgl. § 102), so daß *iau* entsteht: *biaus*, *chastiaus*[5]).

219. Auch vlt. freie Vokale können — nachdem sie die normalen Veränderungen freier Vokale (§§ 164—185) mitgemacht haben — durch den fr. Schwund der Auslautvokale (§ 272) vor die Gruppe *l* + Kons. zu stehen kommen. Hierbei entwickelte sich zwischen dem langen geschlossenen afr. *ē* (< vlt. *a*, § 174) und dem *u* ein Übergangslaut *ę*, der den Akzent an sich zog, worauf das erste Element des Triphthongen zu *i* geschlossen wurde (vgl. Ähnliches in § 102). Das Ergebnis ist *ieu*: palus und palos > *pieus*[6]), talis und tales > *tieus*, hospitalis > *ostieus*[7]). — Entsprechend ent-

---

[1]) Das aus *l*-Verbindungen entstandene *ǫu* (dulce *dǫuz*) unterscheidet sich von diphthongiertem *ǫu* (> *eu*: duos *deus*, s. § 182).

[2]) Im Champagn. wird *ęu* > *au*: illos > *aus*.

[3]) Nach erfolgter Monophthongierung der alten Diphthonge *ǫu*, *ọu* zu [*u*] konnte die Graphie *ou* für jede Lautung [*u*] angewandt werden, auch wenn nie ein Diphthong vorgelegen hatte: *bouche*, s. § 181. Man wich so vor der Vieldeutigkeit der Graphie *u*, die auch als [*ü*] gelesen werden konnte (§ 184), aus.

[4]) Die Gruppierung entsteht im Fr. besonders häufig durch Ausfall des Auslautvokals: bęllus > *tęls*, s. §§ 272, 506. Folgt auf den lat. Auslautvokal kein Kons., so bleibt *l* als Zungenspitzenlateral bis heute erhalten: bĕllu > *bel* (z. B. *bel esprit*). — Die Entwicklung *ęu* > *ęau* zeigt 'Sprossvokal', s. § 513.

[5]) Diese Lautung erscheint z. B. bei Molière als bäurische Aussprache im Munde der Dienstmädchen (Femmes Sav. 2, 6 *tous vos biaux dictons*).

[6]) Aber palu und pali > *pel*. Im Nfr. hat sich die nach dem Plur. *pieux* gebildete analogische Singularform *pieu* durchgesetzt.

[7]) Aber tale > *tel*, hospitale > *ostel*. Im Nfr. sind nur noch die analog. Pluralformen *tels*, *hôtels* üblich.

wickelt sich (wohl mundartlich) zwischen *i* und *u* ein Übergangslaut *e*: axiles > *aissieus* (nfr. auch im Sgl. analogisch *essieu*). Im Franzischen scheint dagegen das *l* im *i* aufgegangen zu sein: filịus > *fils* [*fis*] neben mundartlichem *fius*, *fieus*. — Der Diphthong *ie* (< vlt. ę, § 172) verbindet sich mit *u* zum Triphthongen *ieu*: caelos (§ 241) *cieus* (nfr. *cieux* geschrieben; caelu ergibt regelrecht *ciel*). — Der Diphthong *ue* (< vlt. ǫ, § 201) verbindet sich mit *u* zum Triphthongen **ueu*, der zu *ieu* dissimiliert wird (s. auch § 200[1]): oculos *uelz* > *ueuz* (§ 508) > *ieuz* (nfr. geschrieben *yeux*[2]).

220. In anderen Sprachen entwickeln sich ebenfalls Übergangslaute vor *l* (auch wenn dieses nicht bis zu *u* fortgeschritten ist), so besonders in prov. und rätorom. Mundarten: im Prov. zwischen *i* und *l* (filu neupr. *fieu*, *fial*), im Bündnerrom. zwischen *e* und *l*, wobei der erste Bestandteil zu *i* geschlossen wird (s. § 218[3]): avicellos obw. *utschials*. — Im Pg. wirkt auslaut. velares *-l* (s. § 569) öffnend: *sǫl*.

221. Im Prov. entwickelt sich zwischen *i* und *u* ein Übergangslaut *e*: ri(v)u > *riu* > *riéu*, vīvit > apr. *viu* (§ 565) > npr. *viéu*. — Im Pr. wirkt sekundäres (aus -v- entstandenes, s. § 565) auslautendes *u* auf den Tonvokal diphthongierend, s. § 200.

222. Aus aqua wurde im Afr. *ewe* (neben *aive*, § 483), woraus später *eaue* (mit Übergangslaut wie in *beaus*, § 218), nfr. *eau* f. entstand.

III Einfluß des *r* (§§ 223—229)

223. Der Zungenspitzenvibrationslaut *r* wird mit flacher (gestreckter) Stellung des Zungenrückens gesprochen (§ 85). Er hat deshalb auf benachbarte Vokale gern öffnende Wirkung.

224. Durch folgendes *r* wird im Champagn. die Diphthongierung von freiem ọ (> *ou* > *eu*, s. § 182) verhindert: flore > *flor*, dolore > *dolor*. Die Wirkung des *r* ist also im Champagn. die gleiche wie die des *a* (§ 199). — Im Obw. wird durch folgendes *r* die Diphthongierung von freiem *e* zu *ei* verhindert: (hab-)-ere > (*av*)-*er*.

225. Vom 13. bis zum 16. (bes. im 15.) Jh. ist im Fr. die Neigung festzustellen, *e* vor gedecktem *r* zu *a* zu öffnen: lacrima > *lairme* > *lerme* (§ 208) > *larme* (seit 13. Jh.), perdit > *pert* > *part*, virga

[1]) Das Champagnische entwickelt *ieu* zu *iau* weiter: *oculos* > *iauz*.
[2]) Dagegen *oculu* regelrecht *ueil* (nfr. geschrieben *oeil*). — Zu fr. *feu*, *lieu*, *jeu* s. § 200.
[3]) Zwischen *i* und *l* sowie zwischen ę und *l* entwickelt sich im Bündnerrom. der Übergangslaut nicht, weil *l* durch diese Vokale selbst palatalisiert wird: aprile *avregl*, capilli > *chiavegl*.

> *verge* > *varge*, firmas > *fermes* > *farmes*. Im 16. Jh. tritt ein Schwanken zwischen *er* und *ar* (vor Kons.) ein. In den meisten Fällen behielt die alte Lautung *er* die Oberhand (nfr. *perd*, *verge*, *fermes*), manchmal auch die Lautung *ar* (nfr. *larme*, *boulevard* < niederl. *bolwerk*). Das Schwanken hat in einigen Wörtern zum Ersatz der alten (etymologischen) Lautung *ar* durch *er* geführt: carne *charn* > *char* (§ 571) > *cher* (nfr. geschrieben *chair*), fränk. **garba* > *jarbe* > *gerbe*, asparagi (buchwörtlich) > *asparge* > *asperge*.

226. In ostfrz. Mundarten wird [*ü*] vor *r* zu [*ö*] geöffnet. Aus einer dieser Mundarten stammt nfr. *beurre* (afr. *burre* < *bútyru*).

227. Im Fr. entwickelt sich seit dem 13. Jh. zwischen *i* und gedecktem *r* ein Übergangslaut *e*: virgine (buchwörtlich) > *virge* > *vierge*, cereu > *cirge* (§ 212) > *cierge*. Ähnlich im Npr.: *myrrha* (buchwörtl.) > npr. *mierro*.

228. Aus der Schwierigkeit, hinter *r* den palatalen Halbvokal i̯ zu sprechen, erklärt es sich, daß im Ital. und Rum. der Diphthong *i̯e* (< lat. ĕ, § 164) zu *e* reduziert wird: precat it. *prega*, greve (§ 138) it. *greve*, rm. *greŭ*, pretiu rm. *preț*. Ebenso wie *ia zu a*: praeda *pradă* (s. §§ 241, 197).

229. Im Rm. macht sich die öffnende (bzw. velarisierende) Wirkung des anlaut. r oder des inlaut. -rr- auf folgende geschlossene palatale Vokale so bemerkbar, daß i zu *î*, *e* zu *ă* wird: ripa *rîpă*, ridet *rîde*, rivu *rîu*, reu *rău*. — Folgt ein Nasal, so wird **ă* zu *î* geschlossen (vgl. § 231): currendo *curînd*.

IV Einfluß der Nasale (§§ 230–237)

230. Es gibt im Romanischen zwei Arten der Beeinflussung eines Vokals durch einen folgenden Nasalkonsonant (m, n): Änderung des Öffnungsgrads (s. § 46) und Nasalierung (Vorwegnahme der Senkung des Gaumensegels, s. § 46, 133).

Schon in Inschriften der Kaiserzeit läßt sich die Tendenz beobachten, die Vokale (besonders *o*) vor Nasal zu schließen (frunte, punere). Diese Tendenz wird in weiten Gebieten der Romania fortgesetzt.

231. Im Rum. werden vor freiem oder gedecktem n (außer -nn-) und vor gedecktem m (außer -mn-) die Vokale bis zur Stufe des kleinsten Öffnungsgrades geschlossen:

Lat.	ī	ĭ ē	ĕ	ă	ŏ ō	ŭ ū
Rum.		*i*		*î*		*u*

Beispiele: quīnque *cinci*, vīnu *vin*, lĭmpidu *limpede*, plēnu *plin*, dĕnte *dinte*, campu *cîmp*, lana *lînă*, quando *cînd*, bonu *bun*, cómparat *cúmpără*, ponit *pune*, lūna *lună*.

Doppelter Nasal (-nn-, -mn-) hat nicht die schließende Wirkung: penna *pană* (< *peană*, s. § 239); annu *an*, scamnu *scaun*, domnu *domn*. Die Entwicklung von gēna > *geană* ist vielleicht an die von penna angelehnt. Auffällig ist (wegen ŭ > *o*, s. § 161) autumna *toamnă*. — Vor freiem -m- schwankt die Entwicklung: einerseits homo *om*, pomu *pom*, andererseits nome(n) *nume*.

232. Im Ital. wird ŏ vor gedecktem m, n zu ọ: comite *cọnte*, complet *cọmpie*; concha *cọnca*, ponte *pọnte*. Dagegen wird ĕ nur zwischen *m* und gedecktem *n* zu ẹ mentum: *mẹnto*, mentit *mẹnte* (aber dente *dẹnte*). — Auch im Span. ist ŏ vor gedecktem Nasal manchmal zu ọ geschlossen worden: comite *conde*, abscondit *esconde*, homine *hombre* (aber ponte *puente*, fronte **fruente* > *frente* mit der normalen Entwicklung von vlt. ǫ, s. § 176).

233. Im Rätorom. sind — je nach der Mundart — mannigfach abgestufte Einwirkungen der Nasale auf die Vokalqualität festzustellen. Als Beispiel diene das Obwald., wo sich vlt. ị ẹ ọ ụ wie vor oralen Kons. entwickeln (s. § 164): līnu *glin*, vīnu *vin*, farīna *frina*, quīndecim *quéndisch*, plenu *plein*, fēnu *fein*, catēna *cadeina*, fēmina *femna*, ĭndice *éndisch* 'Nestei', lĭgnu *lenn*, dōnu *dun*, rotundu *rodund*, lūna *glina*, linu *glin*, ŭndecim *éndisch*. Vlt. ę und ǫ werden zu *ẹ *ọ geschlossen und teilen sodann das Schicksal von vlt. ẹ ọ (bĕne *bein*, tĕmpus *temps*, dĕnte *dent*, hŏmo *um*, bŏna *buna*, pŏnte *punt*), soweit sie nicht (vor auslaut. -*u*) vorher zu *ie* bzw. *uo* harmonisiert worden waren: das Ergebnis ist dann für beide Diphthonge *ie* (vgl. § 196): cĕntu *tschien*, bŏnu *bien*. Vlt. a wird vor *n* in lat. freier Stellung zu *au*, vor *n* in lat. gedeckter Stellung sowie vor *m* zu ǫ verdumpft: cane *tgaun*, manu *maun*, annu *onn*, grande *grond*, fame *fom*, flamma *flomma*, camera *combra*. Vor der Gruppe Nasal + Velar tritt ein velarer Übergangsvokal *u* auf, der mit dem Tonvokal eine Verbindung eingeht: longu > **luongu* (§ 196) > **liengu* > **lieung* > *liung*; cīnque *tschun* (über **tschiun*).

234. Im Prov. werden vlt. ę, ǫ vor freien oder gedeckten Nasalen zu ẹ, ọ geschlossen; vlt. a wird zu ạ velarisiert: bene *bẹ*, bonu *bọ*, ventu *vẹn*, ponte *pọn*, pane *pạ* (reimt nicht mit dat *dą*). Die Vokale wurden außerdem nasaliert, später in zahlreichen Mundarten sodann wieder entnasaliert (s. § 46): bene > *ben* [*bẹ̄n*, *bẽŋ*, *bẽ*] > *bẹ* [*bẹ̄*].

235. Im Franz. wird ursprünglich jeder Vokal durch folgendes *m* oder *n* nasaliert. Die Entwicklung der Vokalqualität ist dabei abhängig von der Struktur der lat. Silbe: in lat. gedeckter Stellung bleiben die Qualitäten zunächst erhalten, während in lat. freier Stellung Diphthongierung eintritt (was den Entwicklungstendenzen auch der oralen Vokale entspricht: §§ 163–183). In lat. gedeckter Stellung ergibt zunächst

vlt.	ị	ẹ	ę	a	ǫ	ọ
afr.	*ĩ*(> *ẽ*)	*ẽ*(> *ã*)		*ã*	*õ*	

(ẹ und ę > *ẽ*; ǫ und ọ > *õ*)

Im weiteren Verlauf wurde einerseits *ẽ* zu *ã* (im Pikard. bleibt die Lautung *ẽ* erhalten), andererseits *ĩ* zu *ẽ* geöffnet[1]).

Beispiele: cīnque *cinq* [afr. *tsĩŋk*, nfr. *sẽk*], fĭndere *fendre* [afr. *fę̃ndrə*, später *fãdr*], lĭngua afr. *lengue* [*lẽŋgə*, später *lãŋgə*] nfr. *langue*, cĕntum *cent* [afr. *tsę̃nt*, später *tsãnt*, nfr. *sã*], membru *membre*, cantat *chante*, planta *plante*, lŏngu *long*, ŭnda *onde*, plumbu *plomb*.

Für die Chronologie (s. § 291) wichtig ist die Tatsache, daß die Vokale in ursprünglich lat. offener Silbe als in gedeckter Stellung stehend behandelt werden, wenn die offene Silbe in Proparoxytonis durch Verdoppelung des Nasals (s. § 188) zur geschlossenen wurde. sēmita *sente*, cĭnere *cendre* (vgl. § 513), tĕneru *tendre*, gĕneru *gendre*, camera *chambre*, vanitat *vante*, nŭmeru *nombre*, comite *comte*.

In lat. freier Stellung ergab zunächst

vlt.	ị	ẹ	ę	a	ǫ	ọ	ụ
afr.	*ĩ*	*ẽi*	*iẽ*	*ãi*	*uẽ*	*õ*	*ü̃*

Afr. Beispiele: pīnu *pin* [*pĩŋ*], sinu *sein*, frēnu *frein*, bĕne *bien*, pane *pain*, fame *faim*, bonu *buen*[2]), ma(n)sione *maison*, unu *un* [*ü̃ŋ*]. — Die weitere Entwicklung der Qualitäten hängt von der Struktur der Silbe im Afr. (und Mfr.) ab: ist die Silbe im Afr. geschlossen, so bleibt die Nasalierung bis heute erhalten. Dabei werden die Nasaldiphthonge *ai* und *ei* zu *ę̃* monophthongiert, *ĩ* und *ü̃*

[1]) Für lat. ụ fehlen Beispiele.

[2]) Der nasale afr. Diphthong *ue* kommt nur in diesem Wort sowie in der Nominativen comes *cuens*, homo *uem* und *sǫum *suen* vor. Die betonte Form *buen* wurde später durch die vortonige Form *bon* ersetzt (s. § 575), die Nominative durch die Obliquusformen comite *comte*, homine *homme*.

werden zu *ę̃* und *ṏ* geöffnet. Der im Afr. noch gesprochene auslautende Nasalkonsonant *-m*, *-n* schwindet, so daß im Nfr. wieder eine offene Silbe entsteht. Also lt. fame (a in offener Silbe) > afr. *fãim* (*ãi* in geschlossener Silbe) > nfr. *fę̃* (*ę̃* in offener Silbe). Ebenso: afr. *pin* (s. o.) > nfr. [*pę̃*], afr. *un* > nfr. [*ṏ*] usw. — Ist die Silbe im Afr. dagegen offen, so tritt Entnasalierung ein: die Nasaldiphthonge *ai* und *ei* werden zu *ę* monophthongiert. Die Nasalvokale *ĩ*, *ũ̈*, *õ* werden zu Oralvokalen (*i*, *ü*, *o*). — Beispiele: -īna *-ine*, līma *lime*, plēna *pleine* [*plęnə*] (aber plēnu *plein*), Stĕphanu *E(s)tienne*, plana *plaine*, corōna *couronne*, pōma *pomme*, una *une*, pluma *plume*. — In den lat. Proparoxytonis anima, femina, homine werden die Vokale wegen der Nasalverdoppelung zunächst wie in gedeckter Stellung behandelt (s. o.), sie unterliegen also nicht der Diphthongierung, [*ẽ*] wird zu [*ã*] geöffnet: afr. *anme* [*ãmə*], *femme* [*fãmə*], *homme* [*õmə*]. Die Nasalierung wird sodann (wie in ursprünglich offener Silbe) aufgegeben, also nfr. [*amə*, *famə*, *ǫmə*] wie [*plęnə*, *pǫme*] usw. In einigen Fällen rückt auch der nasale Diphthong (wie der orale, s. § 170) *ei* zu *oi* (> *u̯ẽ*, *u̯á*] weiter: avena *aveine* > *avoine*; fēnu *fein* > *foin*; minus *meins* > *moins* (aber plenu *plein*, pena *peine*, vēna *veine*, mĭnat *meine* (nfr. *mène* usw.). Der Grund ist unbekannt, s. § 240. — Einfluß des Palatals zeigen *chien*, *chrétien*; s. § 210.

236. Vor palatalem *ñ* (< -ni̯-, -gn-, s. § 463) werden die Vokale im Frz. ebenfalls nasaliert. Die Vokalqualitäten entwickeln sich ursprünglich wie in gedeckter Stellung (s. § 164), da palatale Konsonantengruppen die Silbe schließen (s. § 209). Jedoch bestehen folgende Abweichungen: 1. Das aus ẹ entstandene *ẽ* wird nicht zu *ã* geöffnet (§ 235): tĭnea *teigne*. — 2. Lat. ĕ wird zu *ié* diphthongiert (s. § 201[1]).

Für die weitere Entwicklung der Vokalqualitäten ist die Struktur des afr. Silbe maßgebend.

Tritt das *ñ* durch Vokalausfall in den Auslaut oder vor Kons., so entfaltet es vor sich ein *i*, das mit dem Vokal eine diphthongische Verbindung eingeht (s. § 209), die nasal gesprochen wird. Das *ñ* selbst schwindet in der Aussprache (wie *n*, s. § 235). Also: bá(l)neu *bain*, ingĕniu *engin* (*i* < *iei*, s. § 201), dignet afr. *deint*, testimoniu *témoin*, juniu *juin*.

[1]) Es wäre deshalb auch die Diphthongierung *ǫ* > *ue* (vgl. nocte **nueit* > *nuit*, § 201) zu erwarten. Das einzige einschlägige Beispiel longe *loin* zeigt aber, daß im vorliterarischen Fr. lat. ŏ vor gedecktem Nasal zu *ǫ* geschlossen worden war (wie im Pr., It. und teilweise im Sp., § 232), also für die Diphthongierung nicht mehr in Frage kam.

Zwischen Vokalen bleibt *ñ* dagegen erhalten (Schreibung: afr. *-ign-* oder *-gn-*, nfr. fast nur *-gn-*), der Vokal wird entnasaliert (s. auch § 235). Also: montanea *montagne* (afr. auch *montaigne* [*mõntãñə*]), vĕniat afr. *viegne*, tĭnea *teigne*, vinea *vigne*, *caronea *charogne* (afr. auch *charoigne* [*ćarõñə*]). Die Entwicklung eines (gesprochenen) *i* vor intervokalischem *ñ* ist mundartlich oder hat in Einzelfällen besondere Gründe: *châtaigne* [nfr. *šatẹñə*] ist wohl mundartlich, während *témoigne*, *baigne* im Vokal durch die regelrecht entwickelten Stammwörter *témoin*, *bain* beeinflußt zu sein scheinen. Der Eigenname *Montaigne* wird heute meist [*-ẹñ(ə)*] gesprochen, weil die historische Schreibung *-ign-* (für [*ñ*]) sonst nicht mehr geläufig ist und deshalb falsch (*ai.* = [*ẹ*]) gedeutet wird.

237. Im Portug. werden die Vokale durch folgenden Nasal nasaliert. Die Nasalierung bleibt in gedeckter Stellung bis heute bestehen: *campo*, *tempo*, *tenca*, *cinco*, *longo*, *onda*, *nunca* (sämtlich mit Nasalvokal zu sprechen: [*kãmpu*, *tẽmpo* usw.]). Hinter einem Vokal in lat. freier Stellung fiel *-n-* aus, nachdem es den Tonvokal nasaliert hatte. Die Nasalierung des Tonvokals bleibt bis heute erhalten, wenn der Tonvokal durch Verschmelzung mit dem lat. Auslautvokal Träger der Auslautsilbe wurde: bene *bem* [ungefähr *bẽĩ*], bonu *bom* [*bõ*], unu *um* [*ũ*], lana *lã*, manu *mão* (mit Nasaldiphthong). Was die Qualität der so entstehenden Nasaldiphthonge angeht, so fallen im unmittelbaren Auslaut (nicht aber vor *-s*) die Wortausgänge *-anu*, *-ane*, *-one* im Neuportg. unter *-ão* zusammen: manu *mão*, cane *cão*, ratione *razão* (Plur. aber *mãos*, *cães*, *razões*). — Auslautendes -a verschmilzt nur mit dem Tonvokal *ã* zu *ã* (lana *lã*), während sonst Hiatus entsteht, wobei der Tonvokal entnasaliert wird: bona *boa*, luna *lua*. Hinter palatalem Vokal tritt gern ein silbentrennendes *-i̯-* auf (avena *aveia*), das hinter betontem *i* nasalen Charakter [*ñ*] bewahrt (vinu *vinho*, farina *farinha*). Das Fem. *uma* ist von regelrechtem *um* (<unu) neugebildet.

V Einfluß der Labiale (§§ 238–240)

238. Bereits im Vlt. hatte -v- (-b-) auf vorhergehendes ō oder ŭ öffnende Wirkung: ōvum >*ǫvu > it. *uovo*, sp. *huevo*, afr. *uef* (nfr. *œuf*); jŭvenem > *jǫvene > afr. *juefne* > *juene*, nfr. *jeune* (aber jọvene > it. *giọ́vane*, sp. *joven*); cólŭbra > *colọ́bra (§ 149) > *colǫ́bra > sd. *kolǫ́ra*, afr. *coluevre* (nfr. *couleuvre*), sp. *culebra* (<**culuebra*). — Pg. *nęve*, sp. *nieve* weisen auf regionale Öffnung von vlt. ẹ zu ę (s. § 167).

239. Im Rm. haben Labiale auf folgendes rm. *e* (< vlt. ẹ vor auslaut. -u, s. § 197) und *ea* (< vlt. ẹ vor auslaut. -a, s. § 197) öffnende Wirkung, durch die *e* zu *ă*, *ea* zu *a* wird: pĭlu *păr*, fētu *făt* 'Knabe', vĭscu *văsc*, *mēlu *măr* 'Apfel', mē(n)sa *masă*, fēta *fată* 'Mädchen', vĭrga *vargă*, vĭtta *bată* 'Zeugstreifen'. Diese Verdumpfung wird jedoch durch die hellen Auslautvokale *-e* oder *-i* aufgehoben: pĭlī *peri*, fēti *feți*, mesae *mese*, fetae *fete* usw. — Folgt auf den lat. Tonvokal ĕ ē ĭ ein Nasal (vgl. § 231), so wird der Tonvokal bei auslaut. *-u* oder *-ă* über altrum. *ă* zu neurum. *î* geschlossen: fēnu *fîn*, vēna *vînă*, monumentu *mormînt*, vēndo *vînd* (altrum. noch *făn*, *vănă*, *mormănt*). Hat der Auslautvokal dagegen helle Klangfarbe (*-i*, *-e*), so wird der Tonvokal über altrum. *e* zu neurum. *i* geschlossen: mente *minte*, bene *bine*, Veneris (dies) *Vineri*, vēndis *vinzĭ*, vēndit *vinde* (altrum. noch *mente*, *bene*, *Veneri*).

240. Zwischen zwei Labialen scheint lt. a in fame (it. *fame*, fr. *faim*; sp. *hambre* < *famine) manchmal zu ǫ verdumpft worden zu sein: *fǫme > rm. *foame*, pg. *fome*. — Auf verdumpfende Wirkung des Labials führen manche die abweichende Vokalentwicklung in fr. *foin*, *moins*, *avoine* zurück (s. § 235). Das afr. ẹ in vĭdua *vẹve* wird zwischen den beiden Labialen zu [ö] gerundet (nfr. *veuve*).

C. Die lat. Diphthonge im Romanischen (§§ 241–248)

1. Die Diphthonge ae, oe (§§ 241–242)

241. Die lat. Diphthonge ae, oe werden bereits im Vlt. des 1. Jh. n. Chr. monophthongiert. Dabei wird ae > ę (seltener ẹ), oe > ẹ.

Beispiele für ae > ę: quaerit it. *chiede*, sp. *quiere*, fr. *quiert*; caelum it. sp. *cielo*, fr. *ciel*; laetus it. *lieto*, afr. *lié*; caecu it. *cieco*, sp. *ciego*, afr. *cieu*. — Beispiel für oe > ẹ: poena it. *pẹna*, fr. *peine*, sp. *pena*. Die vlt. Lautung ẹ für ae zeigen blaesu afr. *blois*, pr. *blẹs*; saeta it. *sẹta*, fr. *soie*. Zwischen ę (it. *prę̄da*, rm. *pradă*, s. § 228) und ẹ (fr. *proie*) schwankt praeda.

242. Durch die Monophthongierung von ae entstand ein langes offenes ę̄, ein Laut, der dem lt. Vokalsystem (§§ 154, 156) nicht gemäß war. Die sporadische Lautung ẹ für ae (§ 241) scheint den Versuch einer qualitätsmäßigen Angleichung des neuen Lautes an die Normen des lt. Vokalsystems darzustellen (s. u. Anm. 1 und vgl.

das Schwanken bei -iolus § 149 Ziff. 2). Im allgemeinen erhielt sich aber die offene Qualität des neuen langen ę (*cęlum*), das mit dem kurzen offenen ę̆ (*dę̆cem*) des lt. Vokalsystems zu einer phonologischen Einheit verschmolz, die zum langen geschlossenen ẹ̄ (*cẹ̄na*) des lt. Systems einen phonologischen Gegensatz bildete. Damit war das Quantitätenprinzip durchbrochen (vgl. die pompejanische Schreibung *aedeo* für *edo* 'ich esse'). Dies scheint den Anstoß zum 'Quantitätenkollaps' (s. §155) gegeben zu haben, und zwar im palatalen Zweig des Vokalsystems. Im velaren Zweig hingegen fand eine parallele Monophthongierung von au > ǭ im Vlt. nicht statt[1]. So erklärt es sich, wieso der Quantitätenkollaps im palatalen Zweig eher und auf weiteren Gebieten eintrat als im velaren Zweig (§ 161 Anm. 1).

2. Der Diphthong au (§§ 243–246)

243. Der lat. Diphthong au blieb im Vulgärlat. erhalten[2]. In der Romania liegt er als diphthongisches *au* noch vor in Süditalien, im Bündnerromanischen (außer im Engad., wo au zu *o* monophthongiert wird), im Rumänischen[3]), im Alt- und teilweise noch im Neuprovenzalischen (z. B. in der Gaskogne). Als Diphthong *ou* erscheint er in den meisten neuprov. Mundarten sowie im Pg., wo die früher durchaus diphthongisch ausgesprochene Schreibung *ou* heute allerdings gewöhnlich *o* klingt (dialektisch wird noch *ou* oder daraus dissimiliertes *oi* gesprochen). In der übrigen Romania (Nordgallien, Spanien [außer Portugal, aber mit Einschluß Kataloniens, das hier also in Gegensatz zum Prov. tritt], Nord- und Mittelitalien) wird au zu *ǫ* monophthongiert. Im Sard. ist au zu *a* geworden.

Beispiele: audit rum. *aude*, apr. *au*, obw. *auda*, pg. *ouve*, it. *ode*, afr. *ot*, sp. *oye*; paucu apr. obw. *pauc*, pg. *pouco*, sard. *pagu*, it. sp. *poco*, kat. *poc*; tauru rum. obw. prov. *taur*, sard. *trau*, pg. *touro*, it. sp. *toro*

---

[1]) Die Monophthongierung von au > ǭ ist erst einzelsprachlich, s. § 243. In den wenigen Fällen bereits dialektisch-vlt. 'Monophthongierung tritt an die Stelle von au die lange geschlossene Qualität ō (s. § 243 Anm. 2), die sich ganz in das lt. Vokalsystem einfügt. In vortonigen' oricula (§ 253) liegt Artikelaphaerese (s. § 270) vor: illaauricula > ill'uricula.

[2]) In den Wörtern cọda, fọces (it. *cọda*, *fọci*; fr. *queue*) hat sich statt der stadtrömischen Lautung cauda, fauces der dialektische (antik-umbrische) Monophthong ọ durchgesetzt.

[3]) Im Rumänischen hat sich der Diphthong *au* in eine zweisilbige Vokalfolge *á-u* verwandelt.

(südit. *tauru*); auru rum. pr. obw. *aur*, pg. *ouro*, sp. it. *oro*, fr. *or*; pauper pr. *paubre*, obw. *pauper*, sard. *pabaru*, it. *povero*, afr. *povre* (nfr. *-au-* bloße Graphie); causa pr. *cauza*, obw. *caussa*, sp. it. *cosa*, fr. *chose*; lauru 'Lorbeer' rm. *laur* 'Stechapfel', sard. *laru* 'Lorbeer', pr. *laur*, pg. *louro*, [sp. *lauro* Buchwort], it. *alloro*, kt. *llor*.

244. Auch in den Sprachen, die au zu *ǫ* monophthongieren, sind manchmal Spuren der alten Lautung *au* aus dem Verhalten der umgebenden Konsonanz zu erkennen.

So wird das anlaut. k-, g- von causa, gaudia in fr. *chose*, *joie* (§ 314) ebenso palatalisiert wie etwa in camera *chambre*, galea *jaille* (gegenüber comite *comte*, gomphu *gond*, s. § 319).

Im Sp. bleibt ein hinter lt. au stehender stimmloser Konsonant stimmlos, statt — wie sonst intervokale Konsonanten (s. § 360) — stimmhaft zu werden. Das *u* des *au* wirkt also wie ein konsonantischer Schallfülleabglitt (§ 98): paucu *poco*, auca (< avica, § 245) *oca*, cautu *coto*, fautu *hoto* entsprechen etwa ar-cu *arco*, al-tu *alto* (und saltu 'Wald' *soto*), aber nicht secat *siega*, vita *vida*. Ebenso verhält sich das Kt. (pauca *poca*, auca *oca*) und das Engad. (pauca *pocha*, auca *ocha*). Diese Sprachen schließen sich damit den Gepflogenheiten der *au*- erhaltenden Sprachen an: pg. *pouco*; pr. *pauca*, *auca*; obw. *pauca*. — Das Fr. läßt die Sonorisierung auch hinterlt. au eintreten: paucu *peu*, auca afr. *oe* (vgl. § 245; nfr. *oie* dialektisch).

245. Im Vlt. entwickelt sich durch Kontraktion der Verbindungen -ávi- + Kons., -ávu- (ábu-) + Kons. ein neues au, das sich in der weiteren Behandlung nicht vom alten au unterscheidet.

Beispiele: fabula *faula it. *fola* 'Geschwätz', pr. *faula* (fr. *fable* Buchwort); parabula (παραβολή) *paraula pr. *paraula*, it. *parola*, fr. *parole* (aber sp. *palabra* < *paravla); avica *auca pr. *auca*, it. sp. *oca*, afr. *óe* (§ 244); cantavit *cantaut it. sp. *cantò*. Hierher gehört auch fabrica *favrica (§ 421) *faurica fr. *forge*.

Zu einem erst innerfranzösischen sekundären *au* s. § 217.

246. Tritt im Fr. das *o* (< vlt. au) durch Konsonantenausfall (§§ 377—401) vor Vokal, so wird es im Laufe der afr. Zeit zu [*u*] (geschrieben *ou*, s. § 181): laudat *loue*, avica afr. *oue* (nfr. s. § 244). — Mit folgendem *i* bildet *o* (< au) im Frz. den Diphthong *oi*, der sich wie *oi* aus anderen Quellen (§ 170) weiterentwickelt: gaudia *joie* (vgl. § 456).

3. Der Diphthong ai (§ 247)

247. Im Vulgärlat. entsteht in der 1. pers. perf. -avi durch Konsonantenausfall eine zunächst noch zweisilbige Vokalfolge -ai, die später zu einem Diphthong (§ 97) wird, der in einem Teil der Einzelsprachen dem *au* (§ 243) entsprechend behandelt wird: rm: *cântai*, pg. *cantei*, sp. *canté*. Im It. und Fr. wurde die Monophthongierung durch die ursprüngliche Zweisilbigkeit hintangehalten: die Endung von it. *cantai* kann heute in der it. Metrik noch zweisilbig gemessen werden. In fr. *chantai* bleibt die Endung ursprünglich diphthongisch. Die nfr. Aussprache ist monophthongisch [ẹ][1]).

4. Sonstige Diphthonge (§ 248)

248. Im Vlt. (und fakulativ in der lat. Dichtersprache) verschmilzt ein Tonvokal mit einem unmittelbar (auch erst nach Konsonantenausfall) folgenden i oder u zu einem Diphthongen, d. h. also: die früher zweisilbige Verbindung wird einsilbig: cui, fui, deum, meum, cantai (§ 97). Die so entstandenen Diphthonge sind in den roman. Sprachen erhalten bzw. weiterentwickelt worden: it. *cui*, *fui*, afr. *cui*, *fui* usw. (vgl. auch §§ 187, 278).

Besonders interessant ist die Entwicklung derartiger Diphthonge im Frz., da hier das letzte Element des Diphthongen als *i* bzw. *u* erhalten bleibt (vgl. § 278) und sich außerdem die Bildung neuer Diphthonge infolge frz. Konsonantenausfalls verfolgen läßt. So wird aus -avu schon im Vulgärlat. -au, das sich im Frz. zu Diphthongen *ǫu* (heute [*u*] gesprochen) entwickelt: clavu *clou*, Pictavu *Poitou*, Andegavu *Anjou* (aber Pictavis *Poitiers*, Andegavis *Angers*, s. § 210), germ. hawa *houe*, habuit aw(i)t *out*. Sekundär entwickelt sich der gleiche Diphthong infolge französischen Konsonantenausfalls (s. §§ 369–403) in fagu afr. *fou* (nfr. demin. *fouet*), sapuit **sabuit* **saw(i)t sout*, tacuit **taguit* **taw(i)t tout*. Entsprechend ist die Entwicklung von habui, sapui, tacui zu afr. *oi*, *soi*, *toi*. Aus jocu, focu, locu entstehen ursprünglich **jueu*, **fueu*, **lueu*, daraus mit Schwund oder Dissimilation des ersten Triphthongbestandteils *jeu*, *feu*, *lieu*. Aus paucu entsteht regelrecht afr. *pǫu* (s. noch § 244), dessen Entwicklung zu nfr. *peu* unklar ist.

---

[1]) Im Pr. ist die vlt. Endung -ai durch die Endung *-dęi* (**ven-dęi*, perf. von *vendere*) ersetzt worden, deren zweites *-d-* infolge Dissimilation schwand (**ven-dęi*): *cantęi* (statt **cantai*).

II. Die nichthaupttonigen Vokale (§§ 249—296)

249. Die nichthaupttonigen Vokale sind Träger von Silben, die mit schwächerem Atemdruck gesprochen werden als die Haupttonsilben (s. § 116). Sie sind für den Wortkörper nicht so 'wichtig' wie die Haupttonvokale, sie werden darum bei der Aussprache auch nicht so 'liebevoll' behandelt wie diese. Sie neigen deshalb in der Gesamtromania zur Reduktion: einmal durch eine Qualitätsvergröberung (§ 250), sodann durch eine Tendenz der Aufgabe der Silbenfunktion (§ 109) und eine Tendenz der Schwächung, die zum Schwunde führt (§ 113). In der Westromania ist der Druckunterschied zwischen der haupttonigen Silbe und den nichthaupttonigen Silben noch stärker ausgeprägt worden, besonders im Fr., Pr., Nordit., Rätor., Kt. (weniger im Span. u. Pg.). Das hatte eine noch weiter gehende Reduktion der nichthaupttonigen Vokale in diesen Sprachen zur Folge (§§ 272ss., 292ss.).

Im Fr. führte der Prozeß schließlich zum Verstummen fast aller Vokale, die nicht haupt- oder nebentonig waren. Eben dadurch ist gerade das Franz. zu einer Sprache ziemlich gleichmäßiger ('gleichschwebender') Druckverteilung geworden: der Wortkörper ist auf die ursprünglich druckstarken Bestandteile reduziert: tépidù > *tiède* [*tįẹd*], dòrmitório > *dortoir* usw.

250. Die Qualitätsvergröberung der nichthaupttonigen Vokale (§ 249) wirkt sich in den urromanischen Qualitätensystemen (§§ 156—162, Übersichtstafel § 164; § 243) so aus:

Klt. System	ī	ĭ	ē	ĕ	ā̆	ŏ	ō	ŭ	ū	au
'Vlt.' System	i	e			a	o			u	au
Sard. System	i		e		a	o		u		a
Balkanrom.System	i	e			a	u				au
Sizil. System	i				a	u				au

Über eine alte Unterscheidung von -ō und -ŭ im Auslaut im vlt. System vgl. § 274. Über eine Tendenz zum völligen Zusammenfall von o und u in vlt. *o* vgl. § 254. — Der alte Diphthong ae (§ 241) wird überall zu *e* monophthongiert.

251. Besondere Beachtung verdienen die nichthaupttonigen Vokale im lat. Hiatus.

Treten durch Ausfall eines *h* (§ 297) zwei Vokale gleicher Qualität zusammen, so verschmelzen sie in einem Vokal langer Quantität: prehendere > prēndere (it. *prẹndere*, fr. *prendre* usw.), cohorte > cōrte (it. *cọrte*, fr. *cour* usw.). Die Verbindung -ie- (-iē- und -iĕ) wird zu -ē- kontrahiert: quietu > quetu (it. *cheto*, sp. *quedo*, fr. *coi*), paríete > pariéte (§ 149) > parēte (it. *parẹte*, sp. *pared*, fr. *paroi*), abíete > abiéte > *abēte (it. *abete*).

Vor anderen Vokalen werden unbetontes i oder e seit dem 1. Jh. n. Chr. zum Halbvokal i̯, verlieren also ihren Silbenwert: facio > faci̯o, vinea > vini̯a, area > ari̯a, video > vidi̯o usw. Über die Weiterentwicklung der neu entstandenen Palatalgruppen s. §§ 451 bis 478. — Entsprechend wird -u- im Hiatus zum Halbvokal -u̯-: vidua > vidu̯a, januariu > janu̯ariu usw. Nach einer Konsonantengruppe oder einer Geminate fällt -u̯-: battuo > batto, mortuum > mortu, quattuor > quattor (quattro, s. § 561), februariu > febrariu. — Die Entwicklung von duódecim zu vlt. *dódece entspricht der von quietu > quẹtu (s. o.).

252. Die Druckstärke der vlt. nichthaupttonigen Silben ist je nach der Stellung im Wortkörper verschieden (s. § 116). Es ergibt sich so für die Behandlung im einzelnen die Einteilung in nebentonige (§§ 253–271), zwischentonige (§§ 292 bis 296) und nachtonige Vokale (§§ 272–291)[1].

A. Nebentonige Vokale (§§ 253–271)

1. Allgemeines (§ 253)

253. Die Nebentonvokale bleiben meist entsprechend dem § 250 gegebenen Schema erhalten. In der folgenden Übersichtstabelle sind „(unter gewissen Bedingungen eintretende Lautvarianten)“ in runden Klammern angegeben, die ungefähre „[heutige Aussprache]“ ist durch eckige Klammern gekennzeichnet.

---

[1]) Die Behandlung der nichthaupttonigen Vokale in den einzelnen Sprachen und erst recht in den Mundarten ist recht mannigfaltig. Es können hier nur bruchteilartige Ausschnitte berücksichtigt werden. In den Beispielreihen wird auf die Erklärung abweichender Formen verzichtet.

Klt. Quantität	ī	ĭ	ē	ĕ	ā̆	ŏ	ō	ŭ	ū	au
Sardisch	i		e		a	o		u		a
Rumän.	i	e (i, ă)			ă	u				ău (u)
'Vlt.' System	i	e			a	o			u	au
Pg.	i	e [ə]			a [ɐ]	o [u] (u)			u	ou [o]
Sp.	i	e			a	o (u)			u	o
Kt.	i	e [ə]			a [ə]	o [u] (u)			u	o [u]
Pr.	i	e			a	o [u] (u)			ü	au [u]
Fr.	i	e [ə]			a	o [o, u]			ü	o
Obw.	i	e			a	u			i	u
It.	i	i (e)			a	o			u	o (u)

Beispiele: hībernu (-a) sd. *ierru*, rm. *iarnă*, pg. it. *inverno* (Einmischung des Präfixes *in-*), sp. *invierno*, kt. pr. afr. *ivern*, fr. *hiver*, eng. *iviern* (obw. *unviern* durch Einfluß des folgenden Labials). — dīcebat rm. *ziceá*, fr. *disait*, it. *diceva* (sp. s. § 258), cīvitate rm. *cetate* (< **ci(v)etate*; *cie-* > *ce-*, vgl. § 214), pg. *cidade*, sp. *ciudad*, kt. pr. *ciutat*, fr. *cité*, it. *città*. — cĭrcare sd. *kirkare*, rm. *cerca*, pg. sp. kt. pr. *cercar*, fr. *chercher*, it. *cercare*. — mĭnutu sd. *minutu*, rm. *mărunt* (§ 262), pg. *miudo* (§ 268), sp. *menudo*, kt. pr. *menut*, fr. *menu*, it. *minuto*. — sēcuru sd. *seguru*, pg. sp. *seguro*, kt. pr. *segur*, fr. § 267, it. *sicuro*. — nĕpote sd. *nebode*, rm. *nepot*, pr. *nebot*, fr. *neveu*, it. *nipote*. — fenestra rm. *fereastră*, fr. *fenêtre*, it. *finestra* (kt. § 257). — festuca pr. *festuga*, it. *festuca*, fr. *fétu*. — sĕptimana rm. *săptămînă*, sp. *semana*, kt. pr. *setmana*, fr. *semaine*, it. *settimana*. — vĕrecundia pg. pr. *vergonha*, sp. *vergüenza*, kt. *vergonya*, fr. *vergogne*, it. *vergogna*. — lavare rm. *la* (< **lăá*), pg. sp. kt. pr. obw. *lavar*, fr. *laver*, it. *lavare*. — cantatore rm. *cîntător*, pg. sp. pr. *cantador*, fr. *chanteur*, it. *cantatore*. — pŏrtare sd. it. *portare*, rm. *purtá*, pg. sp. kt. pr. *portar*, fr. *porter*. — cŏrona sd. it. sp. kt. pr. *corona*, pg. *corôa*, fr. *couronne*. — dŏlore sd. it. *dolore*, altrum. *duroare*, pg. *dôr*, sp. kt. pr. *dolor*, fr. *douleur*. — dŭbitare pg. *duvidar*, sp. *dudar*, kt. *dubtar*, pr. *dobtar*, fr. *douter*[1]). — nucetu rm. *nucet*, sp. *nocedo*, it. *noceto*. —

[1]) Im Frz. wurden die einzelnen Wörter manchmal erst im 17. Jh. auf die Lautung [o] oder [u] festgelegt: im 16. Jh. findet man noch *rouzée* '*rosée*', *ouster* '*ôter*' usw.

jūdicare rm. *judeca*, pg. *julgar*, sp. *juzgar*, kt. pr. *jutjar*, fr. *juger*, it. *giudicare*. — mūtare sd. *mudare*, rm. *mutá*, pg. sp. pr. *mudar*, fr. *muer*, it. *mutare*. — audire rm. *auzî* (§ 269), pg. *ouvir*, sp. *oír*, kt. *ohir*, pr. *auzir*, afr. *oïr*, obw. *udir*, it. *udire*. — laudare rm. *lăudá*, pg. *louvar*, sp. *loar*, kt. *lloar*, pr. *lauzar*, fr. *louer* (§ 267), it. *lodare*. — raubare (germ. raubôn) pg. *roubar*, sp. kt. *robar*, pr. *raubar*, fr. *(dé-)rober*, it. *rubare*. — auricula (pr. *aurelha*) scheint teilweise einer bereits vlt. (s. S. 137[1]) Nebenform oricula (pg. *orelha*, rm. *ureche*) gewichen zu sein. Nicht zu entscheiden ist die Frage für sp. *oreja*, kt. *orella*, fr. *oreille*, it. *orecchio*. — Der alte Diphthong ae geht überall mit e zusammen (vgl. § 250): saetaciu sd. *sedattu*, pg. *sedaço*, sp. *cedazo*, kt. *sedas*, pr. *sedatz*, fr. *sas* (§ 267), it. § 265.

2. Besonderheiten (§§ 254–271)

a) Reduzierung der Qualitätenskala (§§ 254–256)

254. Die Tendenz der Reduzierung der Qualitäten der nichthaupttonigen Vokale (§ 249) scheint sich in der velaren Skala (hinsichtlich der Nichtparallelität zur palatalen Skala vgl. § 165) im Frz. frühzeitig so ausgewirkt zu haben, daß vlt. o (< klt. ŏ ō ŭ) und vlt. u (< klt. ū) in einer Qualität *o* zusammenfielen, so daß sich der Wandel u > *ü* (s. § 184) auf das vortonige *u* nicht mehr auswirken konnte. So kann die Entwicklung von frūmentum *froment*[1]), fūsione *foison*, ūnire afr. *onir*, ūnione *oignon* 'Zwiebel', mūcere *moisir* gedeutet werden. Demgegenüber sind dann *user*, *curé*, *juger*, nfr. *unir* usw. teils durch den Einfluß stammbetonter Formen, teils als Latinismen zu erklären.

255. Die Tendenz, alle Velarqualitäten in *u* zusammenfallen zu lassen, ist ebenfalls alt. Bemerkenswerterweise nimmt auch das Rm. (das betontes *o* und *u* trennt, § 161) an ihr teil. Von den it. Mundarten hält fast nur das Tosk. an der Scheidung von vlt. o und vlt. u fest. Auch in iberorom. Mundarten ist weitgehend *u* für altes *o* eingetreten, so auch im Pg., Kt.; sogar vereinzelt in der sp. Schriftsprache: jocare *jugar*, locale *lugar*.

Die parallele Tendenz, alle palatalen Qualitäten in *i* zusammenfallen zu lassen, ist ebenfalls alt, hat aber geringere Verbreitung. Im tosk. hat sie sich in freier Stellung durchgesetzt: *nipote*, aber *cercare* (s. § 253).

---

[1]) Auffällig ist jūmentum *jument*. Hinter j- scheint ū nicht zu *o* geöffnet worden, sondern entweder als *ü* erhalten oder — wie in weiten Gebieten der Romania — zu *e*(*i*) geschwächt worden zu sein: jūmentu fr. (mundartl.) *jement*, pg. (mundartl.) *gimento*; jūniperu fr. *genièvre*, it. *ginepro*; *jūnīcia fr. *génisse*.

256. Trat im Fr. der betonte fr. Vokal [ö] durch Wortkomposition oder Suffigierung in den Nebenton, so würde er zu [ü] geschwächt: *bleu/bluet*, *preux/prud'homme*, *heure/lurette*.

b) Harmonisierung (§§ 257–258)

257. Assimilation des Nebentonvokals an den Haupttonvokal findet sich (wohl seit vlt. Zeit) in: bilancia > *balancia (fr. *balance*, sp. *balanza*; aber it. *bilancia*), sĭlvaticu > *salvaticu (fr. *sauvage*, pr. *salvatge*; aber it. *selvatico*), tripaliu 'Marterwerkzeug' > *trapaliu (fr. *travail*, sp. *trabajo*, pg. *trabalho*; aber pr. *trebalh* neben *tra-*), *renione 'Niere' > *ronione (it. *rognone*, fr. *rognon*, pr. *ronhó* neben *re-*). — Aus dīrēctu wird vlt. *dērēctu (§ 271). Im It. wird nebenton. *e* zu *i* (§ 255): it. *diritto* (s. auch § 265).

Im Sp. werden nebentonige *e*, *o* zu *i*, *u*, wenn der Tonvokal ein mit *i* beginnender steigender span. Diphthong ist: tenebras *tinieblas*, *dorm(i)erunt *durmieron*, genesta *hiniesta*, sentivit *sintió*. Auch wenn der Diphthongbestandteil *i* geschwunden ist, bleibt seine Wirkung: dormiamus *durmamos*; ebenso kt. *fineṣtra* (< *-iestra*, s. § 171).

258. Dissimilation findet sich ebenfalls seit vlt. Zeit. Nebentoniges au wurde von einem *u*(*o*) der Tonsilbe zu a dissimiliert: augustu > agustu (rm. *agust*, sp. it. *agosto*, fr. *août*), auguriu > *aguriu (sp. *agüero*, pg. *agoiro*, obw. *agur*, afr. *ëur*, nfr. *bonheur*, *malheur*), autumnu (> sp. *otoño*) > *atumnu (rm. *toamnă*), auscŭlto > asculto (it. *ascọlto*). — Als Dissimilation zweier *a* sind wahrscheinlich Natale fr. *Noël*, natare > *notare (afr. *noer*, it. *nuotare*), conoscere südit. *canóscere* u. v. a. zu erklären. —

Die Dissimilation eines nebentonigen *i* zu *e* vor einem betonten *i* ist seit vlt. Zeit weitverbreitet: vīcīnu > *vecīnu (rm. *vecin*, sp. *vecino*, fr. *voisin*), dīvīnat > *devīnat (fr. *devine*, pr. *devina*), fīnīre afr. *fenir*, dīvīsa fr. *devise*, *pīppīta fr. *pépie*.

Im System der sp. Verben auf *-ir* steht diese Dissimilation mit der § 257 erwähnten Assimilation in einem organischen Wechselverhältnis, so daß nebentoniges lt. e und i nicht unterschieden werden: ferīre *herir*, ferīmus *herimos*, feriamus *hiramos*, feriendo *hiriendo*; *rīdīre *reir*, *rīdīmus *reimos*, rīdiamus *riamos*, ridendo *riendo*; *dīcīre *decir*, *dīcīmus *decimos*, dīcamus *digamos*.

Im Pg. ist die Dissimilation des nebentonigen *i* zu [ə] voll lebendig, so daß auch Lehnwörter an ihr teilnehmen. Die Schrift bleibt bei *i*: also nicht nur *vizinho* [*vəzíñu*] 'Nachbar', sondern auch *divide* [*dəvidə*] 'er teilt', *ministro* [*mənĭštru*] 'Minister'. — Dissimilation zweier *o* liegt vor in formosu sp. *hermoso* (aber pg. *formoso*), sorore afr. *serour*, succurrit afr. *secourt*. Zu rotundu > retundu vgl. § 271.

c) Einfluß umgebender Konsonanten (§§ 259–265)

259. Nach Palatalen. — Im Lat. läßt sich die Tendenz nachweisen, i̯a- zu i̯e- zu erhöhen. Im Roman. lebt vornehmlich die Lautung i̯e- weiter, jedoch hat auch die ältere Lautung i̯a- Reste hinterlassen: i̯anuariu (pg. *janeiro*) > i̯enuariu (it. *gennaio*, sp. *enero*, afr. *jenvier*); i̯actare > *i̯ectare (it. *gettare*, fr. *jeter*, sp. *echar*); i̯ai̯unare (rm. *ajuná*, sp. *ayunar*?) > i̯ei̯unare (fr. *jeûner*, pr. *jejunar*); i̯antare (sp. *yantar*, pg. *jantar*) > i̯entare (astur. *šintar*). — Zu i̯anua > *i̯enua s. s. § 213. Zu i̯ū- > i̯e- s. § 254 Anm. 1.

260. Nach Palatalen wird freies nebenton. *a* im Fr. zu *e* erhöht: caballu *cheval*, capillos *cheveux*, caminu *chemin* (aber in gedeckter Stellung carbone *charbon*, castellu *château*, campanea *champagne*). Diese Erhöhung hängt mit den §§ 210, 275 besprochenen Erscheinungen zusammen und tritt auch im Frkpr. ein.

261. Vor Palatalen wird im Sp. *o* (das ohnedies zu *u* neigt, § 255) zu *u*: muliere *mujer*, cognatu *cuñado*. Entsprechende Erhöhung von *e* zeigt *renione 'Niere' sp. *riñón*.

Im Fr. verbindet sich ein Vokal mit dem aus einer folgenden Palatalgruppe sich ablösenden *i* zu einem Diphthong, dessen weitere Entwicklung der in betonter Stellung (§ 209) sinngemäß entspricht (*ai* > [ẹ], *oi* > [u̯a], *ei* > *oi* > [u̯a]: ratione *raison*, potione *poison*, lĭcere > *leisir* > *loisir*. — Entsprechend (vgl. § 208) verbindet sich im Sp. *a* mit einem abgelösten *i* über **ei* zu *e*: maxilla *mejilla*, basiare *besar*, lactuca *lechuga*.

262. Nach Labialen wird im Rm. *e* (wie unter dem Hauptton, s. § 239) zu *ă* verdumpft, wenn in der nächsten Silbe nicht ein palataler Vokal (*i*, *e*, *ie*, *ia*, *ea*) folgt: veteranu *bătrîn*, *vidutu *văzut* (aber videre *vedeá*), peccatu *păcat*, mensura *măsură*. Nach *r* findet sich die gleiche Erscheinung: fermento *frămînt*; hier auch bei folgendem Palatal: resina *rășină*.

Vor Labialen ist Rundung und Verdumpfung häufig: demandare it. *domandare*, *devinare (§ 258) it. *in-dovinare*, gemellos fr. *jumeaux*, bibebat afr. *bevoit* > *buvait*, *fimariu fr. *fumier*.

263. Vor (auch sekundär) gedecktem Nasal werden die Vokale im Fr. nasaliert und in ihrer Qualität — entsprechend der Behandlung in betonter Stellung — weiterentwickelt. Es wird also nasales [ĭ] zu [ẽ], nasales [ẽ] zu [ã] usw. (s. § 235).

Beispiele: prīmu tempu *printemps*; ĭntrare *entrer* [ãtré], sĭmulare *sembler*, trĕmulare *trembler*; cantare *chanter*, cŏmputare *conter*, cŭmulare *combler*, lūnae die *lundi*. — In (auch sekundär) freier Stellung wird die Nasalierung aufgegeben, ohne daß sie im allgemeinen eine Spur in der Vokalqualität hinterläßt: līmare *limer*, mĭnare *mener*, vĕnire *venir*, clamare *clamer*, sŏnare *sonner*, nōminare *nommer*, fumare *fumer*. Eine Spur der ehemaligen Nasalierung zeigt noch die Qualität [ã] in hĭnnire *hennir* (auch [*enir*]). Durch *en* beeinflußt (sozusagen rekomponiert) ist inodiare *ennuyer* [ãn-]. Als Zusammensetzung gefühlt wird auch inde mĭnare *emmener* [ãm-].

264. Einfluß eines Velars liegt in der diphthongischen Verschmelzung eines Vokals mit einem aus folgendem gedecktem *l* entwickelten *u* (§§ 217, 413) im Fr. vor. Die Ergebnisse entsprechen weitgehend denen in betonter Stellung: falcone *faucon*, bĕllitate *beauté*, collocare *coucher*. Ursprünglich oder satzphonetisch (§ 575) nebentoniges ẹ verschmilzt mit gedecktem *l* (> *u*) zum Diphthongen *eu*, der entweder über [ö] zu [ü][1]) wird oder durch frühzeitige Verdumpfung über diphthongisches *ou* zu [*u*] oder [*o*] weiterschreitet: de ĭllu campu > *del champ* > *deu champ* > *du champ* (neben mundartlichem *dou champ*), in illu tempus > *el tens* > *eu t.* > *ou t.* > [ọ tã] (geschrieben: *au temps*), fĭlicaria *fougère*.

265. Zwischen Konsonant und *r* schwindet der Vokal *i(e)* in früher Zeit in den Wörtern quĭrītare > *critare (fr. *crier*, it. *gridare*; sp. *gritar* < -tt-), dīrēctu > *derēctu (§ 271) > *drēctu (it. *dritto* neben *diritto*, fr. *droit*, rm. *drept*; aber sp. *derecho* s. § 271). — Im It. findet sich der Schwund des *i* (< e, § 255) zwischen *s* und Konsonant: saetaceu *staccio*, securi *scure*, sextariu *staio* (vgl. § 465). — Im Fr. schwindet früh *e* vor *r* in *veracu (?) *v(e)rai*.

d) Einfluß der Wortstruktur (§§ 266–271)

α) Offene und geschlossene Silbe (§ 266)

266. Im Fr. bleibt *e* in frz. geschlossener Silbe als [*e*] erhalten: verecundia *vergogne*, misculare > *mesler* (> *mêler*). Dagegen wird es in offener Silbe zu [ə] verdumpft: nepote *neveu*, septimana

[1]) Ähnlich wird [*ö*], das durch Vorgänge der Wortbildung in den Nebenton tritt, zu [*ü*], s. § 256.

semaine, veracu afr. *verai*. Satzphonetisch (§ 575) kann dieses [ə] durch Vorsetzung eines engverbundenen weiteren Wortes in zwischentonige (§ 292) Stellung geraten, wodurch Schwund bedingt ist: *le neveu* [*lənvö̦*], *la semaine* [*lasmę̄n*].

β) Hiatus (§§ 267—268)

267. Über vlt. Hiat vgl. § 251. — Im Fr. kann durch Konsonantenausfall (§§ 369—403) sekundärer Hiat entstehen. In diesem Fall entwickeln sich die Vokale (§ 253) so[1]):

vlt.	i	e	a	o	u	au
afr.	*i*	*e*[ə]	*a* > *e*[ə]	*o*[*u*]	[*ü*]	*o*[*u*]
nfr.	*i*	—	—	[*u*]	[*ü*]	[*u*]

Es bleiben also im Sinne von § 102 nur die extrem geschlossenen Vokale erhalten. Vlt. *e*, *a* werden dagegen an den Tonvokal (der dadurch gelängt wird, was sich graphisch oft durch den *accent* ausdrückt) assimiliert. Beispiele: vīvenda *viande*; securu afr. *sëur*, nfr. *sûr*; aetaticu afr. *eage*, *aage*, nfr. *âge*; maturu afr. *mäur*, *mëur*, nfr. *mûr*; habutu afr. *ëu*, nfr. *eu* [*ü*]; pavore afr. *paour*, *peeur*, nfr. *peur*; jŏcare *jouer*; mutare *muer*; gaudere *jouir*. In einigen Wörtern verschmilzt die afr. Silbenfolge *ëu* zu nfr. [*ö*] (statt [*ü*]): *fatutu *feu*, agurịu *heur* (§ 258), jejunat *jeune*. — Im Buchwort leone wird *e* früh zu *i*: *lion*.

268. Schließung primärer und sekundärer Hiatvokale zu den Extremstufen [*i*, *i̯*; *ü*, *ü̯*; *u*, *u̯*] ist im Sinne von § 102 überhaupt weitverbreitet, so etwa im Pg.: legale *leal* [*lial*], moneta *moeda* [*mwędɒ*], medulla *miôlo*.

γ) Anlaut (§§ 269—270)

269. Im Rm. bleibt vlt. a als *a* erhalten (statt zu *ă* geschwächt zu werden, s. § 253), wodurch eine Schwächung der nur aus einem Vokal bestehenden Anlautsilbe vermieden wurde: aduncu *adînc*, adaquare *adăpá*, audire *auzí* (§ 253).

270. Aphaerese (Abfall) findet sich häufig, besonders im Rm. und It.: autumnu rm. *toamnă*, agnellu *miel*; acucula it. *guglia*, apotheca *bottega*, episcopu *vescovo*, occasione *cagione*, hospitale (*o*)*spedale*.

[1]) Schwund wird durch — bezeichnet.

Die Ursache ist oft falsche Abtrennung des Artikels: *la guglia* statt *l'aguglia*; *lo spedale* statt *l'ospedale* usw. — Auch Prosthese (Zusatz) kommt vor, meist ebenfalls infolge falscher Abtrennung des Artikels: vertigine fr. *avertin* (*la vertin* > *l'avertin*), vespa sp. *avispa*. — Zum Vorschlags-*i* vor *s* + Kons. vgl. § 353). S. noch S. 137 Anm. 1.

δ) Einfluß von Präfixen (§ 271)

271. Das Präfix ex- hat sich eingemischt in die Entwicklung von a(u)scultare (§ 258), obscuru, abscondere zu sp. *escuchar*, fr. *écouter* (aber it. *ascoltare*, rm. *ascultá*), sp. *escuro* (neben gelehrtem *oscuro*; im Ital. *scuro* ist der Abfall aus Wendungen wie *all'oscuro* > *allo scuro* verallgemeinert), *esconder* (aber it. *nascondere* < inab-), das Präfix de- in die Entwicklung von dīrectu zu *derēctu (sp. *derecho*; s. auch § 265), das Präfix re- in die Entwicklung von rotundu zu retundu (sp. *redondo*, pr. *redon*, rm. *rătund* [§ 262], altit. *ritondo*, 'Rückbildung' des 'Kompositums' zum 'Simplex' in it. *tondo*).

B. Nachtonvokale (§§ 272–291)

1. In Paroxytonis (§§ 272–281)

a) Allgemeines (§§ 272–274)

272. Die Nachtonvokale sind druckschwach (vgl. § 118). Im Sard. und It. (Mittel- und Süditalien [jedoch s. u.]) bleiben sie in fast vollem Umfange erhalten. Nicht mehr ganz den gleichen Umfang der Erhaltung zeigt das Rumänische. Noch mehr reduzieren die Nachtonvokale das Sp. und das Pg. In den übrigen Bereichen (Frz. [zum Frkpr. § 275], Pr., Kt., Rätorom., galloital. Mundarten) hat sich eine starke Tendenz zum Schwunde der Nachtonvokale durchgesetzt, was mit einer Übertreibung des exspiratorischen Akzents (extreme Hervorhebung der Haupt- und Nebentonsilben) zusammenhängt (s. § 120)[1]. In Süditalien (bes. im Neapolitanischen, Abruzz., Apulischen) machen sich in jüngerer Zeit ähnliche Tendenzen bemerkbar. — Am widerstandsfähigsten ist allgemein der schallstärkste Vokal *a*. — Übersichtstabelle (s. auch § 250)[2]:

---

[1]) Zwischenstufen im Vorgang des Schwundes sind Qualitätsverwischung (> [ə]) einerseits, Flüsteraussprache (stimmlose Aussprache) andererseits. Die Durchgangsstufe der Flüsteraussprache ist im neuesten Pg. sowie in südit. Mundarten gut zu beobachten.

[2]) Das Zeichen — bedeutet Schwund, das Zeichen † Umlautwirkung auf den Tonvokal (s. §§ 192–199). Zur Erklärung der übrigen Zeichen s. § 253.

Klt.	ī	ĭ	ē	ĕ	ă	ŏ	ō	ŭ	ū
Sard.	i†		e		a	o		u†	
Rum.	ĭ(i,–)†	e(ĭ)			ă	–(u)†			
'Vlt.' System	i†	e			a	o		u†	
Pg.	e[ə](–)†	e[ə](–)			a[ɐ]	o[u]		o[u]†	
Sp.	e†	e(–)			a	o			
Kt.	–†	–			a[ə]	–(o)			
Pr.	-†	–			a	–			
Fr.	–†	–			e[ə,–]	–			
Obw.	–†	–			a[ɐ]	–		–†	
It. (Tosk.)	i	e			a	o			
Südital.	i†	e			a	o		u†	

Der alte Diphthong ae fällt mit der *e*-Qualität zusammen (§ 250).

273. Beispiel für -ī: vĕnī sd. *bẹni*, rm. *vin*, pg. *vem*, sp. *vien*, kt. *vina*, pr. *ven*, fr. *viens*, it. *vieni*; vēnī pg. *vim*, sp. *vine*, pr. *vinc*, (*venui), afr. *vin* (nfr. *-s*), it. *vẹnni* (*-ui); fēci pg. *fiz*, sp. *hice*, kt. *fiu* (§ 568), pr. fr. *fis*, it. *fẹci*; vigĭntī sd. vinti, pg. *vinti*, sp. *veinte*, kt. pr. afr. *vint* (nfr. *vingt*), obw. *vegn*, it. *vẹnti*; vicīnī rm. *vecini*, pr. *vezin*, afr. *voisin*, it. *vicini*; grŏssī rm. *groși* (§ 383), pr. afr. *gros*, it. *grossi*, südit. *gruossi* (§§ 194, 197). — Die Umlautwirkung des -ī auf den Tonvokal ist weiter verbreitet als die des -ụ (s. § 199).

Beisp. für -ĭ: vĕnĭt sd. *vẹnịt* (§ 193), rm. *vine*, pg. *vem*, sp. *viene*, kt. *ve*, pr. *ven*, fr. *vient*, obw. *vegn*, it. *viene*.

Beisp. für -ē, -ĕ, -ae: levarĕ sd. *leare*, rm. *luare*, pg. pr. obw. *levar*, kt. sp. *llevar*, fr. *lever*, it. *levare*; dentēs sd. *dentes*, rm. it. § 280, pg. *dentes*, sp. *dientes*, kt. *dents*, pr. *dens*, afr. *denz* (nfr. *dents*), obw. *dents*; stellae rm. *stele*, it. *stelle*.

Beisp. für -a: rota sd. *roda*, rm. *roată*, pg. kt. obw. *roda*, sp. *rueda*, fr. *roue*, it. *ruota*; laudat rm. *laudă*, pg. *louva*, sp. *loa*, kt. *lloa*, pr. *lauza*, fr. *loue*, obw. *lauda*, it. *loda*.

274. Das Schicksal der Velarqualitäten ist besonders verwickelt.

Schon in altlat. Zeit ist deutlich eine Tendenz festzustellen, vornehmlich das ŏ der indogerm. Endung -ŏs (nom. sgl. masc.) zu ŭ zu erhöhen (-ŭs), jedoch das ŏ der indogerm. Endung -ŏm (acc. sgl. masc. nom. acc. neutr.) bei der Qualität o zu belassen (-ŏm)[1]. Möglicherweise haben Reste dieser (in der lat. Schriftsprache zu *u* uniformierten) Unterscheidung regional weiterbestanden. Jedenfalls hätte später im Raume des vlt. 'Vierstufensystems' (§ 156) bei der Qualitätsneuordnung die lat. Endung des nom. sgl. masc. -ŭs zu vlt. -ọs werden und so mit der Endung des acc. plur. -ōs > -ọs zusammenfallen müssen. Man wich diesem Zusammenfall dadurch aus, daß man -ŭs zu -ụs mit geschlossenem ụ (das Umlaut des Tonvokals bewirkte, s. § 198) werden ließ. Daraufhin wurde auch das -ọ(m) des acc. sgl. masc. analogisch zu -ụ(m) (das ebenfalls Umlaut des Tonvokals bewirkte), während lat. ŭ in allen anderen Fällen regelrecht (§ 272) zu vlt. ọ (das keinen Umlaut des Tonvokals bewirkte) wurde (also: cantamŭs > vlt. *-mọs, fĕrrŭm > vlt. fęrrọ). Ebenso wurde lat. -ō zu vlt. -*ọ*, das keinen Umlaut bewirkte (ŏctō > vlt. ọctọ, pĕrdō > vlt. pęrdọ). Diese Verhältnisse liegen in einem südlichen Streifen Mittelitaliens (südl. Marken, Südumbrien, nördl. Abruzzen, Latium) sowie im Pg. noch deutlich vor. — Dazu S. 119 Anm. 3.

In den genannten it. Mundarten (in denen der nom. masc. -us nicht mehr erhalten ist) ist das -ŭm des acc. sgl. masc. durch -*u* vertreten, das Umlaut des Tonvokals bewirkt: illu lectu *lu liettu*, illu ventu *lu vientu*, illu focu *lu fuocu*, illu porcu *lu puorcu*, illu mŭndu *lu munnu*, illu martellu *lu martiellu*. Ebenso wird das -u der Endung -unt der 3. pers. plur. der Verba zu -ụ, da diese Endung wegen der Ausfalls der beiden Auslautkonsonanten sonst mit der Endung ō (vlt. ọ) der 1. pers. sgl. zusammengefallen wäre: mĭttō *mẹtto*, mĭttunt *mittu*. — Dagegen ist jedes andere lat. ŭ sowie lat. ō durch *o* vertreten, das keinen Umlaut des Tonvokals bewirkt: illu fĕrru *lo fęrro*, illu ŏleu *l'ọglio*, tēcum *tẹco*, nōscum *nọsco*. pĕjjus *pęggio*, mĕlius *męglio*, vidēmus *vedẹmo*, ŏctō *ọtto*, pĕrdō *pęrdo*. Im Gros Süditaliens (südl. des o. a. Streifens) ist eine (jeweils gradweise verschiedene) Verallgemeinerung der Lautung -u (mit Umlautwirkung auf den Tonvokal) eingetreten, so besonders für die Neutra (*lu fierru*), seltener in anderen Fällen (*pieǧǧu, miegliu*), am

[1]) Otto Prinz, De *o* et *u* vocalibus . . ., diss. Halis Sax. 1932, p. 105.

seltensten für lat. ŏ (*uottu*). — Im Pg. sind zwar in der heutigen Graphie (und wohl der mittelalterlichen Aussprache) *o*, der die heutige Aussprache [*u*] entspricht, alle lat. Velarqualitäten zusammengefallen (wie im Sp.). Jedoch gestattet die Wirkung des Umlauts (§ 195) einen Einblick in den ältesten (vorliterarischen) Zustand des Pg., und zwar wirkte lat. -ŭ umlautend (pŏrcu *pọrco*, s. § 195), jedoch nicht das -ŭm der Neutra (*fẹrro*, *cọllo*) noch lat. ŏ (pŏrcōs *pọrcos*, s. § 195). — Im Obw. (und in weiteren rätor. Mundarten) wirkt lat. -ŭ umlautend, lat. ŏ jedoch nicht (s. § 196). —

Im Rm. fielen alle Velarqualitäten in -*u* zusammen, das Umlaut bewirkte (pŏrcu *pọrc* ebenso wie ŏctō *ọpt*). Über die Bedingungen des Schwundes bzw. der Erhaltung dieses -*u* s. §§ 275, 281.

In den übrigen Bereichen der Romania fielen alle Velarqualitäten frühzeitig in einer Qualität *o* zusammen: Die umlautende Wirkung des lat. -ŭ verlor damit ihre Vorbedingung, so daß der Umlaut beseitigt (in einzelnen Sprachen oder Mundarten vielleicht umgekehrt: verallgemeinert) wurde, s. § 198.

Das Ergebnis ist im Tosk. (It.) und Sp. -*o*, im Kt. -*o* oder Schwund, im Pr. Fr. Schwund. Beispiele: citō sp. *cedo*, cantō it. sp. kt. *canto*, rm. *cînt*, pr. kt. *cant*, afr. *chant*; caballōs sp. *caballos*, kt. *cavalls*, pr. *cavals*, afr. *chevals* (nfr. *chevaux*); caballŭm it. *cavallo*, sp. *caballo*, kt. *cavall*, pr. *caval*, fr. *cheval*, rm. *cal*; illae manūs alttosk. *le mano* (so noch dial.; schriftspr. *le mani* analogisch nach anderen Pluralen auf -*i*).

b) Besonderheiten (§§ 275–281)

275. Im Fr. (u. Pr.) bleiben Vokale, die normalerweise schwinden (§ 272), nach gewissen Konsonantengruppen als -*e* [ə] erhalten, so nach Kons. + *r* (patre afr. *pedre*, *père*, pr. *paire*; alteru fr. pr. *autre*), -mn- (somnu fr. *somme*), Labial + i̯ (rubeu, apiu fr. *rouge*, *ache*). —

Im Rm. bleiben -*u*, -*i* (s. § 272) nach Kons. + Liquida volltönend: amb(u)lo *îmblu*, adflo *aflu*, socri *socri*. — Im Frankopr. bleibt -a normalerweise als -*a* erhalten, nach Palatalen wird es dagegen zu -*e* erhöht: tela *taila*, aber vacca *vache*. Die Erscheinung entspricht den Verhältnissen des betonten Vokalismus, § 210.

276. Was das Schicksal des auslaut. -*e* (auch -*e* < ī, s. § 272) im Iberorom. angeht, so ist vom Westen zum Osten hin ein immer radikaleres Umsichgreifen der Schwundtendenz festzustellen, wobei das Kt. fast soweit geht wie das Pr. — Also: (libert-)ate, clave, ponte, axe, pelle pg. -*ade*, *chave*, *ponte*, *eixe*, *pelle*; sp. -*ad*, *llave*, *puente*, *eje*, *piel*; kt. -*at*, *clau*, *pont*, *eix*, *pell*. Das Aragon. schließt sich in dieser Eigenheit weitgehend dem Kt. an. Die altspan. Schrift-

denkmäler huldigen noch in weitem Ausmaße den östlichen Tendenzen[1]): asp. *puent*, *vien*, *(fez)ist* neben asp. nsp. *puente*, *viene*, *(hic)iste*. Im Nsp. hat in diesen Fällen die Form mit *-e* gesiegt, die auch durch den Plural (*puentes*) bzw. sonstige Formen (2. pers. *vienes*) gestützt wurde, s. § 277.

277. Vor auslaut. *-s* bleibt *-e* im Sp.-Pg. erhalten (während das Gallorom. — auch das Kt. — es in diesem Falle schwinden lassen): pontes, paretes, panes, vices pg. *pontes*, *paredes*, *pães*, *vezes*; sp. *puentes*, *paredes*, *panes*, *veces* (kt. *ponts*, *parets*, *pans*; fr. *ponts*, *parois*, *pains* usw.).

Im Kt. bleibt *-a* ursprünglich — und bis heute in der Schrift — erhalten (in der Aussprache ist es heute etwa zu [ə] abgeschwächt). Folgte dagegen ein (erhaltener) Konsonant, so wurde *-a* zu *-e* (auch in der Schrift) geschwächt: casa *casa*, porta 'trage!' *porta*, portat *porta*; casas *cases*, portas 'du trägst' *portes*, portant *porten*.

278. Wenn der Auslautvokal unmittelbar auf den Tonvokal folgt, bildet er mit diesem einen — bereits vlt. — Diphthong (s. § 248). Der Auslautvokal bleibt als Diphthongbestandteil auch im Gallorom. — und zwar in seiner lat. Qualität — erhalten: Deu pr. fr. *Dieu*, cui afr. *cui* (nfr. *qui*) usw. s. § 248.

279. Vor Konsonantengruppen (-nt der 3. plur.) bleibt der Auslautvokal — im Fr. als *-e* — erhalten: credunt pr. *crezon*, fr. *croient*. Im Rm. tritt wegen des Schwundes des Kons. auch Vokalschwund ein: *cred* (s. § 533).

280. Das normale Ergebnis von -e ist im It. *-e* (s. § 272): caprae *capre*, septem *sette*, bene *bene*, ubĭ *ove*. Die in einigen Wörtern auftretende Lautung *-i* scheint eine analogische Erscheinung zu sein: decem altit. *diece*, neuit. *dieci* nach *venti* viginti. Doch bleiben Unklarheiten. — Aus -es scheint im Ostrom. *-i* geworden zu sein: vendis it. *vendi*, rm. *vinzĭ*; dentes it. *denti*, rm. *dinți*. Wenn aus cantas it. *canti*, rm. *cânțĭ* wird, so scheint -as zu unbestimmtem Zeitpunkt durch -es ersetzt worden zu sein. Vgl. § 542.

281. Im Rm. behalten die auslaut. -u und -i ihre volle Qualität, wenn sie nicht im unmittelbaren Auslaut stehen, also zwar lupu *lup*, civitates *cetățĭ*, aber lupu-illu *lúpul*, civitates-illae *cetắțile*. — Im Rumän. wirken vorhergehende Palatale und Labiale auf den Auslautvokal ähnlich wie auf einen betonten Vokal (§ 239), insbesondere wird -a hinter Palatalen zu *-e* (statt zu *-ă*): vinea *vie*, folia *foaie*. Einfluß des Labials: nobis altrum. *noao*, nrum. *nouă*.

[1]) Man wird sie nicht nur als mittelalterliche Gallizismen bezeichnen dürfen.

2. In Proparoxytonis (§§ 282–291)

a) Fälle vulgärlateinischer Reduzierung (§§ 282–283)

282. Bereits im Vlt. sind einige Proparoxytona durch Schwund des Mittelvokals[1]) zu Paroxytona geworden, und zwar fällt der Mittelvokal[2]):

1. Zwischen Kons. und *l*: oclu, vetulu > *vetlu (§ 508);
2. Zwischen *l* und Kons.: colaphu > colpu, cal(i)du, sol(i)du (vgl. valide > valde), cal(a)mu, sal(i)ce.
3. Zwischen *r* und Kons.: vir(i)de, lar(i)du.
4. Zwischen *s* und *t*: pos(i)tu.
5. In den Verbindungen ávi + Kons., ávu + Kons. (§ 245).
6. In einigen sonstigen Fällen: frig(i)du u. a.

All diese Wörter gelten demnach für das Romanische bereits als Paroxytona und werden als solche behandelt: it. *colpo* fr. *coup*; it. *caldo*, fr. *chaud* (aber z. B. tepidu it. *tiepido*, fr. *tiède*; s. § 285).

283. Steht der Mittelvokal im Hiat zum Auslautvokal, so verliert er bereits im Vlt. seinen Silbenwert oder schwindet, s. § 251. Die Wörter gelten für das Roman. als Paroxytona: fíliu > filịu (it. *figlio*)[3]), báttuo > batto usw.

b) Das Schicksal der vlt. Proparoxytona (§§ 284–291)

284. Die verbliebenen Proparoxytona werden in den einzelnen roman. Sprachen verschieden behandelt. Das Sard. und die Ostromania (It., Rm.) halten die Proparoxytona weitgehend bei. In der Westromania verfallen sie dagegen im allgemeinen der Reduzierung: innerhalb der Westromania ist das Pg. am konservativsten. Im Sp. nimmt die Reduzierung bereits ein recht merkbares Ausmaß an; durchgreifende Reduzierungserscheinungen zeigen das Kt., das Gallo- und Rätorom. sowie das Oberit.

---

[1]) Der Schwund des Mittelvokals wird mit dem Terminus 'Synkope' bezeichnet.

[2]) Die Formen sind meist in den Schriftdenkmälern bereits belegt.

[3]) Das ị wird im Prov. nach bestimmten Kons. infolge Ausfalls des Auslautvokals wieder silbisch: somnium *somni*, hordeum *ordi* (s. § 457).

Beispielauswahl: duodecim it. *dódici*, pg. *doze*, sp. *doce*, kt. pr. *dotze*, fr. *douze*; pulvere (*pulvora) it. *pólvere*, pg. sp. *pólvora*, pr. *poldra*, fr. *poudre*; hedera rm. *iéderă*, it. *edera*, pg. *hera*, sp. *hiedra*, kt. *eura*, pr. *elra*, fr. *lierre*; lepore rm. *iépure*, it. *lepre*, pg. *lebre*, sp. *liebre*, kt. *llebre*, pr. *lebre*, fr. *lièvre*; pectine rm. *piéptene*, it. *pèttine*, pg. *pente*, sp. *peine*, fr. *peigne*; arbore rm. *árbore*, it. *álbero*, pg. *árvore*, sp. *árbol*, kt. pr. fr. *arbre*; fraxinu rm. *frásin*, it. *frássino*, pg. *fréixo*, sp. *fresno*, pr. *fraisse*, fr. *frêne*; pulice rm. *púrece*, it. *pulce*, sp. *pulga* (-ĭca), fr. *puce*; pertica it. *pèrtica*, fr. *perche*; póllice it. *pòllice*, fr. *pouce*; carpinu rm. *cárpin*, it. *cárpino*, pg. sp. *carpe*, fr. *charme*; cardine it. *cárdine*, afr. *charne*.

Im Rm. schwindet auch in Proparoxytonis *-u* (vgl. § 272): fraxinu *frásin*, carpinu *cárpin*.

285. Was die Arten der Reduzierung angeht, so fällt entweder — auf Grund 'hüpfender Akzentuierung' (s. § 121) — der Mittelvokal oder — auf Grund 'fallender Akzentuierung' (s. § 121) — der Auslautvokal.

286. Im Franz. fällt der Mittelvokal bedingungslos, der Auslautvokal bleibt immer als *-e* erhalten: tepidu *tiède* (im Gegensatz zu caldu *chaud*, s. § 282), fraxinu *frêne*, cubitu *coude* usw.

287. Das Prov. verhält sich weitgehend wie das Fr.: cubitu *cobde*, duodecim *dotze*. Jedoch gibt es lat. Worttypen, in deren Weiterentwicklung das Pr. das Zusammentreffen bestimmter Konsonantengruppen vermeidet, indem es eine 'fallende Akzentuierung' (§§ 121, 285) eintreten läßt. Das Ergebnis ist dann die Erhaltung des Mittelvokals als *-e-* und der Schwund des Auslautvokals, wenn dieser nicht *-a* ist: fraxinu *fraisse*, vendere *vénder*, *essere *esser*, plangere *plánher*, tepidu *tebe*[1]). Ist der Auslautvokal *-a*, so bleibt auch dieser (und damit das gesamte Proparoxytonon) erhalten: persica *pérsega*. Häufig findet sich in letzterem Falle eine sekundäre Akzentverlagerung, durch die das Proparoxytonon zum Paroxytonon wird: *perséga* (vgl. § 152).

Im Frankopr. behält der lat. Auslautvokal -u(-o) seine Klangfarbe: cubitu *códo*.

288. Im Span.-Pg. bleiben die Auslautvokale *-a*, *-o* auf jeden Fall erhalten (s. § 272). Der Auslautvokal *-e* bleibt, wenn der Mittelvokal schwindet, ebenfalls erhalten. Bleibt der Mittelvokal erhalten, so kann *-e* schwinden oder erhalten bleiben. — Der Mittelvokal -a- bleibt in jedem Falle erhalten. Die Mittelvokale -o- (-u-),

[1]) Auch in ostfranz. Mundarten ist 'fallende Akzentuierung' verbreitet: ostfrz. *tiève*.

-e- (-i-) können schwinden oder erhalten bleiben. Die Erhaltung ist im Pg. besser ausgeprägt als im Sp. (vgl. § 284). — Beispiele: orphanu sp. *huérfano*, pg. *orfão*; *pulica sp. pg. *pulga*; hospite sp. *huésped* (hospites *huéspedes*, s. § 277), pg. *hóspede*; juvene sp. *joven* (juvenes *jóvenes*, § 277), pg. *jovem*; ordine sp. *orden* (ordines *órdenes*, § 277), pg. *ordem*; homine sp. *hombre*, pg. *homem*; fraxinu sp. *fresno*, pg. *freixo*; duodecim sp. *doce*, pg. *doze*; arbore sp. *árbol*, pg. *árvore*; pectine sp. *peine*, pg. *pente*.

289. In weiten Gebieten der Romania (bes. im Rm., It., Sp.-Pg.) läßt sich eine — schon im Vlt. belegte — Tendenz feststellen, den Mittelvokal zum neutralen Vokal *-a-* werden zu lassen: passere rm. *pasăre*, sp. *pájaro*; cophinu it. *còfano*, sp. *cuévano*; Hieronymus it. *Geròlamo*; pampinu sp. pg. *pámpano*.

290. Wo der Mittelvokal erhalten bleibt, kann er durch die umgebenden Laute verschieden beeinflußt werden. So verlangt das It. vor *r* die Qualität *e* (vgl. § 293): arbore *álbero*; vor *l* dagegen *o*: nubila *núvola*, -ebile *-évole*; auch im Pr.: flebilis *frévol*. — Im Rm. wird *e* nach Labialen zu *ă* geöffnet, wenn in der nächsten Silbe *-u* folgte: galbinu *galbăn*, numeru *număr*. Folgt -i, so bleibt *-e-* erhalten: homines *oámenĭ*. Vgl. dazu § 262.

291. Die Behandlung der Proparoxytona ist oft ein Anhaltspunkt für die relative Chronologie des Lautwandels. So zeigt semita fr. *sente*, daß die Synkope vor der Sonorisierung des intervokalen *-t-* (§ 378) erfolgt ist, während sp. *senda* für das Sp. den umgekehrten Schluß erlaubt. Die Entwicklung von tepidu fr. *tiède* zeigt, daß die Diphthongierung des freien ę (§ 164) vor der Synkope erfolgte, während sapidu fr. *sade* darauf schließen läßt, daß die Palatalisierung des freien -a- (§ 164) erst nach der Synkope erfolgte, da sapidu (> afr. **sadde*) nicht mehr von der Palatalisierung ergriffen wurde.

C. Zwischentonvokale (§§ 292—296)

292. Die Zwischentonvokale sind druckschwach (s. § 117), ihre Behandlung entspricht weitgehend der der Nachtonvokale (§§ 372—281): die Zwischentonvokale a, i in càntatóre, dòrmitóriu haben ungefähr die gleiche Druckstärke wie die Auslautvokale von cánta, dórmi.

293. Im Sard. und It. (besonders Mittelitalien) bleiben die Vokale fast in vollem Umfang erhalten. Weniger konservativ sind der Reihe nach das Rm., das Pg., das Sp. — In den übrigen Bereichen (Kt., Pr. Fr. Rätor., Nordit.) macht sich eine starke Tendenz zur Unterdrückung zwischentoniger Vokale bemerkbar, was mit einer Übertreibung der Druckabstufung (s. § 120) zusammenhängt[1]. Am widerstandsfähigsten ist allgemein der schallstärkste Vokal *a* (der im Fr. als *e* erhalten bleibt). Die Verhältnisse in den einzelnen Sprachen entsprechen ungefähr der Übersichtstabelle § 272. — Beispiele: montĭcellu it. *monticello*, fr. *monceau* (ebenso: ponticellu); germĭnare fr. *germer*, pistūrire fr. *pétrir*, mandūcare fr. *manger*, dormītorium fr. *dortoir*, habĭtare obw. *avdar*, vidērehábeo fr. *verrai*, vènīrehábeo afr. *vendrai*; *radīcīna rm. *rădăcina*, fr. *racine*; ornamentum fr. *ornement*, càntarehábeo fr. *chanterai* (it. *canterò*, s. § 290).

294. In den Sprachen, die die Zwischentonvokale im allg. bestehen lassen, tritt unter bestimmten Bedingungen — besonders in der Umgebung von Liquiden — auch Ausfall ein: venīrehabeo it. *verrò*, civitate it. *città*, bonitate it. *bontà*; oscitare rm. *uștá*, vestimentu rm. *vẹșmînt*.

295. Die Sprachen, die die Zwischentonvokale im allg. schwinden lassen, behalten sie unter bestimmten Bedingungen bei, und zwar im Fr.-Pr. als *-e-*. In Frage kommen bestimmte Konsonantengruppen (zu denen auch Kons. + i̯ gehört, s. § 451): papilione afr. *paveillon*, nfr. *pavillon*; catenione afr. *chaeignon*[2]), suspectione afr. *sospeçon*[2]), latrociniu afr. *larrecin*[2]), gubernare fr. *gouverner*; matūricare sp. *madrugar*. — Ist der Zwischentonvokal lang, so ist bei Verben Erhaltung des Stammes häufig, da stammbetonte Formen einwirken: mendīcare fr. *mendier* (nach mendīcat *mendie*), mensūrare fr. *mesurer*. Tendenz zur Erhaltung des Verbalstamms liegt auch in vestimentu fr. *vêtement* (nach *vêtir*), dòrmīrehábeo fr. *dormirai* vor usw.

296. Der frz. Zwischentonvokal *-e-* (<*-a-* oder aus anderen lat. Vokalen entstanden, s. §§ 293, 295) schwindet im Nfr., wenn er im Laufe der Entwicklung durch Konsonantenfall in den Hiat zum Tonvokal getreten ist: cantatore afr. *chantēeur*, nfr. *chanteur*; afr. *chaeignon* (§ 295) nfr. *chignon*. Hinter *r* ist der Zwischentonvokal geschwunden in sacramentum afr. *sairement* nfr. *serment*, afr. *larrecin* (§ 295) nfr. *larcin*; auch in afr. *sospeçon* (§ 295) nfr. *soupçon*.

[1]) In Südit. machen sich (entsprechend § 272) in jüngerer Zeit ähnliche Tendenzen bemerkbar. [2]) Nfr. s. § 296.

Index der Terminologie und der Abkürzungen

Die Zahlen beziehen sich auf die Paragraphen. *Kursive Ziffer* = eingehendere Behandlung des betr. Terminus. Die historische Lautlehre (§ 149—532) wird durch die Verweise des Index, dessen Zweck die Erklärung der in unserer Darstellung angewandten Terminologie ist, nicht erfasst.

GESAMTVERZEICHNIS

SAMMLUNG GÖSCHEN

DAS WISSEN DER WELT IN KURZEN, KLAREN, ALLGEMEINVERSTÄNDLICHEN EINZELDARSTELLUNGEN NACH DEN LEHRPLÄNEN DER DEUTSCHEN UNIVERSITÄTEN UND HOCHSCHULEN AUFGEBAUT

JEDER BAND DM 2,40

DOPPELBAND DM 4,80

STAND MAI 1955

WALTER DE GRUYTER & CO.
BERLIN W 35

INHALTSVERZEICHNIS

Geisteswissenschaften

Philosophie · Pädagogik · Psychologie · Soziologie

Einführung in die Philosophie von *H. Leisegang*. 2. Auflage. 145 Seiten. 1953 . . . . Bd. 281

Erkenntnistheorie von *G. Kropp*. 1. Teil: Allgemeine Grundlegung. 143 Seiten. 1950 . . . . Bd. 807

Hauptprobleme der Philosophie von *G. Simmel*†. 7., unveränd. Auflage. 177 Seiten. 1950 . . . . Bd. 500

Geschichte der Philosophie

I: Die griechische Philosophie von *W. Capelle*. 1. Teil. Von Thales bis Leukippos. 2., erweiterte Auflage. 135 Seiten. 1953 . . . . Bd. 857

II: Die griechische Philosophie von *W. Capelle*. 2. Teil. Von der Sophistik bis zum Tode Platons. 2., stark erweiterte Auflage. 144 Seiten. 1953 . . . . Bd. 858

III: Die griechische Philosophie von *W. Capelle*. 3. Teil. Vom Tode Platons bis zur Alten Stoa. 2., stark erweiterte Auflage. 132 Seiten. 1954 . . . . . Bd. 859

IV: Die griechische Philosophie von *W. Capelle*. 4. Teil. Von der Alten Stoa bis zum Eklektizismus im 1. Jahrhundert v. Chr. 2., stark erweiterte Auflage. 132 Seiten. 1954 . . . . Bd. 863

V: Die Philosophie des Mittelalters von *J. Koch*. In Vorbereitung . . . . Bd. 826

VI: Von der Renaissance bis Kant von *K. Schilling*. 234 Seiten. 1954 . . . . Bd. 394 / 394a

VII: Immanuel Kant von *G. Lehmann*. In Vorbereitung . Bd. 536

VIII: Die Philosophie des 19. Jahrhunderts von *G. Lehmann*. 1. Teil. 151 Seiten. 1953 . . . . Bd. 571

IX: Die Philosophie des 19. Jahrhunderts von *G. Lehmann*. 2. Teil. 168 Seiten. 1953 . . . . Bd. 709

X: Die Philosophie im ersten Drittel des 20. Jahrhunderts von *G. Lehmann*. In Vorbereitung . . . . . . Bd. 845

Die geistige Situation der Zeit (1931) von *K. Jaspers*. 3., unveränderter Abdruck der 1932 bearbeiteten 5. Auflage. 211 Seiten. 1953 . . . . Bd. 1000

Philosophisches Wörterbuch von *M. Apel* †. 4., unveränderte Auflage. 260 Seiten. 1953 . . . . Bd. 1031

Philosophische Anthropologie von *M. Landmann*. In Vorbereitung . . . . Bd. 156/156a

Geschichte der Pädagogik von *H. Weimer*. 11., neubearbeitete und vermehrte Auflage. 176 Seiten. 1954 . . . . . . Bd. 145

Therapeutische Psychologie. Freud – Adler – Jung von *W. M. Kranefeldt*. Mit einer Einführung von *C. G. Jung*. 2. Auflage. 152 Seiten. 1950 . . . . Bd. 1034

Soziologie. Geschichte und Hauptprobleme von *L. von Wiese*. 5. Auflage. 162 Seiten. 1954 . . . . Bd. 110

Religionswissenschaften

Jesus von *M. Dibelius* †. 2. Auflage. Unveränderter Nachdruck. 137 Seiten. 1949 . . . . Bd. 1130

Paulus von *M. Dibelius* †. Nach dem Tode des Verfassers herausgegeben und zu Ende geführt von *W. G. Kümmel*. 155 Seiten. 1951 . . . . Bd. 1160

Musik

Musikästhetik von *H. J. Moser.* 180 Seiten. 1953 . . . . Bd. 344
Systematische Modulation von *R. Hernried.* 2. Auflage. 136 Seiten. 1950 . . . . Bd. 1094
Der polyphone Satz von *E. Pepping.* 1. Teil: Der cantus-firmus-Satz. 2. Auflage. 223 Seiten. 1950 . . . . Bd. 1148
Harmonielehre von *H. J. Moser.*
I: 109 Seiten. 1954 . . . . Bd. 809
Technik der deutschen Gesangskunst von *H. J. Moser.* Dritte, durchges. u. verbesserte Auflage. 144 Seiten mit 5 Fig. 1954 . . . . Bd. 576/576a
Die Kunst des Dirigierens von *H. W. von Waltershausen.* 2. Auflage. 138 Seiten. 1954 . . . . Bd. 1147
Die Technik des Klavierspiels aus dem Geiste des musikalischen Kunstwerkes von *K. Schubert* †. 3. Auflage. 110 Seiten. 1954 . . . . Bd. 1045
Die Musik des 19. Jahrhunderts von *W. Oehlmann.* 180 Seiten. 1953 . . . . Bd. 170
Allgemeine Musiklehre von *H. J. Moser.*
2., durchges. Auflage. 155 Seiten. 1955. . . . . . . Bd. 220/220a

Kunst

Stilkunde von *H. Weigert.*
I: Vorzeit, Antike, Mittelalter. 2. Auflage. 136 Seiten. Mit 94 Abbildungen. 1953 . . . . Bd. 80
II: Spätmittelalter und Neuzeit. 2. Auflage. 146 Seiten. Mit 84 Abbildungen. 1953 . . . . Bd. 781

Geschichte

Einführung in die Geschichtswissenschaft von *P. Kirn.* 2. Auflage. 121 Seiten. 1952 . . . . Bd. 270
Archäologie von *A. Rumpf.*
I: Einleitung, historischer Überblick. 143 Seiten mit 6 Abbildungen im Text und 12 Tafeln. 1953 . . . . . Bd. 538
II: In Vorbereitung . . . . Bd. 539
Kultur der Urzeit von *F. Behn.* 4. Auflage der „Kultur der Urzeit". Band I–III von *M. Hoernes.*
I: Die vormetallischen Kulturen. (Die Steinzeiten Europas. Gleichartige Kulturen in anderen Erdteilen). 172 Seiten mit 48 Abbildungen. 1950 . . . . Bd. 564
II: Die älteren Metallkulturen. (Der Beginn der Metallbenutzung. Kupfer- und Bronzezeit in Europa, im Orient und in Amerika). 160 Seiten mit 67 Abbildungen. 1950 Bd. 565
III: Die jüngeren Metallkulturen. (Das Eisen als Kulturmetall. Hallstatt-Latène-Kultur in Europa. Das erste Auftreten des Eisens in den anderen Erdteilen). 149 Seiten mit 60 Abbildungen. 1950. . . . . Bd. 566
Vorgeschichte Europas von *F. Behn.* Völlig neue Bearbeitung der 7. Auflage der „Urgeschichte der Menschheit" von *M. Hoernes.* 125 Seiten mit 47 Abbildungen. 1949 . . . Bd. 42
Von den Karolingern zu den Staufern von *J. Haller.* Die altdeutsche Kaiserzeit (900–1250). 3. Auflage. 141 Seiten mit 4 Karten. 1944 . . . . Bd. 1065

Deutsche Geschichte im Zeitalter der Reformation, der Gegenreformation und des 30jährigen Krieges von *F. Hartung*. 129 Seiten. 1951 . . . . Bd. 1105

Quellenkunde der deutschen Geschichte im Mittelalter (bis zur Mitte des 15. Jahrhunderts) von *K. Jacob*†.
I: Einleitung. Allgemeiner Teil. Die Zeit der Karolinger. 5. Auflage. 118 Seiten. 1949 . . . . Bd. 279
II: Die Kaiserzeit (911 – 1250). 4. Auflage. 127 Seiten. 1949 . . . . Bd. 280
III: Das Spätmittelalter (vom Interregnum bis 1500). Unter Verwendung der Hinterlassenschaft herausgegeben von *F. Weden*. 152 Seiten. 1952 . . . . Bd. 284

Badische Geschichte von A. Krieger. 137 Seiten. 1921 . . . . Bd. 230

Geschichte Englands von *H. Preller*.
I: bis 1815. 3., stark umgearbeitete Auflage. 135 Seiten mit 7 Stammtafeln und 2 Karten im Text. 1952 . . . . Bd. 375
II: von 1815 bis 1910. 2., völlig umgearb. Auflage. 118 S. mit 1 Stammtafel und 7 Karten im Text. 1954 . . . Bd. 1088

Geschichte der Vereinigten Staaten von Amerika von *O., Graf zu Stolberg-Wernigerode*. In Vorbereitung . . . Bd. 1051/1051a

Deutsche Sprache und Literatur

Deutsches Rechtschreibungswörterbuch von *M. Gottschald*. 2., verbesserte Auflage. 269 Seiten. 1953 . . . . Bd. 200/200a

Deutsche Wortkunde von *A. Schirmer*. Eine kulturgeschichtliche Betrachtung des deutschen Wortschatzes. 3., durchgesehene Auflage. 109 Seiten. 1949 . . . . Bd. 929

Deutsche Sprachlehre von *W. Hofstaetter*. 9., neubearbeitete Auflage von *G. Spree*. 144 Seiten. 1953 . . . . Bd. 20

Stimmkunde für Beruf, Kunst und Heilzwecke von *H. Biehle*. 111 Seiten. 1955 . . . . Bd. 60

Redetechnik von *H. Biehle*. Einführung in die Rhetorik. 115 Seiten. 1954 . . . . Bd. 61

Sprechen und Sprachpflege von *H. Feist*. (Die Kunst des Sprechens). 2., verbesserte Auflage. 99 Seiten mit 25 Abbildungen. 1952 . . . . Bd. 1122

Deutsches Dichten und Denken von der germanischen bis zur staufischen Zeit von *H. Naumann*. (Deutsche Literaturgeschichte vom 5.–13. Jahrhundert). 2., verbesserte Auflage. 166 Seiten. 1952 . . . . Bd. 1121

Deutsches Dichten und Denken vom Mittelalter zur Neuzeit von *G. Müller* (1270–1700). 2., durchgesehene Auflage. 159 Seiten. 1949 . . . . Bd. 1086

Deutsches Dichten und Denken von der Aufklärung bis zum Realismus von *K. Viëtor* (Deutsche Literaturgeschichte von 1700–1890). 2., durchgesehene Auflage. 156 Seiten. 1949 . . . . Bd. 1096

Der Nibelunge Nôt in Auswahl mit kurzem Wörterbuch von *K. Langosch*. 9., umgearbeitete Auflage. 164 Seiten. 1953 . . . . Bd. 1

Die deutschen Personennamen von *M. Gottschald*. 2., verbesserte Auflage. 151 Seiten. 1955 . . . . Bd. 422

Indogermanisch · Germanisch

Gotisches Elementarbuch von *H. Hempel.* Grammatik, Texte mit Übersetzung und Erläuterungen. 2., umgearbeitete Auflage. 165 Seiten. 1953 . . . . Bd. 79

Germanische Sprachwissenschaft von *H. Krahe.* 2. Auflage.
II: Formenlehre. 140 Seiten. 1948 . . . . Bd. 780

Althochdeutsches Elementarbuch von *H. Naumann* † und *W. Betz.* 2. Auflage. 156 Seiten. 1954 . . . . Bd. 1111

Mittelhochdeutsches Elementarbuch von *H. de Boor.* In Vorbereitung . . . . Bd 1108

Altnordisches Elementarbuch von *F. Ranke.* Schrifttum, Sprache, Texte mit Übersetzung und Wörterbuch. 2., durchgesehene Auflage. 146 Seiten. 1949 . . . . . Bd. 1115

Englisch · Französisch · Italienisch

Altenglisches Elementarbuch von *M. Lehnert.* Einführung, Grammatik, Texte mit Übersetzung und Wörterbuch. 3., verbesserte Auflage. 178 Seiten. 1955 . . . . . . Bd. 1125

Englische Literaturgeschichte.
I: Die alt- und mittelenglische Periode von *F. Schubel.* 163 Seiten. 1954 . . . . Bd. 1114
II: Von der Renaissance bis zur Aufklärung von *Paul Meissner*†. 139 Seiten. 1937 . . . . Bd. 1116
III: Romantik und Viktorianismus von *Paul Meissner*†. 150 Seiten. 1938 . . . . Bd. 1124
IV: Das 20. Jahrhundert von *Paul Meissner*†. 150 Seiten. 1939 . . . . Bd. 1136

Beowulf von *M. Lehnert.* Eine Auswahl mit Einführung, teilweiser Übersetzung, Anmerkungen und etymologischem Wörterbuch. 2., verbesserte Auflage. 135 Seiten. 1949 Bd. 1135

Shakespeare von *P. Meissner*†. 2. Auflage, neubearbeitet von M. Lehnert. 136 Seiten. 1954 . . . . Bd. 1142

Romanische Sprachwissenschaft von *H. Lausberg.*
I: Einleitung und Vokalismus. In Vorbereitung . . . . Bd. 128
II: Konsonantismus. In Vorbereitung . . . . Bd. 250

Italienische Literaturgeschichte von *K. Vossler.* Unveränderter Nachdruck der 1927 erschienenen 4., durchgesehenen und verbesserten Auflage. 148 Seiten. 1948 . . . . Bd. 125

Griechisch · Lateinisch

Griechische Sprachwissenschaft von *W. Brandenstein.*
I: Einleitung, Lautsystem, Etymologie. 160 Seiten. 1954 Bd. 117

Geschichte der griechischen Sprache
I: Bis zum Ausgang der klassischen Zeit. Von *O. Hoffmann*†. 3., umgearbeitete Auflage von *A. Debrunner.* 156 Seiten. 1954 . . . . Bd. 111
II: Grundfragen und Grundzüge d. nachklass. Griechisch. Von *A. Debrunner.* 144 Seiten. 1954 . . . . Bd. 114

Geschichte der griechischen Literatur von *W. Nestle.* 2., verbesserte Auflage.
I: Von den Anfängen bis auf Alexander d. Gr. 148 Seiten 1950 . . . . Bd. 70
II: Von Alexander d. Gr. bis zum Ausgang der Antike. 128 Seiten. 1948 . . . . Bd. 557

Geschichte der lateinischen Sprache von *F. Stolz* †. 3., stark umgearbeitete Auflage von *A. Debrunner*. 136 Seiten. 1953 . . . . Bd. 492

Hebräisch · Sanskrit · Russisch

Hebräische Grammatik von *G. Beer*†. 2., völlig neubearbeitete Auflage von *R. Meyer*.
I: Schrift-, Laut- und Formenlehre I. 157 Seiten. 1952. Bd. 763/763a
II: Schrift-, Laut- und Formenlehre II. 195 Seiten. 1955 . . . . Bd. 764/764a

Sanskrit-Grammatik von *M. Mayrhofer*. 89 Seiten. 1953 . . . Bd. 1158

Russische Grammatik von *G. Berneker*. 6., unveränderte Auflage von *M. Vasmer*. 155 Seiten. 1947 . . . . Bd. 66

Erd- und Länderkunde

Afrika von *F. Jaeger*. Ein geographischer Überblick. 2., umgearbeitete Auflage.
I: Der Lebensraum. 179 Seiten mit 18 Abbildungen. 1954 Bd. 910
II: Mensch und Kultur. 155 Seiten mit 6 Abbildungen. 1954 Bd. 911

Australien und Ozeanien von *H. J. Krug*. 176 Seiten mit 46 Skizzen. 1953 . . . . Bd. 319

Kartenkunde von *M. Eckert-Greifendorff*†. 3., durchgesehene Auflage von *W. Kleffner*. 149 Seiten mit 63 Abb. 1950 Bd. 30

Volkswirtschaft · Publizistik

Allgemeine Betriebswirtschaftslehre von *K. Mellerowicz*. 8., unveränderte Auflage.
I: 142 Seiten. 1954 . . . . Bd. 1008
II: 112 Seiten. 1954 . . . . Bd. 1153
III: 143 Seiten. 1954 . . . . Bd. 1154

Allgemeine Volkswirtschaftslehre von *A. Paulsen*.
I: In Vorbereitung . . . . Bd. 1169

Zeitungslehre von *E. Dovifat*. 3., neubearbeitete Auflage. 1955.
I: 148 Seiten. 1955 . . . . Bd. 1039
II: 158 Seiten. 1955 . . . . Bd. 1040

Naturwissenschaften

Mathematik

Repetitorium und Aufgabensammlung zur Differentialrechnung von *A. Witting*†. 2., neubearbeitete Auflage. Durchgesehener Neudruck. 145 Seiten. 1949 . . . . Bd. 146

Integralrechnung von *A. Witting*†. 2., verbesserte Auflage. Durchgesehener Neudruck. 176 Seiten mit 62 Figuren und 190 Beispielen. 1949 . . . . Bd. 88

Repetitorium und Aufgabensammlung zur Integralrechnung von *A. Witting*†. 2., neubearbeitete Auflage. Durchgesehener Neudruck. 121 Seiten mit 32 Figuren und 309 Beispielen. 1949. . . . . Bd. 147

Gewöhnliche Differentialgleichungen von *G. Hoheisel*. 4., neubearbeitete Auflage. 129 Seiten. 1951 . . . . Bd. 920

Partielle Differentialgleichungen von *G. Hoheisel*. 3., neubearbeitete Auflage. 130 Seiten. 1953 . . . . Bd. 1003

Aufgabensammlung zu den gewöhnlichen und partiellen Differentialgleichungen von *G. Hoheisel*. 2., umgearbeitete Auflage. 124 Seiten. 1952 . . . . Bd. 1059

Mengenlehre von *E. Kamke*. 3. Auflage. In Vorbereitung. Bd. 999/999a

Darstellende Geometrie von *W. Haack*.

I: Die wichtigsten Darstellungsmethoden. Grund- und Aufriß ebenflächiger Körper. 110 Seiten mit 117 Abbildungen. 1954 . . . . Bd. 142

II: Körper mit krummen Begrenzungsflächen. Kotierte Projektionen. 129 Seiten mit 86 Abbildungen. 1954 . . Bd. 143

Sammlung von Aufgaben und Beispielen zur analytischen Geometrie der Ebene von *R. Haussner*. Mit den vollständigen Lösungen. 139 Seiten mit 22 Figuren im Text. Neudruck. 1949 . . . . Bd. 256

Nichteuklidische Geometrie von *R. Baldus*†. Hyperbolische Geometrie der Ebene. 3., verbesserte Auflage, durchgesehen und herausgegeben von *F. Löbell*. 140 Seiten mit 70 Figuren im Text. 1953 . . . . Bd. 970

Differentialgeometrie von *K. Strubecker* (früher Rothe).

I: Kurventheorie der Ebene und des Raumes. 150 Seiten mit 18 Figuren. 1955 . . . . Bd. 1113/1113a

Einführung in die konforme Abbildung von *L. Bieberbach*. 4. Auflage. 147 Seiten mit 42 Zeichnungen. 1949 . . . Bd. 768

Vektoranalysis von *S. Valentiner*. Neudruck der 7. Auflage (1950). 138 Seiten mit 19 Figuen. 1954 . . . . Bd. 354

Vermessungskunde von *P. Werkmeister*.

I: Stückmessung und Nivellieren. 9. Auflage. 165 Seiten mit 145 Figuren. 1949 . . . . Bd. 468

II: Messung von Horizontalwinkeln. Festlegung von Punkten im Koordinatensystem. Absteckungen. 7. Auflage. 151 Seiten mit 93 Figuren. 1949 . . . . Bd. 469

III: Trigonometrische und barometrische Höhenmessung. Tachymetrie und Topographie. 6. Auflage. 147 Seiten mit 64 Figuren. 1949 . . . . Bd. 862

Versicherungsmathematik von *F. Böhm*.

I: Elemente der Versicherungsrechnung. 3., vermehrte und verbesserte Auflage. Durchgesehener Neudruck. 151 Seiten. 1954. . . . . Bd. 180

II: Lebensversicherungsmathematik. Einführung in die technischen Grundlagen der Sozialversicherung. 2., verbesserte Auflage. 205 Seiten. 1953 . . . . Bd. 917/917a

Physik

Einführung in die theoretische Physik von *W. Döring*.
I: Mechanik. 119 Seiten mit 29 Abbildungen. 1954 . . . Bd. 76
II: Das elektromagnetische Feld. 123 Seiten mit 15 Abbildungen. 1955 . . . . Bd. 77
III: Optik. Mit 35 Abbildungen. 1955. In Vorbereitung . . Bd. 78

Atomphysik von *K. Bechert* u. *Ch. Gerthsen*. 3., umgearb. Aufl.
I: Allgemeine Grundlagen. I. Teil von *Ch. Gerthsen*. 123 Seiten mit 35 Abbildungen. 1955 . . . . Bd. 1009
II: Allgemeine Grundlagen. II. Teil von *Ch. Gerthsen*. 112 Seiten mit 48 Abbildungen. 1955. . . . . Bd. 1033
III: Theorie des Atombaus. 1. Teil von *K. Bechert*. 148 Se.tenmit 16 Abbildungen. 1954 . . . . Bd. 1123/1123a
IV: Theorie des Atombaus. 2. Teil von *K. Bechert*. 170 Seiten mit 14 Abbildungen. 1954 . . . . Bd. 1165/1165a

Differentialgleichungen der Physik von *F. Sauter*. 2. Auflage. 148 Seiten mit 16 Figuren. 1950 . . . . Bd. 1070

Physikalische Formelsammlung von *G. Mahler* und *K. Mahler*. 9. Auflage. 1955. In Vorbereitung. . . . . Bd. 136

Physikalische Aufgabensammlung von *G. Mahler* u. *K. Mahler*. Mit den Ergebnissen. 8. Aufl. 1955. In Vorbereitung Bd. 243

Chemie

Geschichte der Chemie von *G. Lockemann*. In kurzgefaßter Darstellung.
I: Vom Altertum bis zur Entdeckung des Sauerstoffs. 142 Seiten mit 8 Bildnissen. 1950 . . . . Bd. 264
II: Von der Entdeckung des Sauerstoffs bis zur Gegenwart. 151 Seiten mit 16 Bildnissen. 1955 . . . . . . Bd. 265/265a

Anorganische Chemie von *W. Klemm*. 8. Auflage. 184 Seiten mit 18 Abbildungen. 1954 . . . . Bd. 37

Organische Chemie von *W. Schlenk*. 6., erweiterte Auflage. 263 Seiten. 1954 . . . . Bd. 38/38a

Allgemeine und physikalische Chemie von *W. Schulze*.
I: 1955. In Vorbereitung . . . . Bd. 71
II: 1955. In Vorbereitung . . . . Bd. 698
III: Molekülbau. 1955. In Vorbereitung . . . . Bd. 786

Analytische Chemie von *J. Hoppe*. 5., verbesserte Auflage.
I: Reaktionen. 135 Seiten. 1950 . . . . Bd. 247
II: Gang der qualitativen Analyse. 166 Seiten. 1950 . . . Bd. 248

Maßanalyse von *G. Jander* und *K. F. Jahr*. Theorie und Praxis der klassischen und der elektrochemischen Titrierverfahren. 7. Auflage.
I: 1955. In Vorbereitung . . . . Bd. 221
II: 1955. In Vorbereitung . . . . Bd. 1002

Thermochemie von *W. A. Roth*. 2., verbesserte Auflage. 109 Seiten mit 16 Figuren. 1952 . . . . Bd. 1057

Physikalisch-chemische Rechenaufgaben von *E. Asmus*. 2. Auflage. 96 Seiten. 1949 . . . . Bd. 445

Stöchiometrische Aufgabensammlung von *W. Bahrdt* und *R. Scheer*. Mit den Ergebnissen. 5., verbesserte Auflage. 120 Seiten. 1952 . . . . Bd. 452

Elektrochemie und ihre physikalisch-chemischen Grundlagen von *A. Dassler*.
I: 149 Seiten mit 21 Abbildungen. 1950 . . . . Bd. 252
II: 178 Seiten mit 17 Abbildungen. 1950 . . . . Bd. 253

Technologie

Warenkunde von *K. Hassak*† und *E. Beutel*†. 7. Auflage. Neubearbeitet von *A. Kutzelnigg.*
I: Anorganische Waren sowie Kohle und Erdöl. 116 Seiten mit 19 Figuren. 1947 . . . . Bd. 222
II: Organische Waren. 143 Seiten mit 32 Figuren. 1949 . . Bd. 223

Die Fette und Öle von *K. Braun*†. 5., völlig neubearbeitete und verbesserte Auflage von *Th. Klug.* 145 Seiten. 1950 . . Bd. 335

Die Seifenfabrikation von *K. Braun*†. 3., neubearbeitete und verbesserte Auflage von *Th. Klug.* 116 Seiten mit 18 Abbildungen. 1953 . . . . Bd. 336

Textilindustrie.
I: Spinnerei und Zwirnerei von *A. Blümcke.* 112 Seiten mit 43 Abbildungen. 1954 . . . . Bd. 184

Biologie

Hormone von *G. Koller.* 2., neubearbeitete und erweiterte Auflage. 187 Seiten mit 60 Abbildungen und 19 Tabellen. 1949 . . . . Bd. 1141

Fortpflanzung im Tier- und Pflanzenreich von *J. Hämmerling.* 2., ergänzte Auflage. 135 Seiten mit 101 Abbildungen. 1951 . . . . Bd. 1138

Geschlecht und Geschlechtsbestimmung im Tier- und Pflanzenreich von *M. Hartmann.* 2., verbesserte Auflage. 116 Seiten mit 61 Abbildungen und 7 Tabellen. 1951 . Bd. 1127

Grundriß der allgemeinen Mikrobiologie von *W. Schwartz.*
I: 104 Seiten mit 17 Abbildungen. 1949 . . . . Bd. 1155
II: 93 Seiten mit 12 Abbildungen. 1949 . . . . Bd. 1157

Symbiose der Tiere mit pflanzlichen Mikroorganismen von *P. Buchner.* 2., verbesserte und vermehrte Auflage. 130 Seiten mit 121 Abbildungen. 1949 . . . . Bd. 1128

Botanik

Entwicklungsgeschichte des Pflanzenreiches von *H. Heil.* 2. Auflage. 138 Seiten mit 94 Abbildungen und 1 Tabelle. 1950 Bd. 1137

Morphologie der Pflanzen von *L. Geitler.* 3. Auflage. 126 Seiten mit 114 Abbildungen. 1953 . . . . Bd. 141

Pflanzenzüchtung von *H. Kuckuck.* 3., völlig umgearbeitete Auflage.
I: Grundzüge der Pflanzenzüchtung. 132 Seiten mit 22 Abbildungen. 1952 . . . . Bd. 1134

Die **Laubhölzer** von *F. W. Neger*† und *E. Münch*†. Kurzgefaßte Beschreibung der in Mitteleuropa gedeihenden Laubbäume und Sträucher. 3., durchgesehene Auflage, herausgegeben von *B. Huber.* 143 Seiten mit 63 Figuren und 7 Tabellen. 1950 . . . . Bd. 718

Die **Nadelhölzer (Koniferen) und übrigen Gymnospermen** von *F. W. Neger*† und *E. Münch*†. 4. Auflage. Durchgesehen und ergänzt von *B. Huber.* 140 Seiten mit 75 Figuren, 4 Tabellen und 3 Karten. 1952 . . . . Bd. 355

Zoologie

Entwicklungsphysiologie der Tiere von *F. Seidel.*
I: Ei und Furchung. 126 Seiten mit 29 Abbildungen. 1953 . . . . Bd. 1162
II: Körpergrundgestalt und Organbildung. 159 Seiten mit 42 Abbildungen. 1953 . . . . Bd. 1163

Das Tierreich.
Fische von *D. Lüdemann.* 130 Seiten mit 65 Abbildungen. 1955. Bd. 356
Insekten von *H. von Lengerken.* 128 Seiten mit 58 Abbildungen. 1953 . . . . Bd. 594
Lurche von *K. Herter.* 140 Seiten mit 129 Abbild. 1955 Bd. 847
Spinnentiere von *A. Kaestner.* 96 S. mit 55 Abb. 1955. Bd. 1161
Würmer von *S. Jaeckel.* 112 Seiten mit 36 Abbild. 1955 Bd. 439
Weichtiere von *S. Jaeckel.* 92 Seiten mit 34 Abbildungen. 1954 . . . . Bd. 440
Stachelhäuter von *S. Jaeckel.* 1955. In Vorbereitung . . . . Bd. 441

Vergleichende Physiologie der Tiere von *K. Herter.* 3. Auflage der „Tierphysiologie".
I: Stoff- und Energiewechsel. 155 Seiten mit 64 Abbild. 1950 . . . . Bd. 972
II: Bewegung und Reizerscheinungen. 148 Seiten mit 110 Abbildungen. 1950 . . . . Bd. 973

Land- und Forstwirtschaft

Landwirtschaftliche Tierzucht von *H. Vogel.* Die Züchtung und Haltung der landwirtschaftlichen Nutztiere. 139 Seiten mit 11 Abbildungen. 1952 . . . . Bd. 228

Kulturtechnische Bodenverbesserungen von *O. Fauser.* 4., neubearbeitete Auflage.
I: Allgemeines, Entwässerung. 122 Seiten mit 47 Abbildungen. 1947 . . . . Bd. 691
II: Bewässerung, Ödlandkultur, Umlegung. 150 Seiten mit 67 Abbildungen. 1949 . . . . Bd. 692

Agrikulturchemie von *K. Scharrer.*
I: Pflanzenernährung. 143 Seiten. 1953 . . . . Bd. 329

Geologie · Mineralogie · Kristallographie

Kristallographie von *W. Bruhns*† und *P. Ramdohr.* 4. Auflage. 106 Seiten mit 163 Abbildungen. 1954 . . . . Bd. 210

Einführung in die Kristalloptik von *E. Buchwald.* 4., verbess. Auflage. 138 Seiten mit 121 Figuren. 1952 . . . . . . Bd. 619

Lötrohrprobierkunde von *M. Henglein.* Mineraldiagnose mit Lötrohr- und Tüpfelreaktion. 3., verbesserte Auflage. 91 Seiten mit 11 Figuren. 1949 . . . . Bd. 483

Mineral- und Erzlagerstättenkunde von *H. Huttenlocher.*
I: 128 Seiten mit 34 Abbildungen. 1954 . . . . Bd. 1014
II: 156 Seiten mit 48 Abbildungen. 1954 . . . . . Bd. 1015/1015a

Mineralogie von *R. Brauns*† und *K. F. Chudoba.* 9. Auflage.
I: Allgemeine Mineralogie. 104 Seiten mit 107 Figuren, 1 Tafel, 2 Tabellen. 1955 . . . . Bd. 29
II: Spezielle Mineralogie. 133 Seiten mit 105 Figuren. 1955 Bd. 31

Petrographie. Von *W. Bruhns*† und *P. Ramdohr.* 4., durchgesehene Auflage. 104 Seiten mit 10 Figuren. 1955 . . . Bd. 173

Geologie von *F. Lotze.* 176 Seiten mit 80 Abbildungen. 1955 . Bd. 13

Technik

Elektrotechnik

Die Gleichstrommaschine von *K. Humburg*. Durchgesehener Neudruck.
I: 102 Seiten mit 59 Abbildungen. 1949 . . . . Bd. 257
II: 98 Seiten mit 38 Abbildungen. 1949 . . . . Bd. 881

Die synchrone Maschine von *K. Humburg*. Neudruck. 109 Seiten mit 78 Bildern. 1951 . . . . Bd. 1146

Induktionsmaschinen von *F. Unger*. 2., erweiterte Auflage. 142 Seiten mit 49 Abbildungen. 1954 . . . . Bd. 1140

Die komplexe Berechnung von Wechselstromschaltungen von *H. H. Meinke*. 160 Seiten mit 114 Abbildungen. 1949 . Bd. 1156

Theoretische Grundlagen zur Berechnung der Schaltgeräte von *F. Kesselring*. 3. Auflage. 144 Seiten mit 92 Abbildungen. 1950 . . . . Bd. 711

Elektromotorische Antriebe (Grundlagen für die Berechnung) von *A. Schwaiger*. 3., neubearbeitete Auflage. 96 Seiten mit 34 Abbildungen. 1952 . . . . Bd. 827

Technische Tabellen und Formeln von *W. Müller*. 4., verbesserte und erweiterte Auflage von *E. Schulze*. 152 Seiten mit 105 Figuren. 1951 . . . . Bd. 579

Überspannungen und Überspannungsschutz von *G. Frühauf*. Durchgesehener Neudruck. 122 Seiten mit 98 Abbildungen. 1950 . . . . Bd. 1132

Maschinenbau

Metallkunde. Einführendes über Aufbau, Eigenschaften und Untersuchung von Metallen und Legierungen sowie über Grundlagen des Schmelzens, des Gießens, des Verformens, der Wärmebehandlung, der Oberflächenbehandlung, der Verbinde- und Trennarbeiten von *H. Borchers*.
I: Aufbau der Metalle und Legierungen. 3. Auflage. 1955. In Vorbereitung . . . . Bd. 432
II: Eigenschaften. Grundzüge der Form- und Zustandsgebung. 2. Auflage. 154 Seiten mit 8 Tabellen und 100 Abbildungen. 1952 . . . . Bd. 433

Dynamik von *W. Müller*. 2., verbessert Auflage.
I: Dynamik des Einzelkörpers. 128 Seiten mit 48 Figuren. 1952 . . . . Bd. 902
II: Systeme von starren Körpern. 102 Seiten mit 41 Figuren. 1952 . . . . Bd. 903

Technische Schwingungslehre von *L. Zipperer*. 2., neubearbeitete Auflage.
I: Allgemeine Schwingungsgleichungen, einfache Schwinger. 120 Seiten mit 101 Abbildungen. 1953 . . . . . . Bd. 953
II: Torsionsschwingungen in Maschinenanlagen. 102 Seiten mit 59 Abbildungen. 1955. . . . . Bd. 961/961a

Werkzeugmaschinen von *K. P. Matthes.*
I: 110 Seiten mit 27 Abbildungen, 11 Zahlentafeln im Text und 1 Tafelanhang. 1954 . . . . Bd. 561
II: 1955. In Vorbereitung . . . . Bd. 562

Die Maschinenelemente von *E. A. vom Ende.* 2., verbesserte Auflage. 159 Seiten mit 173 Figuren und 12 Tafeln. 1950 Bd. 3

Das Maschinenzeichnen mit Einführung in das Konstruieren von *W. Tochtermann.* 4. Auflage.
I: Das Maschinenzeichnen. 156 Seiten mit 77 Tafeln. 1950 Bd. 589
II: Ausgeführte Konstruktionsbeispiele. 130 Seiten mit 58 Tafeln. 1950 . . . . Bd. 590

Getriebelehre von *P. Grodzinski.* 2., neubearbeitete Auflage.
I: Geometrische Grundlagen. 159 Seiten mit 142 Figuren. 1953 . . . . Bd. 1061

Gießereitechnik von *H. Jungbluth.*
I: Eisengießerei. 126 Seiten mit 44 Abbildungen. 1951 . Bd. 1159

Die Dampfkessel und Feuerungen einschließlich Hilfseinrichtungen in Theorie, Konstruktion und Berechnung von *W. Marcard*†. 2. Auflage. Neubearbeitet von *K. Beck.*
I: Die theoretischen Grundlagen. Wärme, Verbrennung, Wärmeübertragung. 150 Seiten mit 42 Abbildungen und 16 Tabellen. 1951 . . . . Bd. 9
II: Dampfkessel. 147 Seiten mit 43 Abbildungen. 1952 . . Bd. 521

Dampfturbinen von *C. Zietemann.* 3., verbesserte Auflage.
I: In Vorbereitung . . . . Bd. 274

Technische Thermodynamik von *W. Nusselt.*
I: Grundlagen. 3., verbesserte Auflage. 144 Seiten mit 71 Abbildungen. 1950 . . . . Bd. 1084
II: Theorie der Wärmekraftmaschinen. Neudruck. 144 Seiten mit 87 Abbildungen und 32 Zahlentafeln. 1951. . Bd. 1151

Autogenes Schweißen und Schneiden von *H. Niese.* 5. Auflage. Neubearbeitet von *A. Küchler.* 136 Seiten mit 71 Figuren. 1954 . . . . Bd. 499

Elektrische Schweißverfahren von *H. Niese.* 2. Auflage. Neubearbeitet von *H. Dienst.* 136 Seiten mit 58 Abbildungen. 1955 . . . . Bd. 1020

Hebezeuge von *G. Tafel.*
I: 2., verbesserte Auflage. 276 Seiten mit 230 Figuren. 1954 . . . . Bd. 414/414a

Wasserbau

Wasserkraftanlagen von *A. Ludin.*
I: Planung, Grundlagen und Grundzüge. 124 Seiten mit 60 Abbildungen. 1955 . . . . Bd. 665
II: In Vorbereitung . . . . Bd. 666

Verkehrswasserbau von *H. Dehnert.*
I: Entwurfsgrundlagen, Flußregelungen. 103 Seiten mit 52 Textabbildungen. 1950 . . . . Bd. 585
II: Flußkanalisierungen und Schiffahrtskanäle. 94 Seiten mit 60 Textabbildungen. 1950 . . . . Bd. 597
III: Schleusen und Hebewerke. 98 Seiten mit 70 Textabbildungen. 1950 . . . . Bd. 1152

Talsperren von *F. Tölke.* 122 Seiten mit 70 Abbildungen. 1953 Bd. 1044

Wehr- und Stauanlagen von *H. Dehnert.* 134 Seiten mit 90 Abbildungen. 1952 . . . . Bd. 965

Hoch- und Tiefbau

Die wichtigsten Baustoffe des Hoch- und Tiefbaus von *O. Graf.* 4., verbesserte Auflage. 131 Seiten mit 63 Abbildungen. 1953 . . . . Bd. 984

Baustoffverarbeitung und Baustellenprüfung des Betons von *A. Kleinlogel.* 2., neubearbeitete und erweiterte Auflage. 126 Seiten mit 35 Abbildungen. 1951 . . . . . . Bd. 978

Festigkeitslehre von *W. Gehler*† und *W. Herberg.*

I: Elastizität, Plastizität und Festigkeit der Baustoffe und Bauteile. Durchgesehener und erweiterter Neudruck. 159 Seiten mit 18 Bildern. 1952 . . . . Bd. 1144

II: Formänderung, Platten, Stabilität und Bruchhypothesen. Bearb. von W. Herberg und N. Dimitrov. 187 Seiten mit 94 Bildern. 1955 . . . . Bd. 1145/1145a

Grundlagen des Stahlbetonbaus von *A. Troche.* 2., neubearbeitete und erweiterte Auflage. 208 Seiten mit 75 Abbildungen, 17 Bemessungstafeln und 20 Rechenbeispielen. 1953 . . . . Bd. 1078

Fenster, Türen, Tore aus Holz und Metall. Eine Anleitung zu ihrer guten Gestaltung, wirtschaftlichen Bemessung und handwerksgerechten Konstruktion von *W. Wickop.* 4., überarbeitete Auflage. 155 Seiten mit 95 Abbildungen 1955 . . . . Bd. 1092

Heizung und Lüftung von *J. Körting*† und *W. Körting.* 8., neubearbeitete Auflage.

I: Das Wesen und die Berechnung der Heizungs- und Lüftungsanlagen. 140 Seiten mit 29 Abbildungen und 18 Zahlentafeln. 1951 . . . . Bd. 342

II: Die Ausführung der Heizungs- und Lüftungsanlagen. 152 Seiten mit 165 Abbildungen und 7 Zahlentafeln. 1954 . . . . Bd. 343

SAMMLUNG GÖSCHEN / BANDNUMMERNFOLGE

1 Langosch, Der Nibelunge Nôt
3 vom Ende, Maschinenelemente
9 Marcard-Beck, Dampfkessel I
13 Lotze, Geologie
20 Hofstaetter-Spree, Dt. Sprachlehre
29 Brauns-Chudoba, Allg. Mineralogie
30 Eckert-Greifendorff-Kleffner, Kartenkunde
31 Brauns-Chudoba, Spez. Mineralogie
37 Klemm, Anorganische Chemie
38/38a Schlenk, Organ. Chemie
42 Behn, Vorgeschichte Europas
51 Bürklen-Ringleb, Mathematische Formelsammlung
60 Biehle, Stimmkunde
61 Biehle, Redetechnik
66 Berneker-Vasmer, Russische Grammatik
70 Nestle, Griech. Literaturgesch. I
71 Schulze, Allgem. und physikalische Chemie I
76 Döring, Einführ. i. d. theoret. Physik I
77 Döring, Einführ. i. d. theoret. Physik II
79 Hempel, Gotisches Elementarbuch
80 Weigert, Stilkunde I
87 Witting, Differentialrechnung
88 Witting, Integralrechnung
101 v. Wiese, Soziologie
111 Hoffmann-Debrunner, Geschichte der griech. Sprache I
114 Debrunner, Geschichte der griech. Sprache II
117 Brandenstein, Griechische Sprachwissenschaft
125 Vossler, Italienische Literaturgeschichte
128 Lausberg, Roman. Sprachwiss. I
136 Mahler, Physikalische Formelsammlung
141 Geitler, Morphologie der Pflanzen
142 Haack, Darst. Geometrie I
143 Haack, Darst. Geometrie II
145 Weimer, Geschichte der Pädagogik
146 Witting, Repetitorium und Aufgabensammlung zur Differentialrechnung
147 Witting, Repetitorium und Aufgabensammlung zur Integralrechnung
156/156a Landmann, Philosoph. Anthropologie
170 Oehlmann, Musik des 19. Jahrhunderts
173 Bruhns-Ramdohr, Petrographie
180 Böhm, Versicherungsmathematik I
184 Blümcke, Spinnerei und Zwirnerei
200/200a Gottschald, Dt. Rechtschreibungswörterbuch
210 Bruhns-Ramdohr, Kristallographie
220/220a Moser, Allgemeine Musiklehre
221 Jander-Jahr, Maßanalyse I
222 Hassak-Beutel, Warenkunde I
223 Hassak-Beutel, Warenkunde II
226 Hofmann, Geschichte der Mathematik I
228 Vogel, Landw. Tierzucht
230 Krieger, Bad. Geschichte
243 Mahler, Physikal. Aufgabensammlung
247 Hoppe, Analytische Chemie I
248 Hoppe, Analytische Chemie II
250 Lausberg, Roman. Sprachwiss. II
252 Dassler, Elektrochemie I
253 Dassler, Elektrochemie II
256 Haussner, Aufgabensammlung zur analytischen Geometrie der Ebene
257 Humburg, Die Gleichstrommaschine I
264 Lockemann, Geschichte der Chemie I
265/265a Lockemann, Geschichte der Chemie II
270 Kirn, Einführung in die Geschichtswissenschaft
274 Zietemann, Dampfturbinen I
279 Jacob, Quellenkunde der deutschen Geschichte I
280 Jacob, Quellenkunde der deutschen Geschichte II

281 Leisegang, Einführung in die Philosophie
284 Jacob-Weden, Quellenkunde der deutschen Geschichte III
319 Krug, Australien und Ozeanien
329 Scharrer, Agrikulturchemie I
335 Braun-Klug, Fette und Öle
336 Braun-Klug, Seifenfabrikation
342 Körting, Heizung und Lüftung I
343 Körting, Heizung und Lüftung II
344 Moser, Musikästhetik
354 Valentiner, Vektoranalysis
355 Neger-Münch, Nadelhölzer
356 Lüdemann, Fische
375 Preller, Geschichte Englands I
394/394a Schilling, Von der Renaissance bis Kant
414/414a Tafel, Hebezeuge I
422 Gottschald, Dt. Personennamen
423 Adler, Fünfstell. Logarithmen
432 Borchers, Metallkunde I
433 Borchers, Metallkunde II
439 Jaeckel, Würmer
440 Jaeckel, Weichtiere
441 Jaeckel, Stachelhäuter
445 Asmus, Physikal.-chemische Rechenaufgaben
452 Bahrdt-Scheer, Stöchiometrische Aufgabensammlung
468 Werkmeister, Vermessungskunde I
469 Werkmeister, Vermessungskunde II
483 Henglein, Lötrohrprobierkunde
492 Stolz-Debrunner, Geschichte der lateinischen Sprache
499 Niese, Autogen. Schweißen
500 Simmel, Hauptprobleme der Philosophie
521 Marcard-Beck, Dampfkessel und Feuerungen II
536 Lehmann, Kant
538 Rumpf, Archäologie I
539 Rumpf, Archäologie II
557 Nestle, Griechische Literaturgeschichte II
561 Matthes, Werkzeugmaschinen I
562 Matthes, Werkzeugmasch. II
564 Behn, Kultur der Urzeit I
565 Behn, Kultur der Urzeit II
566 Behn, Kultur der Urzeit III
571 Lehmann, Philosophie des 19. Jahrhunderts I
576/576a Moser, Gesangskunst
579 Müller-Schulze, Techn. Tabellen
585 Dehnert, Verkehrswasserbau I
589 Tochtermann, Maschinenzeichnen I
590 Tochtermann, Maschinenzeichnen II
594 Lengerken, Insekten
597 Dehnert, Verkehrswasserbau II
619 Buchwald, Kristalloptik
665 Ludin, Wasserkraftanlagen I
666 Ludin, Wasserkraftanlagen II
668 Knopp, Funktionentheorie I
691 Fauser, Kulturtechn. Bodenverbesserungen I
692 Fauser, Kulturtechn. Bodenverbesserungen II
698 Schulze, Allgemeine und physikalische Chemie II
703 Knopp, Funktionentheorie II
709 Lehmann, Philosophie des 19. Jahrhunderts II
711 Kesselring, Berechnung der Schaltgeräte
718 Neger-Münch, Laubhölzer
763/763a Beer-Meyer, Hebräische Grammatik I
764/764a Beer-Meyer, Hebräische Grammatik II
768 Bieberbach, Einführung in die konforme Abbildung
780 Krahe, Germ. Sprachwiss. II
781 Weigert, Stilkunde II
768 Schulze, Molekülbau
807 Kropp, Erkenntnistheorie I
809 Moser, Harmonielehre I
826 Koch, Philosophie des Mittelalters
827 Schwaiger, Elektromotorische Antriebe
837 Baumgartner, Gruppentheorie
845 Lehmann, Philosophie im ersten Drittel des 20. Jahrhunderts
847 Herter, Lurche
857 Capelle, Griech. Philosophie I
858 Capelle, Griech. Philosoph. II
859 Capelle, Griech. Philosoph. III
862 Werkmeister, Vermessungskunde III
863 Capelle, Griech. Philosoph. IV
877 Knopp, Aufgabensammlung zur Funktionentheorie I

878 Knopp, Aufgabensammlung zur Funktionentheorie II
881 Humburg, Gleichstrommaschine II
902 Müller, Dynamik I
903 Müller, Dynamik II
910 Jaeger, Afrika I
911 Jaeger, Afrika II
917/917a Böhm, Versicherungsmathematik II
920 Hoheisel, Gewöhnliche Differentialgleichungen
929 Schirmer, Dt. Wortkunde
930 Krull, Elementare und klassische Algebra I
931 Hasse, Höhere Algebra I
932 Hasse, Höhere Algebra II
953 Zipperer, Techn. Schwingungslehre I
961/961a Zipperer, Techn. Schwingungslehre II
965 Dehnert, Wehr- u. Stauanlagen
970 Baldus-Löbell, Nichteuklid. Geometrie
972 Herter, Tierphysiologie I
973 Herter, Tierphysiologie II
978 Kleinlogel, Baustoffverarbeitung und Baustellenprüfung des Betons
984 Graf, Die wichtigsten Baustoffe des Hoch- und Tiefbaus
999/999a Kamke, Mengenlehre
1000 Jaspers, Geistige Situation
1002 Jander-Jahr, Maßanalyse II
1003 Hoheisel, Partielle Differentialgleichungen
1008 Mellerowicz, Allgemeine Betriebswirtschaftslehre I
1009 Bechert-Gerthsen, Atomphysik I
1014 Huttenlocher, Mineral- und Erzlagerstättenkunde I
1015/1015a Huttenlocher, Mineral- und Erzlagerstättenkunde II
1021 Niese-Dienst, Elektr. Schweißverfahren
1031 Apel, Philosophisches Wörterbuch
1033 Bechert-Gerthsen, Atomphysik II
1034 Kranefeldt, Therapeutische Psychologie
1039 Dovifat, Zeitungslehre I
1040 Dovifat, Zeitungslehre II
1044 Tölke, Talsperren
1045 Schubert, Technik des Klavierspiels
1051/1051a zu Stolberg-Wernigerode, Gesch. d. Verein. Staaten v. Amerika
1057 Roth, Thermochemie
1059 Hoheisel, Aufgabensammlung zu den gewöhnl. und partiellen Differentialgleichungen
1061 Grodzinski, Getriebelehre I
1065 Haller, Von den Karolingern zu den Staufern
1070 Sauter, Differentialgleichungen der Physik
1078 Troche, Stahlbetonbau
1082 Hasse-Klobe, Aufgabensammlung zur Höheren Algebra
1084 Nusselt, Technische Thermodynamik I
1086 Müller, Dt. Dichten u. Denken
1088 Preller, Geschichte Englands II
1092 Wickop, Fenster, Türen, Tore,
1094 Hernried, System. Modulation
1096 Viëtor, Dt. Dichten u. Denken
1105 Hartung, Dt. Geschichte im Zeitalter der Reformation
1108 de Boor, Mittelhochdeutsches Elementarbuch
1109 Knopp, Elemente der Funktionentheorie
1111 Naumann-Betz, Althochdeutsches Elementarbuch
1113 Strubecker, Differentialgeometrie I
1114 Schubel, Englische Literaturgeschichte I
1115 Ranke, Altnord. Elementarbuch
1116 Meissner, Englische Literaturgeschichte II
1121 Naumann, Dt. Dichten und Denken
1122 Feist, Sprechen und Sprachpflege
1123/1123a Bechert-Gerthsen, Atomphysik III
1124 Meissner, Englische Literaturgeschichte III
1125 Lehnert, Altengl. Elementarbuch

1127 Hartmann, Geschlecht und Geschlechtsbestimmung im Tier- und Pflanzenreich
1128 Buchner, Symbiose der Tiere mit pflanzl. Mikroorganismen
1130 Dibelius, Jesus
1131 Scholz-Schoeneberg Einführung in die Zahlentheorie
1132 Frühauf, Überspannungen und Überspannungsschutz
1134 Kuckuck, Pflanzenzüchtung I
1135 Lehnert, Beowulf
1136 Meissner, Englische Literaturgeschichte IV
1137 Heil, Entwicklungsgeschichte des Tier- und Pflanzenreichs
1138 Hämmerling, Fortpflanzung im Tier- und Pflanzenreich
1140 Unger, Induktionsmaschinen
1141 Koller, Hormone
1142 Meissner-Lehnert, Shakespeare
1144 Gehler, Festigkeitslehre I
1145/1145a Herberg, Festigkeitslehre II
1146 Humburg, Synchrone Maschine
1147 v. Waltershausen, Kunst des Dirigierens
1148 Pepping, Der polyphone Satz I
1151 Nusselt, Technische Thermodynamik II
1152 Dehnert, Verkehrswasserbau III
1153 Mellerowicz, Allgem. Betriebswirtschaftslehre II
1154 Mellerowicz, Allgem. Betriebswirtschaftslehre III
1155 Schwartz, Mikrobiologie I
1156 Meinke, Kompl. Berechnung der Wechselstromschaltungen
1157 Schwartz, Mikrobiologie II
1158 Mayrhofer, Sanskrit-Grammatik
1159 Jungbluth, Gießereitechnik I
1160 Dibelius-Kümmel, Paulus
1161 Kaestner, Spinnentiere
1162 Seidel, Entwicklungsphysiologie der Tiere I
1163 Seidel, Entwicklungsphysiologie der Tiere II
1165/1165a Bechert-Gerthsen, Atomphysik IV
1169 Paulsen, Allgem. Volkswirtschaftslehre I

AUTORENREGISTER

FSC
www.fsc.org
MIX
Papier | Fördert
gute Waldnutzung
FSC® C083411

Kolibri 360 GmbH
Ferdinand-Jühlke-Straße 7
99095 Erfurt, Deutschland
produktsicherheit@kolibri360.de